高职高专"十二五"规划教材

机械专业系列

U0309663

互换性与技术测量

（第 2 版）

主　编　马　霄　田长留
副主编　苏文瑛
参　编　王　伟　李景阳

南京大学出版社

内 容 提 要

本书根据高等职业教育和高等专科教育要求编写而成,从互换性生产要求出发,介绍了几何量互换性的有关标准。编写过程中采用最新国家标准,并注意到必要的新旧标准的对照介绍;理论以必需、够用为度,重点强化理论在工程实践中的应用;利于教学、便于自学。

全书共分十二章,包括绪论、光滑圆柱体结合的极限与配合、测量技术基础、几何公差及其误差检测、表面粗糙度及检测、光滑工件尺寸的检验与光滑极限量规、滚动轴承的互换性、键与花键联接的互换性及检测、螺纹的互换性及检测、圆锥的互换性及检测、圆柱齿轮传动的互换性及检测和尺寸链。各章均提供了学习要点以及练习题,并酌量配制了一些公差表格,以满足教学和实际应用需要。

本书可供高等职业学校、高等专科学校、成人高校机械类各专业师生在教学中使用,也可供相关的工程技术人员参考。

图书在版编目(CIP)数据

互换性与技术测量 / 马霄,田长留主编. — 2 版
. —南京:南京大学出版社,2015.8(2020.8重印)
高职高专"十二五"规化教材
ISBN 978 - 7 - 305 - 15755 - 4

Ⅰ. ①互… Ⅱ. ①马… ②田… Ⅲ. ①零部件-互换性-高等职业教育-教材 ②零部件-测量技术-高等职业教育-教材 Ⅳ. ①TG801

中国版本图书馆 CIP 数据核字(2015)第 189034 号

出版发行　南京大学出版社
社　　址　南京市汉口路 22 号　　　邮编　210093
出 版 人　金鑫荣

丛 书 名　高职高专"十二五"规化教材
书　　名　互换性与技术测量(第 2 版)
主　　编　马　霄　田长留
责任编辑　贺紫钰　何永国　　　　编辑热线 025 - 83597482

照　　排　南京理工大学资产经营有限公司
印　　刷　南京理工大学资产经营有限公司
开　　本　787×1092　1/16　印张 16　字数 392 千
版　　次　2015 年 8 月第 2 版　2020 年 8 月第 4 次印刷
ISBN　978 - 7 - 305 - 15755 - 4
定　　价　39.00 元

网　　址:http://www.njupco.com
官方微博:http://weibo.com/njupco
官方微信号:njupress
销售咨询热线:(025)83594756

前　言

　　《互换性与技术测量》是高等工科职业院校机械类各专业的一门重要的技术基础课程,它包含几何量公差和误差检测两方面的内容,与机械设计、机械制造、质量控制、生产组织管理等许多领域密切相关,具有很强的综合性和实用性。

　　本书遵照"教育部关于以就业为导向深化高等职业教育的若干意见",针对我国高等职业教育的培养目标要求,吸取同类教材的优点,并结合教学及实践经验,对教材内容作了精心的选择和编排。木书遵循理论教学以应用为主的原则,力求做到基本理论和基本概念以必需和够用为度,专业知识突出针对性、应用性和实用性,着重突出各种互换性标准的实际应用;全书采用了目前颁布的最新国家标准,尽量反映互换性与测量技术的最新理论,对于新旧标准正处于过渡阶段的内容,增加了新旧标准的比照,便于生产实践中的应用;为了便于教学和巩固教学效果,每章配有学习要点以及形式多样的习题。

　　本书由河南工学院马霄、田长留担任主编,苏文瑛担任副主编。参加本书编写工作的还有河南工学院王伟、李景阳。全书由马霄负责最后的统稿工作。

　　全书具体分工如下:田长留(第1章、第4章)、苏文瑛(第2章、第5章)、王伟(第3章、第9章)、李景阳(第6章、第10章、第12章)、马霄(第7章、第8章、第11章)。

　　本书由河南工学院的任泰安教授担任主审,为本书提出了许多宝贵意见,在此表示衷心感谢。本书在编写过程中参考了大量文献,在此一并表示诚挚的谢意。

　　由于编者水平有限,书中难免有错误和疏漏之处,敬请读者批评指正。

编　者

2015 年 7 月

目　录

第1章 绪 论

本章要点:

1. 掌握互换性与公差的概念,了解互换性的分类及作用。
2. 了解标准和标准化的含义,掌握优先数和优先数系的特点。
3. 了解检测技术及其发展状况。
4. 明确本课程的性质及主要学习任务。

§1.1 互换性与公差

一、互换性与公差的概念

互换性是指某一产品(包括零件、部件、构件)与另一产品在尺寸、功能上能够彼此互相替代的性能。互换性的概念在日常生活中随处可见。如:灯泡坏了,可以换个新的;自行车上的零件坏了,也可以换个新的。之所以这样方便,是因为这些合格的产品和零部件具有互换性。现代化生产的产品,如汽车、手表、家用电器、机电设备等,在其装配过程中,相同规格的零部件可不经选择、修配或调整,就能装配成合格的产品,这种零部件便具有互换性。制造业中的互换性表现为机器上同一规格零部件相互之间可以替代并且能保证使用要求的一种特性。即装配前不需选择、装配时不需修配或调整、装配后能满足设计、使用和生产上的要求。能够保证产品具有互换性的生产,便称之为遵循互换性原则的生产。互换性不仅与零部件的装配性能有关,而且涉及设计、制造及使用等技术经济问题。

广义上讲,零部件的互换性应包括几何量、力学性能、物理化学性能等方面的互换性。本课程只讨论零部件几何量的互换性。

零件在加工过程中不可避免出现加工误差,因此加工后的一批同样规格的零件,实际的几何量不可能完全一致。而从零件的使用功能看,也不必要求零件的几何量制造得绝对准确,只需要把加工后的零件的实际几何量控制在产品性能所允许的变动范围内,以保证同一规格的零件彼此充分近似。这个几何量允许的变动范围叫作公差。为了实现零件的互换性,就要在零件的设计过程中提出公差要求。公差过大难以保证零件的互换性,而公差过小又会增加加工成本,而设计者的任务就是要正确地确定公差,并把它在图纸上明确地表达出来。

二、互换性的分类

互换性可以按照不同的方法分类。

1. 完全互换与不完全互换

按照零、部件互换性的程度，互换性可分为完全互换与不完全互换两类。

（1）完全互换。指同一规格的零、部件在装配或互换时，不需要挑选和修配，装配后就能满足使用要求的互换性。一般标准件，如螺钉，螺母，滚动轴承的内、外圈，齿轮等都具有完全互换性，适合专业化生产和装配。

（2）不完全互换。也称有限互换，是指允许零部件在装配前预先分组或在装配时采用调整等措施。如产品装配精度要求较高时，若采用完全互换，则要求零件加工精度高，会造成加工困难、成本高，甚至无法加工。此时，为了加工方便，可放宽零件的加工要求，待加工后，将零件按尺寸大小分为若干组，使每组零件之间的尺寸差别减小，装配时则按相应组进行（如大孔配大轴）。如此，既方便了加工，又满足了装配精度和使用要求。滚动轴承的内外圈与滚珠间的互换性，通常采用分组装配，为不完全互换。又如减速器的端盖与箱体间的垫片厚度在装配时作调整，使轴承的一端与端盖的底端之间预留适当的轴向间隙，以补偿温度变化时轴的微量伸长，从而避免轴在工作时弯曲。

2. 外互换与内互换

按照互换性用于标准部件或机构的内部和外部，互换性可分为外互换与内互换两类。

（1）外互换。指部件或机构与其相配件之间的互换性。如滚动轴承内圈的内径与传动轴的配合，外圈的外径与外壳孔的配合。一般，外互换用于厂外协作件的配合和使用中需要更换的零件及与标准件配合的零件。

（2）内互换。指部件或机构内部组成零件之间的互换性。如滚动轴承的内、外圈滚道直径和滚动体（滚珠或滚柱）直径间的配合。内互换一般装配精度要求高，在厂内组装、使用中不再更换内部零件。

通常，外互换采用完全互换，而内互换由于组成零件的精度要求较高，宜采用不完全互换。对于厂外协作件，即使是单件或小批量生产也应采用完全互换；对于部件或机构制造厂内部的装配应采用不完全互换。具体采用何种互换，应综合考虑产品精度要求、复杂程度、工装设备、使用要求、技术水平等因素而设计确定。

三、互换性的作用

在制造业中，互换性在设计、制造、使用等方面至关重要，已成为制造业重要的生产原则和有效的技术措施。其重要作用表现在以下几个方面：

在设计方面，设计者可以最大限度地选用具有互换性的标准件、通用件，从而大大减少了设计过程中的设计、计算、制图等工作量，也有利于设计人员集中精力从事更重要的工作，这样能缩短设计周期，利于产品的更新换代，且便于计算机辅助设计（CAD）技术的应用。

在制造方面，零部件的互换性使得各个工件可同时分别加工，有利于组织大规模、专业化、分工合作生产，便于使用专用设备和计算机辅助制造（CAM）技术，以提高产品质量和生产率、降低制造成本。装配过程中，由于零、部件具有互换性，可提高装配质量，缩短装配周期，便于实现装配自动化，提高装配生产率。

在维修方面，由于零部件具有互换性，若零、部件损坏，可方便地用备件替换，可缩短修理时间，节约修理费用，提高修理质量，保持机器使用的连续性和持久性。尤其对重要大型技术装备和军用品的修复，具有互换性的零、部件具有更重大意义。

互换性在提高产品质量、可靠性,提高经济效益等方面具有重大意义,互换性原则已成为现代制造业中一个普遍遵守的原则。

§1.2 标准化与优先数系

现代制造业的特点是生产规模大、分工细、协作单位多、互换性要求高。如何协调各个生产环节,使分散的、局部的生产部门和生产环节保持技术统一,成为一个有机的生产系统,以实现互换性生产呢? 标准和标准化正是实现这种功能的主要途径和手段。实行标准化是互换性生产的基础。

一、标准与标准化

1. 标准与标准化的概念

标准是对重复性事物和概念所作的统一规定。"标准"即一种"规定",它的制定以科学技术和生产经验的综合成果为基础,经有关部门协商一致,由主管机构批准,并以特定形式颁布,作为共同遵守的准则和依据。标准一经颁布,就是技术法规,具有法制性,不允许随意修改和拒不执行。

标准化是指在经济、技术、科学及管理等社会实践中,对重复性事物和概念,通过制定、发布和实施标准,达到统一,以获得最佳秩序和社会效益。标准化工作包括制定和修订标准、颁布标准、组织实施标准和对标准的实施进行监督的全部活动。这个过程是不断循环而又不断提高其水平的过程。

机械制造业中的重复事物有很多,如零件的批量生产;某种零件在不同的产品中得到应用;设计中反复使用的图形、符号、概念、计算公式、计算方法等。

标准化是组织现代化生产的一个重要手段,是实现专业化协调生产的必要前提,是实现互换性生产的基础,同时也是联系产品设计、生产、使用等方面的纽带。标准化对于促进技术进步,改进产品质量,提高社会经济效益,发展对外经济关系具有重要意义。

2. 标准的分类

标准的种类繁多,从不同角度可对标准进行不同的分类,习惯上将标准分为三类:技术标准、管理标准和工作标准。本书仅介绍技术标准。所谓技术标准是指为科研、设计、制造、检验和工程技术、产品、技术设备等制定的标准。我国的技术标准有国家标准、行业标准、地方标准和企业标准四个层次。

(1) 国家标准(GB)。是指对全国技术、经济发展有重大意义又必须制定的全国范围内统一的标准。如:要在全国范围内统一的名词术语、基础标准,基本原材料、重要产品标准,基础互换性标准,通用零部件和通用产品的标准等。

(2) 行业标准(原部颁标准或行业标准)。主要是指还没有国家标准,而又需要在全国某行业范围内统一的标准。如原机械工业部的机械标准(JB)、原轻工业部的轻工标准(QB)等。一旦有了国家标准,该项行业标准即行废止。

(3) 地方标准。是指省、直辖市、自治区制定的各种技术经济规定。例如"沪 Q"、"京 Q",表示上海、北京的地方企业标准。

(4) 企业标准。对企业生产的产品,在未制定国家标准、行业标准的情况下,应制定企业标准作为组织生产的依据。通常鼓励企业标准严于国家标准或行业标准,以提高企业的产品质量。

按法律属性不同,我国国家标准又分为强制性标准和非强制性(如推荐性、指导性)标准。强制性标准代号为"GB",颁发后严格执行;推荐性标准代号为"GB/T",指导性标准代号为"GB/Z"。如 GB/T 10095.1—2001 就属于推荐性标准,其中"10095.1"表示标准的序号,"2001"表示制定标准的年份。

为了便于国际间的交流,扩大文化、科学技术和经济上的合作,在世界范围内促成标准化工作的发展,1947 年国际上成立了国际标准化组织(简称 ISO),其主要工作是负责制定国际标准、协调世界范围内的标准化工作与传播交流信息、与其他国际组织合作,共同研究相关问题,其成员国已包括了全世界大多数国家,我国也于 1978 年恢复参加了 ISO 组织。一般来说,国际标准集中反映了世界上最先进的科学技术水平。为便于国际间技术、经济的交流和贸易,各国都应尽可能参照国际标准并结合本国实际情况来制定和修订本国的国家标准。

在互换性标准方面,我国从 1959 年开始,陆续制定了公差与配合、几何公差、公差原则、表面粗糙度、普通螺纹、平键、矩形花键、渐开线圆柱齿轮精度等一系列标准。随着生产的不断发展,从 20 世纪 80 年代开始,参照国际标准,我国对互换性标准进行了较大范围的修订。这些标准是机械制造业中产品设计、工艺设计、组织生产以及产品质量检验的重要依据,其应用广泛,影响深远。然而,随着信息技术和网络技术的发展,传统的几何精度设计和控制方法已不能适应现代科技发展的速度和现代制造技术的需求。尤其在 CAD/CAM 技术已高度实用化的今天,由于现行 ISO 公差仅适于手工设计环境,不适合计算机的表达、处理和在各个阶段的数据传递以及三维图形中的精度表达,公差理论和标准的落后已成为制约 CAD/CAM 技术继续深入发展的瓶颈环节,是国内外先进制造技术发展中急需解决的问题。为此,国际标准化组织于 1996 年 6 月开始全面地修订现行 ISO 公差体系,研究和建立了一个基于网络信息技术,适应 CAD/CAM/CAQ 的市场需求,以保证预定几何精度质量为目标的现代产品几何技术规范(Dimensional Geometrical Product Specification and Verification,缩写 GPS)标准体系。GPS 标准体系是机电产品技术标准与计量规范的基础,包括尺寸和几何公差、表面特征等需要在技术图样上表示的各种几何精度要求、测量原理、验收规则以及计量器具的校准,测量不确定度评定等,涉及生产过程的开发、设计、制造、检验、使用、维修和报废等全过程。新一代GPS 标准体系的建立,将会给企业的产品开发提供一套全新的工程工具,以满足企业发展和市场竞争的需求。目前,我国已经初步制定了一批适合于我国国情的 GPS 标准体系,并已于2009 年开始逐步推广使用,该标准体系的应用必将提高我国制造业应用高新技术的水平。

二、优先数和优先数系

在设计机械产品和制定标准的过程中,产品的性能参数、尺寸规格参数等都要通过数值表达,而产品的数值具有扩散传播性。例如,复印机的规格和复印纸的尺寸有关,复印纸的尺寸则取决于书刊杂志的尺寸,而复印机的尺寸影响造纸机械的尺寸。又如,某一尺寸的螺栓会扩散传播出螺母尺寸、制造螺栓的刀具(丝锥、板牙、滚丝轮等)尺寸、检验螺栓的量具尺寸等。由此可见,工程技术中的参数数值,即使是很小的差别,经过反复传播,也会造成尺寸规格的繁杂,直接影响生产过程和产品质量。因此技术参数数值的选取不可随意,生产实践表明,采用优先数和优先数系,可以对产品的技术参数进行合理的简化和分级。

优先数和优先数系是工程上对技术参数予以简化、协调、统一的一种科学的数值制度,它适合各种数值的分级,也是国际上统一的数值分级制度。优先数系分档合理,简单易记,有利于简化统一,便于插入和延伸,计算方便,适用性广。采用优先数系可使制造业以较少、合理的产品品种和规格,经济而合理地满足用户的各种要求,而且也适宜制定标准以及标准制定前的规划、设计等工作。从而引导产品品种的发展进入科学的标准化轨道。

目前,我国国家标准 GB/T 321—2005《优先数和优先数系》规定十进制等比数列为优先数系,并规定了五个优先数系,分别用符号 R5、R10、R20、R40 和 R80 表示。其中,前四个数系为基本系列,最后一个为补充系列(仅在参数分级很细,基本系列不能适应实际需要时,才考虑采用)。优先数系是十进等比数列,其中包含 10 的所有整数幂(…、0.1、1、10、100、1 000、…)。只要知道一个十进段内的优先数值,其他十进段内的优先数值就可通过乘以或除以 10 的倍数而获得。这样,对简化工程计算有利。

标准中规定的五种优先数系的公比及常用数值见表 1-1。

表 1-1 优先数系基本系列的公比及常用数值(R80 略)

基本系列	公比	1~10 的优先数值								
R5	$\sqrt[5]{10} \approx 1.60$	1.00	1.60	2.50	4.00	6.30	10.00			
R10	$\sqrt[10]{10} \approx 1.25$	1.00	1.25	1.60	2.00	2.50	3.15	4.00	5.00	6.30
		8.00	10.00							
R20	$\sqrt[20]{10} \approx 1.12$	1.00	1.12	1.25	1.40	1.60	1.80	2.00	2.24	2.50
		2.80	3.15	3.55	4.00	4.50	5.00	5.60	6.30	7.10
		8.00	9.00	10.00						
R40	$\sqrt[40]{10} \approx 1.06$	1.00	1.06	1.12	1.18	1.25	1.32	1.40	1.50	1.60
		1.70	1.80	1.90	2.00	2.12	2.24	2.36	2.50	2.65
		2.80	3.15	3.35	3.55	3.75	4.00	4.25	4.50	
		4.75	5.00	5.30	5.60	6.00	6.30	6.70	7.10	7.50
		8.00	8.50	9.00	9.50	10.00				

优先数系的理论值大多数为无理数,应用时要加以圆整。在产品设计时主要尺寸和参数必须采用优先数。通常,机械产品的主要参数按 R5 和 R10 系列取值;专用工具的主要尺寸按 R10 系列取值;通用零件和工具及通用型材的尺寸等按 R20 系列取值。

此外,由于生产的需要,优先数系还有派生系列和复合系列。前者指从某系列中按一定项差取值可构成的系列,如 R10/3 系列,即在 R10 系列中按每三项取一项的数列,其公比为 R10/3=$(\sqrt[10]{10})^3$,如 1,2,4,8,…;1.25,2.5,5,10,…;等等。后者是指由若干等比系列混合构成的多公比系列,如 10、16、25、35.5、50、71、100、125、160 数列,分别由 R5、R20/3 和 R10 三种系列的混合系列。例如,在表面粗糙度标准中规定的取样长度分段就是采用 R10 系列的派生数系 R10/5,即 0.08、0.25、0.8、2.5、8.0、25。

§1.3 测量技术及其发展

一、几何量测量的重要意义

几何量的测量和检验是实现互换性必不可少的重要措施。按照互换性标准进行正确的精度设计,只是实现互换性的前提条件。要想把设计要求转换为现实,除了选用合适的加工设备和加工方法外,还必须要进行测量和检验,要按照互换性标准和检测技术要求对零部件的几何量进行检测,使那些不符合公差要求的零部件作为不合格品而被淘汰。否则设计的精度要求形同虚设,不能发挥作用。由此可见,检测工作是不可缺少和非常重要的。没有检测,互换性生产就得不到保证,公差要求也变成了空洞的设想。实际上,任何一项公差要求都要有相应的检测手段相配合。这就是说,规定公差和进行检测是保证机械产品质量和实现互换性生产的两个必不可少的条件。

当然测量与检验的目的不仅仅在于判断工件合格与否,还可以根据检测的结果,分析产生废品的原因,以便采取措施积极预防,减少和防止废品的产生。

二、测量技术的发展概况

在我国悠久的历史上,很早就有关于几何量检测的记载。早在商朝,我国就有了象牙制成的尺,秦朝就已经统一了度量衡制度,西汉已有了铜制卡尺。但长期的封建统治,使得科学技术未能进一步发展,旧中国的检测技术和计量器具一直处于落后状态。

新中国成立后,政府十分重视检测技术的发展。大力建设和加强计量制度,先后颁布了《中华人民共和国计量管理条例》、《中华人民共和国计量法》等。同时,在计量科学研究和计量管理方面,国家投入大量的人力和物力,形成了完整的计量研究、制造、管理、鉴定、测量体系,并取得了令人瞩目的成绩。

我国的计量器具制造业也得到了较大的发展。旧中国,没有计量仪器制造工厂。新中国成立后,随着科技和工业生产的发展,建造了一批量仪制造厂,生产了大量的品种繁多的计量仪器应用于几何量的测量工作,如工具显微镜、干涉显微镜、三坐标测量仪、齿轮单啮仪、电动轮廓仪、接触式干涉仪、双管显微镜、立式光学比较仪等仪器。

经过几十年的努力,我国的测量仪器和检测手段已达到国际先进水平。全国建立了统一的量值传递系统,我国生产研制的部分计量仪器已达到世界先进水平,如激光光电比长仪、激光丝杠动态检查仪、三坐标测量仪、无导轨大长度测量仪等。测量技术的发展不仅促进了机械制造业的发展,也促进了其他工业和科技领域的发展。

§1.4　本课程的性质与主要任务

本课程是机械类各专业的一门重要技术基础课程,是联系机械设计课程与机械制造工艺课程的纽带,是从基础课学习过渡到专业课学习的桥梁。本课程包括精度设计与几何量检测两部分内容。

任何机械产品的设计,除了运动分析、结构设计、强度和刚度的计算以外,还有精度设计。产品的精度直接影响其工作性能、振动、噪声、寿命和可靠性。精度设计应处理好产品的使用要求与制造成本的矛盾,解决方法是要给出合理的公差,将各种误差(尺寸误差、形状误差、位置误差等等)限定在一定的范围之内。而零件加工后是否符合精度要求,只有通过检测才知道。所以检测是精度要求的技术保证。

学生学习本课程时,应具有一定的理论知识和生产实践知识。通过本课程的学习,应具备有关精度设计和几何量检测的基础理论知识与基本技能。

思考题与习题

一、判断题

1. 具有互换性的零件，其几何参数必须制成绝对精确。 （ ）

2. 标准件的加工宜采用完全互换。 （ ）

3. 公差是允许零件尺寸的最大偏差。 （ ）

4. 当装配精度要求很高时，宜采用完全互换。 （ ）

5. 在确定产品的参数或参数系列时，应最大限度地采用优先数和优先数系。 （ ）

6. 优先数系是由一些十进制等差数列构成的。 （ ）

二、选择题

1. 互换性按其_____可分为完全互换和不完全互换。

    A. 方法   B. 性质   C. 程度   D. 效果

2. 加工后的零件尺寸与理想尺寸之差称为_____。

    A. 形状误差   B. 尺寸误差   C. 公差   D. 位置误差

3. 互换性在机械制造业中的作用有_____。

    A. 便于采用高效专用设备   B. 便于装配自动化

    C. 保证产品质量   D. 便于实现系列化、标准化和通用化

4. 标准化的意义在于_____。

    A. 是现代化大生产的重要手段   B. 是科学管理的基础

    C. 是产品设计的基本要求   D. 是计量工作的前提

三、问答题

1. 试述互换性的含义，并列举互换性的应用实例。

2. 试述完全互换和不完全互换的含义和应用场合。

3. 试述标准的种类及标准化的意义。

4. 试述优先数系的优点。我国国家标准中规定的优先数系有哪些？其数值组成的特点是什么？

5. 试述在机械制造过程中进行检测的重要性。

第2章 光滑圆柱体结合的极限与配合

本章要点：

1. 掌握有关极限与配合的基本术语和基本概念。

2. 掌握尺寸公差带的构成特点。

3. 掌握公差带图的绘制与分析方法，并能熟练查取标准公差和基本偏差表格，正确进行有关计算。

4. 掌握极限与配合的选用原则，并能正确标注在图上。

　　圆柱体结合是机械制造中应用最广泛的结合形式之一。为了使机械零件具有互换性，零件的尺寸、几何形状、相互位置以及表面粗糙度等都要求具有一致性。就尺寸而言，互换性要求的尺寸一致性，是指要求尺寸在某一合理的范围之内。这个范围既要保证相互结合的尺寸之间形成一定的关系，以满足不同的使用要求，又要在制造上是经济合理的，因此就形成了"极限与配合"的概念。"极限"用于协调零件的使用要求和制造经济性之间的矛盾；而"配合"则反映零件组合时相互之间的关系。经标准化之后的极限与配合制度，有利于机器的设计、制造、使用和维修，有利于保证产品精度、使用性能和寿命等各项使用要求，也有利于刀具、量具、夹具和机床等工艺装备的标准化。

　　本章主要阐述光滑圆柱体结合的极限与配合国家标准的基本概念、主要内容和应用。

§2.1　极限与配合的基本术语及定义

一、有关要素的定义

1. 尺寸要素

由一定大小的线性尺寸或角度尺寸确定的几何形状。尺寸要素可以是圆柱形、球形、两平行对应面、圆锥形或楔形。

2. 实际（组成）要素

由接近实际（组成）要素所限定的工件实际表面的组成要素部分。

3. 提取组成要素

按规定方法，由实际（组成）要素提取有限数目的点所形成的实际（组成）要素的近似替代。

各要素之间的关系参考图 4-3。

二、有关孔和轴的定义

1. 孔

通常,指工件的圆柱形内尺寸要素,也包括非圆柱形的内尺寸要素(由两平行平面或切面形成的包容面)。

2. 轴

通常,指工件的圆柱形外尺寸要素,也包括非圆柱形的外尺寸要素(由两平行平面或切面形成的被包容面)。

从装配关系讲,孔是包容面,在它之内无材料;轴是被包容面,在它之外无材料。从加工过程看,随着余量的切除,孔的尺寸由小变大,轴的尺寸由大变小。例如,键联结中键槽和键的配合表面分别为内表面和外表面,即键宽度表面相当于轴,轮毂键槽宽度和轴键槽宽度表面相当于孔。

在极限与配合标准中孔和轴都是由单一的主要尺寸构成的,而且分别具有包容和被包容的功能,如图 2-1(a)、(b)所示。

如果两平行平面或切平面既不能形成包容面,也不能形成被包容面,则它既不是孔,也不是轴,属于一般长度尺寸,如图 2-1(c)所示。

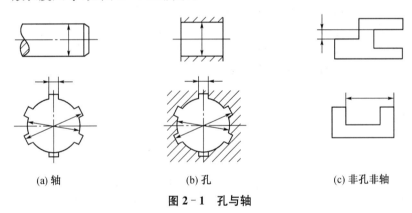

(a) 轴　　　　　　　　(b) 孔　　　　　　　　(c) 非孔非轴

图 2-1　孔与轴

三、有关尺寸的定义

1. 尺寸

用特定单位表示线性尺寸值的数值,由数字和长度单位组成,如 20 mm、40 μm。机械制造中常用的尺寸有直径、半径、宽度、深度、中心距等。

2. 公称尺寸(孔 D;轴 d)

由图样规范确定的理想形状要素的尺寸,是设计给定的尺寸,在旧标准中称为基本尺寸。它是根据零件的使用要求进行计算或根据实验和经验而确定的,一般应符合标准尺寸系列,以减少定值刀具、量具的规格和数量。如图 2-2 所示,ϕ20 mm 及 30 mm 为圆柱销直径和长度的公称尺寸。

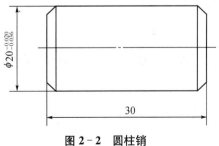

图 2-2　圆柱销

3. 提取组成要素的局部尺寸(孔 D_a；轴 d_a)

提取组成要素的局部尺寸是一切提取组成要素上两对应点之间距离的统称，可简称为提取要素的局部尺寸。在旧标准中称为局部实际尺寸。

提取圆柱面的局部尺寸指的是要素上两对应点之间的距离。其中：两对应点之间的连线通过拟合圆的圆心，横截面垂直于由提取表面得到的拟合圆柱面的轴线，如图 2-3 所示。

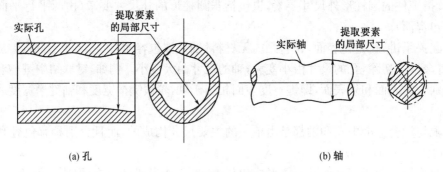

(a) 孔   (b) 轴

图 2-3　提取圆柱面的局部尺寸

4. 极限尺寸(孔 D_{max}、D_{min}；轴 d_{max}、d_{min})

尺寸要素允许的尺寸的两个极端，其中，尺寸要素允许的最大尺寸称为上极限尺寸，允许的最小尺寸称为下极限尺寸。孔和轴的上极限尺寸分别用符号 D_{max} 和 d_{max} 表示，孔和轴的下极限尺寸分别用符号 D_{min} 和 d_{min} 表示。如图 2-4 所示。

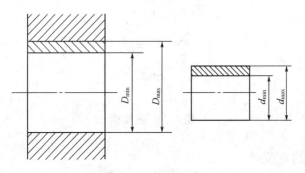

图 2-4　极限尺寸

上述尺寸中，公称尺寸是尺寸精度设计中用来确定极限尺寸和偏差的一个基准，并不是实际加工要求得到的尺寸。极限尺寸是以公称尺寸为基数，考虑加工经济性并满足使用要求而确定的，极限尺寸用于控制提取要素的局部尺寸的变动范围，合格零件的尺寸应该位于两个极限尺寸之间。

四、有关偏差和公差的术语及定义

1. 偏差

某一尺寸减其公称尺寸所得的代数差称尺寸偏差。偏差分为极限偏差和基本偏差。

(1) 极限偏差。极限尺寸减公称尺寸所得的代数差。上极限尺寸减公称尺寸所得的代数差称为上极限偏差；下极限尺寸减公称尺寸所得的代数差称为下极限偏差。

孔和轴的上极限偏差分别用 ES 和 es 表示,孔和轴的下极限偏差分别用 EI 和 ei 表示,如图 2-5 所示。极限偏差的计算公式如下:

$$孔\quad 上极限偏差\ ES = D_{\max} - D \qquad 下极限偏差\ EI = D_{\min} - D \qquad (2-1)$$

$$轴\quad 上极限偏差\ es = d_{\max} - d \qquad 下极限偏差\ ei = d_{\min} - d \qquad (2-2)$$

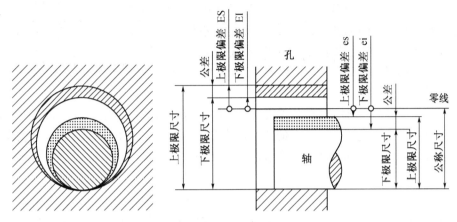

图 2-5　尺寸、偏差与公差

由于满足孔与轴配合的不同松紧要求,极限尺寸可能大于、小于或等于其公称尺寸。因此,极限偏差的数值可能是正值、负值或零值。故在偏差值的前面除零值外,应标上相应的"+"号或"-"号。

偏差的标注:上极限偏差标在公称尺寸右上角;下极限偏差标在公称尺寸右下角。例如:$\phi 25^{-0.020}_{-0.030}$ 表示公称尺寸为 $\phi 25$ mm,上极限偏差为 -0.020 mm,下极限偏差为 -0.030 mm。

(2)基本偏差。用于确定公差带相对零线位置的上极限偏差或下极限偏差称为基本偏差。标准规定:一般以靠近零线的那个极限偏差作为基本偏差,如图 2-6 所示。

注意:对跨在零线上(对称分布)的公差带,ES(es)或 EI(ei)均可作为基本偏差。

2.尺寸公差(T)

尺寸公差简称公差,它指的是允许尺寸的变动量。公差等于上极限尺寸与下极限尺寸代数差的绝对值;也等于上极限偏差与下极限偏差的代数差的绝对值。

$$孔的公差\qquad T_h = |D_{\max} - D_{\min}| = |ES - EI| \qquad (2-3)$$

$$轴的公差\qquad T_s = |d_{\max} - d_{\min}| = |es - ei| \qquad (2-4)$$

公差是用来限制误差的,若公差值大,则允许尺寸变动范围大,因而要求加工精度低;相反,若公差值小,则允许尺寸变动范围小,因而要求加工精度高。

公差与极限偏差既有区别又有联系。它们都是由设计规定的。公差是工件尺寸的精度指标,即其尺寸允许的变动范围,但不能根据公差来逐一判断工件的合格性。极限偏差表示工件尺寸允许变动的极限值,是判断工件尺寸是否合格的依据。

3. 零线与公差带

孔与轴的极限偏差、公差、公称尺寸的关系可以用公差带图来表示,如图2-6所示。公差带图中有一条零线和相应公差带。

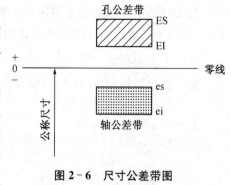

图2-6　尺寸公差带图

(1) 零线。由于偏差、公差与公称尺寸的数值相比,差别很大,不便用同一比例尺表示,故公称尺寸用一条直线来表示,这条直线称为零线。零线是确定偏差和公差的基准。通常,零线沿水平方向绘制,零线以上的偏差为正偏差,零线以下的偏差为负偏差,位于零线上的偏差为零,见图2-6。

(2) 尺寸公差带(公差带)。在公差带图中,由上、下极限偏差线段所限定的一个区域,称为公差带。公差带在垂直于零线方向的宽度代表公差值,上线表示上极限偏差,下线表示下极限偏差。公差带沿零线方向长度可适当选取。图2-6中,公称尺寸单位为毫米(mm),偏差及公差的单位可以用毫米(mm),也可用微米(μm)表示。

公差带由"公差带大小"和"公差带位置"两个基本要素构成。公差带的大小由公差值数值确定;公差带的位置由基本偏差确定。为了使公差带标准化,国家标准将公差值和极限偏差都进行了标准化。

4. 标准公差

标准公差是国家标准中所规定的用以确定公差带大小的任一公差值。

【例2-1】 已知公称尺寸为ϕ30 mm的孔和轴,孔的上极限尺寸为ϕ30.021 mm,孔的下极限尺寸为ϕ30.005 mm;轴的上极限尺寸为ϕ29.990 mm,轴的下极限尺寸为ϕ29.965 mm。求孔、轴的极限偏差及公差,并画出公差带图。

解:孔的极限偏差　$ES = D_{max} - D = (30.021 - 30) \text{mm} = +0.021 \text{ mm}$

$EI = D_{min} - D = (30.005 - 30) \text{mm} = +0.005 \text{ mm}$

孔的公差　$T_h = ES - EI = [+0.021 - (+0.005)] \text{mm} = 0.016 \text{ mm}$

轴的极限偏差　$es = d_{max} - d = (29.990 - 30) \text{mm} = -0.010 \text{ mm}$

$ei = d_{min} - d = (29.965 - 30) \text{mm} = -0.035 \text{ mm}$

轴的公差　$T_s = es - ei = [-0.010 - (-0.035)] \text{mm} = 0.025 \text{ mm}$

公差带图如图2-7所示。

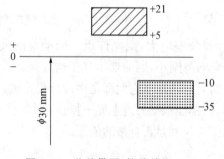

图2-7　公差带图(偏差单位:μm)

五、有关配合的术语及定义

1. 配合

配合指的是公称尺寸相同的相互结合的孔、轴公差带之间的关系。根据孔、轴公差带之间的不同关系,配合可分为间隙配合、过盈配合和过渡配合三大类。

2. 间隙与过盈

间隙与过盈指的是孔的尺寸减去相配合的轴的尺寸所得的代数差。此差值为正时是间隙,用符号 X 表示;为负时是过盈,用符号 Y 表示。

3. 配合的种类

(1) 间隙配合。孔公差带在轴公差带之上,具有间隙的配合(包括最小间隙等于零的配合),如图 2-8 所示。

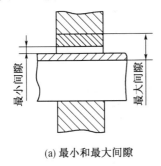
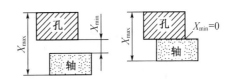

(a) 最小和大间隙   (b) 间隙配合的示意图

图 2-8 间隙配合

间隙配合的性质用最大间隙 X_{max}、最小间隙 X_{min} 和平均间隙 X_{av} 表示。X_{max}、X_{min} 表示间隙配合中间隙变动的两个界限值。

$$X_{max} = D_{max} - d_{min} = \mathrm{ES} - \mathrm{ei} \tag{2-5}$$

$$X_{min} = D_{min} - d_{max} = \mathrm{EI} - \mathrm{es} \tag{2-6}$$

最大间隙与最小间隙的平均值称为平均间隙。

$$X_{av} = \frac{X_{max} + X_{min}}{2} \tag{2-7}$$

(2) 过盈配合。孔公差带在轴公差带之下,具有过盈的配合(包括最小过盈等于零的配合),如图 2-9 所示。

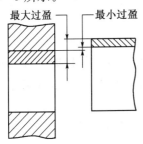
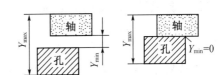

(a) 最大和最小过盈   (b) 过盈配合的示意图

图 2-9 过盈配合

过盈配合的性质用最大过盈 Y_{max}、最小过盈 Y_{min}、平均过盈 Y_{av} 表示。Y_{max}、Y_{min} 表示过盈配合中过盈变动的两个界限值。

$$Y_{max} = D_{min} - d_{max} = EI - es \qquad (2-8)$$

$$Y_{min} = D_{max} - d_{min} = ES - ei \qquad (2-9)$$

最大过盈与最小过盈的平均值称为平均过盈。

$$Y_{av} = \frac{Y_{max} + Y_{min}}{2} \qquad (2-10)$$

（3）过渡配合。孔的公差带与轴的公差带相互交叠，可能具有间隙也可能具有过盈的配合，如图 2-10 所示。

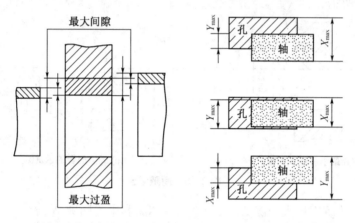

(a) 过渡配合的最大间隙和最大过盈　　(b) 过渡配合的示意图

图 2-10　过渡配合

过渡配合的性质由最大间隙、最大过盈和平均间隙或平均过盈表示。X_{max}、Y_{max} 表示允许间隙和过盈变动的两个界限值。

最大间隙 　　　　$X_{max} = D_{max} - d_{min} = ES - ei$

最大过盈 　　　　$Y_{max} = D_{min} - d_{max} = EI - es$

平均间隙（或平均过盈）　　　　$X_{av}(或 Y_{av}) = \frac{X_{max} + Y_{max}}{2} \qquad (2-11)$

计算结果为正时为平均间隙；计算结果为负时为平均过盈。

4. 配合公差（T_f）

标准将允许间隙或过盈的变动量称为配合公差。它是设计人员根据机器配合部位使用性能的要求对配合松紧变动的程度给定的允许值。配合公差越大，配合精度越低；配合公差越小，配合精度越高。

配合公差用符号 T_f 表示，它与尺寸公差一样，只能为正值。

间隙配合 　　　　$T_f = |X_{max} - X_{min}| = T_h + T_s \qquad (2-12)$

过渡配合 　　　　$T_f = |X_{max} - Y_{max}| = T_h + T_s \qquad (2-13)$

过盈配合　　　　　　$T_f = |Y_{max} - Y_{min}| = T_h + T_s$　　　　　　　(2-14)

　　由此可见,对于各类配合,均有其配合公差等于相互配合的孔公差和轴公差之和的结论。这一结论说明了配合件的装配精度与零件的加工精度有关。若要提高装配精度,使配合后间隙或过盈的变化范围减小,则要减小零件的公差,即需要提高零件的加工精度。

　　配合公差反映配合精度,配合种类反映配合性质。

　　【例 2-2】　已知某配合的公称尺寸为 $\phi 60$ mm,孔的公差 $T_h = 30$ μm,轴的下极限偏差 ei $= +11$ μm,配合公差 $T_f = 49$ μm,最大间隙 $X_{max} = +19$ μm,求:

　　(1) 孔的上、下极限偏差;

　　(2) 轴的上极限偏差及公差;

　　(3) 画出该配合的尺寸公差带图,并判断配合种类。

　　解:(1) 由　　$X_{max} = ES - ei$,得

$$ES = X_{max} + ei = [+19 + (+11)]\mu m = +30 \ \mu m$$

$$EI = ES - T_h = (+30 - 30)\mu m = 0$$

　　(2) 由　　$T_f = T_h + T_s$,得

$$T_s = T_f - T_h = (49 - 30)\mu m = 19 \ \mu m$$

又 es $= ei + T_s = (+11 + 19)\mu m = +30 \ \mu m$

　　(3) 根据计算结果画出该配合的尺寸公差带图,如图 2-11 所示。因为孔轴的公差带相互交叠,所以此配合的种类为过渡配合。

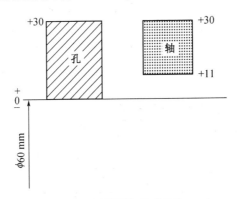

图 2-11　公差带图(偏差单位:μm)

§2.2　极限与配合国家标准

　　为了实现互换性生产,极限与配合必须标准化。极限与配合国家标准是一项用于机械产品尺寸精度设计的基础标准,由 GB/T 1800.1—2009、GB/T 1800.2—2009、GB/T 1801—2009等标准组成,适用于具有圆柱型和两平行平面型的线性尺寸要素,应用极为广泛。

　　配合是由孔和轴公差带之间的关系决定的,而孔和轴的公差带又是由大小和位置决定的,其大小和位置分别由标准公差和基本偏差决定。国标中规定了标准公差系列和基本偏差

系列。

一、标准公差系列

标准公差是极限与配合标准中规定的任一公差,用以确定公差带的大小。影响标准公差的因素有公差等级和公称尺寸。

1. 公差等级及其代号

确定尺寸精确程度的等级称为公差等级。标准公差用 IT(ISO Tolerance)和阿拉伯数字表示,如 IT6,可读作:标准公差 6 级,或简称 6 级公差。

标准公差一共有 20 个等级:IT01、IT0、IT1、…、IT18。从 IT01 到 IT18 等级依次增大,精度依次降低,相应的标准公差值依次增大。

2. 标准公差数值

标准公差数值是按照计算公式计算得到的,公式在此不再叙述。标准公差数值由公差等级和公称尺寸共同决定,对于公称尺寸≤500 mm,标准公差数值见表 2-1。

表 2-1　标准公差数值(摘自 GB/T 1800.2—2009)

公差等级	IT01	IT0	IT1	IT2	IT3	IT4	IT5	IT6	IT7	IT8	IT9	IT10	IT11	IT12	IT13	IT14	IT15	IT16	IT17	IT18
公称尺寸/mm	/μm													/mm						
≤3	0.3	0.5	0.8	1.2	2	3	4	6	10	14	25	40	60	0.10	0.14	0.25	0.40	0.60	1.0	1.4
>3~6	0.4	0.6	1	1.5	2.5	4	5	8	12	18	30	48	75	0.12	0.18	0.30	0.48	0.75	1.2	1.8
>6~10	0.4	0.6	1	1.5	2.5	4	6	9	15	22	36	58	90	0.15	0.22	0.36	0.58	0.90	1.5	2.2
>10~18	0.5	0.8	1.2	2	3	5	8	11	18	27	43	70	110	0.18	0.27	0.43	0.70	1.10	1.8	2.7
>18~30	0.6	1	1.5	2.5	4	6	9	13	21	33	52	84	130	0.21	0.33	0.52	0.84	1.30	2.1	3.3
>30~50	0.6	1	1.5	2.5	4	7	11	16	25	39	62	100	160	0.25	0.39	0.62	1.00	1.60	2.5	3.9
>50~80	0.8	1.2	2	3	5	8	13	19	30	46	74	120	190	0.30	0.46	0.74	1.20	1.90	3.0	4.6
>80~120	1	1.5	2.5	4	6	10	15	22	35	54	87	140	220	0.35	0.54	0.87	1.40	2.20	3.5	5.4
>120~180	1.2	2	3.5	5	8	12	18	25	40	63	100	160	250	0.40	0.63	1.00	1.60	2.50	4.0	6.3
>180~250	2	3	4.5	7	10	14	20	29	46	72	115	185	290	0.46	0.72	1.15	1.85	2.90	4.6	7.2
>250~315	2.5	4	6	8	12	16	23	32	52	81	130	210	320	0.52	0.81	1.30	2.10	3.20	5.2	8.1
>315~400	3	5	7	9	13	18	25	36	57	89	140	230	360	0.57	0.89	1.40	2.30	3.60	5.7	8.9
>400~500	4	6	8	10	15	20	27	40	63	97	155	250	400	0.63	0.97	1.55	2.50	4.00	6.3	9.7

注:公称尺寸小于 1 mm 时,无 IT14 至 IT18。

由表格可见对于 IT5~IT18 的公差等级,其公差等级系数采用 R5 优先数系中的化整优先数。从 IT6 开始,每隔五个级,公差值增加 10 倍。由此可见,标准公差数值的计算具有很强的规律性,便于国家标准的发展和扩大使用。按照规律可以利用优先数系的特点将国标中规定的公差等级向高、低精度延伸,也可以在规定的任意相邻的两个公差等级之间插入新的公差等级。

3. 公称尺寸分段

如果不同的公称尺寸对应着不同的公差数值,这样编制的公差表格就会特别庞大,也会给生产带来不便。同时,当公称尺寸相差不是太大时,计算得到的标准公差也比较接近。为了统一公差数值,简化公差表格,减少公差数值,便于使用,国家标准将公称尺寸进行分段,分为 13 个尺寸段,公称尺寸处于同一尺寸段而且公差等级相同时,具有相同的公差数值,见表 2-1。应该注意的是在表 2-1 中公称尺寸小于 1 mm 时,无 IT14 至 IT18。

二、基本偏差系列

在对公差带的大小进行了标准化后,还需对公差带相对于零线的位置加以标准化,以满足各种配合性质的需要。用于确定公差带相对于零线位置的上极限偏差或下极限偏差称为基本偏差。

标准规定一般以靠近零线的那个极限偏差作为基本偏差。

1. 基本偏差系列代号及特征

标准设置了 28 个基本偏差,其代号分别用拉丁字母表示,大写表示孔,小写表示轴。在 26 个拉丁字母中去掉容易与其他含义混淆的 5 个字母:I、L、O、Q、W(i、l、o、q、w),同时增加了 7 个双写字母:CD、EF、FG、JS、ZA、ZB、ZC(cd、ef、fg、js、za、zb、zc),共 28 个基本偏差,图 2-12 为基本偏差系列图。

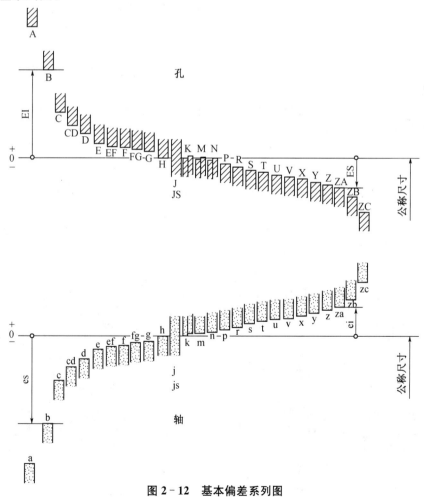

图 2-12　基本偏差系列图

从图中我们可以看出,对所有公差带,当位于零线上方时,基本偏差为下极限偏差;当位于零线下方时,基本偏差为上极限偏差。

A～H 的孔基本偏差为下极限偏差 EI;K～ZC 的孔基本偏差为上极限偏差 ES。

a～h 的轴基本偏差为上极限偏差 es;k～zc 的轴基本偏差为下极限偏差 ei。

从 A 到 H(a～h)离零线越来越近,亦即基本偏差的绝对值越来越小;从 J 到 ZC(j～zc)离零线越来越远,亦即基本偏差的绝对值越来越大。

H 和 h 的基本偏差数值都为零,H 孔的基本偏差为下极限偏差,h 轴的基本偏差为上极限偏差。

JS(js)公差带完全对称地跨在零线上。上、下极限偏差值为±IT/2。上、下极限偏差均可作为基本偏差。

在图 2-12 中,各公差带只画出基本偏差一端,而另一个极限偏差没有画出,因为另一端表示公差带的延伸方向,其确切位置取决于标准公差数值的大小。

2. 基准制

在机械产品中,公称尺寸相同的孔和轴有各种不同的配合要求,这就需要不同的孔和轴的公差带来实现。鉴于设计和制造上的经济性,把其中一种零件(孔或轴)的公差带的位置固定,而通过改变另一零件(轴或孔)的公差带位置来形成各种不同的配合。这种制度就称为基准制。国标对配合规定了两种基准制,即基孔制和基轴制。如有特殊需要,允许将任一孔、轴的公差带组成配合。

(1)基孔制。基本偏差为一定的孔的公差带与不同基本偏差的轴的公差带形成各种配合的一种制度。

基孔制配合中的孔称为基准孔,用基本偏差 H 表示,它是配合中的基准件,轴为非基准件,称为配合轴。

如图 2-13(a)所示,基准孔 H 以下极限偏差 EI 为基本偏差,其数值为零,上极限偏差 ES 为正值,即其公差带偏置在零线上侧。

(2)基轴制。基本偏差为一定的轴的公差带与不同基本偏差的孔的公差带形成各种配合的一种制度。

基轴制配合中的轴称为基准轴,用基本偏差 h 表示,是配合的基准件,而孔为非基准件,称为配合孔。

如图 2-13(b)所示,基准轴 h 以上极限偏差 es 为基本偏差,其数值为零,下极限偏差 ei 为负值,即其公差带偏置在零线下侧。

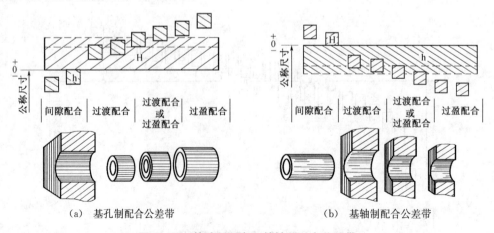

图 2-13　基孔制配合和基轴制配合公差带

3. 基本偏差的数值

(1) 轴的基本偏差的数值。轴的基本偏差数值是以基孔制为基础,依据各种配合的要求,从生产实践经验和有关统计分析的结果中整理出一系列公式而计算出来的。具体数值见表 2-2。

当轴的基本偏差确定后,在已知公差等级的情况下,可确定轴的另一个极限偏差。其计算公式如下:

$$es = ei + T_s \text{ 或 } ei = es - T_s \quad\quad (2-15)$$

(2) 孔的基本偏差数值。孔的基本偏差都是由同名代号的轴的基本偏差换算得到的,具体数值见表 2-3。换算原则为:同名配合的配合性质不变,即基孔制的配合(如 $\phi50H7/t6$)变成同名基轴制的配合(如 $\phi50T7/h6$)时,其配合性质(极限间隙或极限过盈)不变。

① 通用规则。一般情况下,对于同一字母表示的孔的基本偏差与轴的基本偏差相对于零线是完全对称的(比如 E 与 e),如图 2-14 所示。因此同一字母的孔和轴的基本偏差的绝对值相等,而符号相反,即

$$EI = -es \text{ 或 } ES = -ei \quad (2-16)$$

② 特殊规则。在某些特殊情况下,即对于公称尺寸为 3~500 mm,标准公差等级≤IT8 的 K~N 的孔和标准公差等级≤IT7 的 P~ZC 的孔,由于这些孔的精度高,较难加工,故一般常取低一级的孔与轴相配合,因此其基本偏差可以按下式计算,即

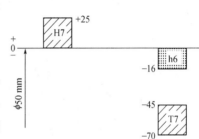

图 2-14 公差带图(偏差单位:μm)

$$ES = -ei + \Delta(\text{式中 } \Delta = T_h - T_s) \quad\quad (2-17)$$

当孔的基本偏差确定后,孔的另一个极限偏差可以根据下列公式计算:

$$ES = EI + T_h \text{ 或 } EI = ES - T_h$$

【例 2-3】 利用标准公差数值表和轴的基本偏差数值表,确定 $\phi40t6$ 的极限偏差。

解:从表(2-1)查得轴的标准公差为 $\quad\quad IT6 = T_s = 16\ \mu m$

从表(2-2)按 t 查得基本偏差为下极限偏差 $\quad ei = +48\ \mu m$

因此轴的另一极限偏差为上极限偏差 $\quad\quad es = ei + T_s = (+48+16)\mu m = +64\ \mu m$

【例 2-4】 试用查表法确定 $\phi50H7/t6$ 与 $\phi50T7/h6$ 中孔和轴的极限偏差,计算极限过盈并画出孔、轴公差带图。

解:(1) 确定孔和轴的标准公差。

查表 2-1 得

$$IT6 = 16\ \mu m, IT7 = 25\ \mu m$$

(2) 确定孔和轴的基本偏差。

查表 2-3 得

$$\text{孔 H7 的基本偏差:EI} = 0$$

表 2-2　轴的基本偏差数值表

公称尺寸/mm 大于	至	上极限偏差 es 所有公差等级 a	b	c	cd	d	e	ef	f	fg	g	h	js	基本偏差 j IT5和IT6	j IT7	IT8	j IT4至IT7
—	3	−270	−140	−60	−34	−20	−14	−10	−6	−4	−2	0	偏差=±ITn/2，式中ITn是IT数值	−2	−4	−6	0
3	6	−270	−140	−70	−46	−30	−20	−14	−10	−6	−4	0		−2	−4		+1
6	10	−280	−150	−80	−56	−40	−25	−18	−13	−8	−5	0		−2	−5		+1
10	14	−290	−150	−95		−50	−32		−16		−6	0		−3	−6		+1
14	18	−290	−150	−95		−50	−32		−16		−6	0		−3	−6		+1
18	24	−300	−160	−110		−65	−40		−20		−7	0		−4	−8		+2
24	30	−300	−160	−110		−65	−40		−20		−7	0		−4	−8		+2
30	40	−310	−170	−120		−80	−50		−25		−9	0		−5	−10		+2
40	50	−320	−180	−130		−80	−50		−25		−9	0		−5	−10		+2
50	65	−340	−190	−140		−100	−60		−30		−10	0		−7	−12		+2
65	80	−360	−200	−150		−100	−60		−30		−10	0		−7	−12		+2
80	100	−380	−220	−170		−120	−72		−36		−12	0		−9	−15		+3
100	120	−410	−240	−180		−120	−72		−36		−12	0		−9	−15		+3
120	140	−460	−260	−200		−145	−85		−43		−14	0		−11	−18		+3
140	160	−520	−280	−210		−145	−85		−43		−14	0		−11	−18		+3
160	180	−580	−310	−230		−145	−85		−43		−14	0		−11	−18		+3
180	200	−660	−340	−240		−170	−100		−50		−15	0		−13	−21		+4
200	225	−740	−380	−260		−170	−100		−50		−15	0		−13	−21		+4
225	250	−820	−420	−280		−170	−100		−50		−15	0		−13	−21		+4
250	280	−920	−480	−300		−190	−110		−56		−17	0		−16	−26		+4
280	315	−1 050	−540	−330		−190	−110		−56		−17	0		−16	−26		+4
315	355	−1 200	−600	−360		−210	−125		−62		−18	0		−18	−28		+4
355	400	−1 350	−680	−400		−210	−125		−62		−18	0		−18	−28		+4
400	450	−1 500	−760	−440		−230	−135		−68		−20	0		−20	−32		+5
450	500	−1 650	−840	−480		−230	−135		−68		−20	0		−20	−32		+5
500	560					−260	−145		−76		−22	0					0
560	630					−260	−145		−76		−22	0					0
630	710					−290	−160		−80		−24	0					0
710	800					−290	−160		−80		−24	0					0
800	900					−320	−170		−86		−26	0					0
900	1 000					−320	−170		−86		−26	0					0
1 000	1 120					−350	−195		−98		−28	0					0
1 120	1 250					−350	−195		−98		−28	0					0
1 250	1 400					−390	−220		−110		−30	0					0
1 400	1 600					−390	−220		−110		−30	0					0
1 600	1 800					−430	−240		−120		−32	0					0
1 800	2 000					−430	−240		−120		−32	0					0
2 000	2 240					−480	−260		−130		−34	0					0
2 240	2 500					−480	−260		−130		−34	0					0
2 500	2 800					−520	−290		−145		−38	0					0
2 800	3 150					−520	−290		−145		−38	0					0

注：1. 公称尺寸小于或等于 1 mm 时，基本偏差 a 和 b 均不采用；

　　2. 公差带 js7 至 js11，若 ITn 数值是奇数，则取偏差 $=\pm\dfrac{ITn-1}{2}$。

（摘自 GB/T 1800.2—2009）　　　　　　　　　　　　　　　　　　　　　　　　　　　　（μm）

数值

		下极限偏差 ei												
≤IT3 >IT7	所有公差等级													
k	m	n	p	r	s	t	u	v	x	y	z	za	zb	zc
0	+2	+4	+6	+10	+14		+18		+20		+26	+32	+40	+60
0	+4	+8	+12	+15	+19		+23		+28		+35	+42	+50	+80
0	+6	+10	+15	+19	+23		+28		+34		+42	+52	+67	+97
0	+7	+12	+18	+23	+28		+33		+40		+50	+64	+90	+130
								+39	+45		+60	+77	+108	+150
0	+8	+15	+22	+28	+35		+41	+47	+54	+63	+73	+98	+136	+188
						+41	+48	+55	+64	+75	+88	+118	+160	+218
0	+9	+17	+26	+34	+43	+48	+60	+68	+80	+94	+112	+148	+200	+274
						+54	+70	+81	+97	+114	+136	+180	+242	+325
0	+11	+20	+32	+41	+53	+66	+87	+102	+122	+144	+172	+226	+300	+405
				+43	+59	+75	+102	+120	+146	+174	+210	+274	+360	+480
0	+13	+23	+37	+51	+71	+91	+124	+146	+178	+214	+258	+335	+445	+585
				+54	+79	+104	+144	+172	+210	+254	+310	+400	+525	+690
0	+15	+27	+43	+63	+92	+122	+170	+202	+248	+300	+365	+470	+620	+800
				+65	+100	+134	+190	+228	+280	+340	+415	+535	+700	+900
				+68	+108	+146	+210	+252	+310	+380	+465	+600	+780	+1000
0	+17	+31	+50	+77	+122	+166	+236	+284	+350	+425	+520	+670	+880	+1150
				+80	+130	+180	+258	+310	+385	+470	+575	+740	+960	+1250
				+84	+140	+196	+284	+340	+425	+520	+640	+820	+1050	+1350
0	+20	+34	+56	+94	+158	+218	+315	+385	+475	+580	+710	+920	+1200	+1550
				+98	+170	+240	+350	+425	+525	+650	+790	+1000	+1300	+1700
0	+21	+37	+62	+108	+190	+268	+390	+475	+590	+730	+900	+1 150	+1 500	+1 900
				+114	+208	+294	+435	+530	+660	+820	+1 000	+1 300	+1 650	+2 100
0	+23	+40	+68	+126	+232	+330	+490	+595	+740	+920	+1 100	+1 450	+1 850	+2 400
				+132	+252	+360	+540	+660	+820	+1 000	+1 250	+1 600	+2 100	+2 600
0	+26	+44	+78	+150	+280	+400	+600							
				+155	+310	+450	+660							
0	+30	+50	+88	+175	+340	+500	+740							
				+185	+380	+560	+840							
0	+34	+56	+100	+210	+430	+620	+940							
				+220	+470	+680	+1050							
0	+40	+66	+120	+250	+520	+780	+1150							
				+260	+580	+840	+1300							
0	+48	+78	+140	+300	+640	+960	+1 450							
				+330	+720	+1 050	+1 600							
0	+58	+92	+170	+370	+820	+1 200	+1 850							
				+400	+920	+1 350	+2 000							
0	+68	+110	+195	+440	+1 000	+1 500	+2 300							
				+460	+1 100	+1 650	+2 500							
0	+76	+135	+240	+550	+1 250	+1 900	+2 900							
				+580	+1 400	+2 100	+3 200							

表 2-3　孔的基本偏差数值表

基本偏差

公称尺寸/mm 大于	至	A	B	C	CD	D	E	EF	F	FG	G	H	JS	J IT6	J IT7	J IT8	K ≤IT8	K >IT8	M ≤IT8	M >IT8
—	3	+270	+140	+60	+34	+20	+14	+10	+6	+4	+2	0		+2	+4	+6	0	0	−2	−2
3	6	+270	+140	+70	+46	+30	+20	+14	+10	+6	+4	0		+5	+6	+10	−1+Δ		−4+Δ	−4
6	10	+280	+150	+80	+56	+40	+25	+18	+13	+8	+5	0		+5	+8	+12	−1+Δ		−6+Δ	−6
10	14	+290	+150	+95		+50	+32		+16		+6	0		+6	+10	+15	−1+Δ		−7+Δ	−7
14	18																			
18	24	+300	+160	+110		+65	+40		+20		+7	0		+8	+12	+20	−2+Δ		−8+Δ	−8
24	30																			
30	40	+310	+170	+120		+80	+50		+25		+9	0		+10	+14	+24	−2+Δ		−9+Δ	−9
40	50	+320	+180	+130																
50	65	+340	+190	+140		+100	+60		+30		+10	0		+13	+18	+28	−2+Δ		−11+Δ	−11
65	80	+360	+200	+150																
80	100	+380	+220	+170		+120	+72		+36		+12	0		+16	+22	+34	−3+Δ		−12+Δ	−13
100	120	+410	+240	+180																
120	140	+460	+260	+200		+145	+85		+43		+14	0		+18	+26	+41	−3+Δ		−15+Δ	−15
140	160	+520	+280	+210																
160	180	+580	+310	+230																
180	200	+660	+340	+240		+170	+100		+50		+15	0		+22	+30	+47	−4+Δ		−17+Δ	−17
200	225	+740	+380	+260																
225	250	+820	+420	+280																
250	280	+920	+480	+300		+190	+110		+56		+17	0		+25	+36	+55	−4+Δ		−20+Δ	−20
280	315	+1 050	+540	+330																
315	355	+1 200	+600	+360		+210	+125		+62		+18	0		+29	+39	+60	−4+Δ		−21+Δ	−21
355	400	+1 350	+680	+400																
400	450	+1 500	+760	+440		+230	+135		+68		+20	0		+33	+43	+66	−5+Δ		−23+Δ	−23
450	500	+1 650	+840	+480																
500	560					+260	+145		+76		+22	0					0			−26
560	630																			
630	710					+290	+160		+80		+24	0					0			−30
710	800																			
800	900					+320	+170		+86		+26	0					0			−34
900	1 000																			
1 000	1 120					+350	+195		+98		+28	0					0			−40
1 120	1 250																			
1 250	1 400					+390	+220		+110		+30	0					0			−48
1 400	1 600																			
1 600	1 800					+430	+240		+120		+32	0					0			−58
1 800	2 000																			
2 000	2 240					+480	+260		+130		+34	0					0			−68
2 240	2 500																			
2 500	2 800																			−76
2 800	3 150																			

下极限偏差 EI（所有公差等级）　　JS：偏差＝±ITn/2，式中 ITn 是 IT 数值

注:1. 公称尺寸小于或等于 1 mm 时,基本偏差 A 和 B 及大于 IT8 的 N 均不采用;

2. 公差带 JS7 至 JS11,若 ITn 是奇数,则取偏差＝±$\dfrac{ITn-1}{2}$;

3. 对小于或等于 IT8 的 K、M、N 和小于或等于 IT7 的 P 至 ZC,所需 Δ 值从表内右侧选取;

4. 特殊情况:250~315 段的 M6,ES＝−9 μm(代替−11 μm)。

（摘自 GB/T 1800.2—2009）　　　　　　　　　　　　　　　　　　　　　　　　　　　　　　　（μm）

数值															Δ 值					
上极限偏差																				
≤IT8	>IT8	≤IT7	公差等级大于 IT7												标准公差等级					
N	P~ZC	P	R	S	T	U	V	X	Y	Z	ZA	ZB	ZC		IT3	IT4	IT5	IT6	IT7	IT8
−4	−4		−6	−10	−14		−18		−20		−26	−32	−40	−60		0	0	0	0	0	0
−8+Δ	0		−12	−15	−19		−23		−28		−35	−42	−50	−80		1	1.5	1	3	4	6
−10+Δ	0		−15	−19	−23		−28		−34		−42	−52	−67	−97		1	1.5	2	3	6	7
−12+Δ	0	在大于IT7的相应数值上增加一个Δ值	−18	−23	−28		−33		−40		−50	−64	−90	−130		1	2	3	3	7	9
								−39	−45		−60	−77	−108	−150							
−15+Δ	0		−22	−28	−35		−41	−47	−54	−63	−73	−98	−136	−188		1.5	2	3	4	8	12
						−41	−48	−55	−64	−75	−88	−118	−160	−218							
−17+Δ	0		−26	−34	−43	−48	−60	−68	−80	−94	−112	−148	−200	−274		1.5	3	4	5	9	14
						−54	−70	−81	−97	−114	−136	−180	−242	−325							
−20+Δ	0		−32	−41	−53	−66	−87	−102	−122	−144	−172	−226	−300	−405		2	3	5	6	11	16
				−43	−59	−75	−102	−120	−146	−174	−210	−274	−360	−480							
−23+Δ	0		−37	−51	−71	−91	−124	−146	−178	−214	−258	−335	−445	−585		2	4	5	7	13	19
				−54	−79	−104	−144	−172	−210	−254	−310	−400	−525	−690							
−27+Δ	0		−43	−63	−92	−122	−170	−202	−248	−300	−365	−470	−620	−800		3	4	6	7	15	23
				−65	−100	−134	−190	−228	−280	−340	−415	−535	−700	−900							
				−68	−108	−146	−210	−252	−310	−380	−465	−600	−780	−1000							
−31+Δ	0		−50	−77	−122	−166	−236	−284	−350	−425	−520	−670	−880	−1 150		3	4	6	9	17	26
				−80	−130	−180	−258	−310	−385	−470	−575	−740	−960	−1 250							
				−84	−140	−196	−284	−340	−425	−520	−640	−820	−1 050	−1 350							
−34+Δ	0		−56	−94	−158	−218	−315	−385	−475	−580	−710	−920	−1 200	−1 550		4	4	7	9	20	29
				−98	−170	−240	−350	−425	−525	−650	−790	−1 000	−1 300	−1 700							
−37+Δ	0		−62	−108	−190	−268	−390	−475	−590	−730	−900	−1 150	−1 500	−1 900		4	5	7	11	21	32
				−114	−208	−294	−435	−530	−660	−820	−1 000	−1 300	−1 650	−2 100							
−40+Δ	0		−68	−126	−232	−330	−490	−595	−740	−920	−1 100	−1 450	−1 850	−2 400		5	5	7	13	23	34
				−132	−252	−360	−540	−660	−820	−1 000	−1 250	−1 600	−2 100	−2 600							
−44			−78	−150	−280	−400	−600														
				−155	−310	−450	−660														
−50			−88	−175	−340	−500	−740														
				−185	−380	−560	−840														
−56			−100	−210	−430	−620	−940														
				−220	−470	−680	−1 050														
−66			−120	−250	−520	−780	−1 150														
				−260	−580	−840	−1 300														
−78			−140	−300	−640	−960	−1 450														
				−330	−720	−1 050	−1 600														
−92			−170	−370	−820	−1 200	−1 850														
				−400	−920	−1 350	−2 000														
−110			−195	−440	−1 000	−1 500	−2 300														
				−460	−1100	−1 650	−2 500														
−135			−240	−550	−1250	−1 900	−2 900														
				−580	−1400	−2 100	−3 200														

孔 T7 的基本偏差：$ES = -45 \ \mu m$

查表 2-2 得

$$轴 h6 的基本偏差：es = 0$$

$$轴 t6 的基本偏差：ei = +54 \ \mu m$$

(3) 确定孔和轴的另一个极限偏差。

孔 H7 的另一个极限偏差：

$$ES = EI + IT7 = (0 + 25)\mu m = +25 \ \mu m$$

孔 T7 的另一个极限偏差：

$$EI = ES - IT7 = (-45 - 25)\mu m = -70 \ \mu m$$

轴 h6 的另一个极限偏差：

$$ei = es - IT6 = (0 - 16)\mu m = -16 \ \mu m$$

轴 t6 的另一个极限偏差：

$$es = ei + IT6 = (+54 + 16)\mu m = +70 \ \mu m$$

(4) 计算极限过盈。

$\phi 50H7/t6$ 的极限过盈：$Y_{max} = EI - es = [0 - (+70)]\mu m = -70 \ \mu m$

$$Y_{min} = ES - ei = [(+25) - (+54)]\mu m = -29 \ \mu m$$

$\phi 50T7/h6$ 的极限过盈：$Y_{max} = EI - es = (-70 - 0)\mu m = -70 \ \mu m$

$$Y_{min} = ES - ei = [-45 - (-16)]\mu m = -29 \ \mu m$$

$\phi 50H7/t6$ 和 $\phi 50T7/h6$ 的极限过盈相同，因此两者的配合性质相同，其孔和轴的公差带图见图 2-14。

三、极限与配合在图样上的标注

1. 公差带代号与配合代号

孔和轴公差带代号用基本偏差代号与公差等级代号组成。例如：H7、F8 等为孔的公差带代号；h6、f7 等为轴的公差带代号。

配合代号由相互配合的孔和轴的公差带以分数的形式组成，分子为孔的公差带代号，分母为轴的公差带代号，如 H7/f6。如果需要指明配合的公称尺寸，则将公称尺寸注在配合代号前面，如 $\phi 30H7/f6$。

2. 图样中尺寸公差的标注形式

孔和轴在零件图上主要有三种标注方法，如图 2-15 所示。

(1) 在公称尺寸后面标注孔或轴的公差带代号，如 $\phi 65H7$、$\phi 65k6$。

(2) 在公称尺寸后面标注孔或轴的上、下极限偏差数值，如孔 $\phi 65^{+0.03}_{0}$、轴 $\phi 65^{+0.021}_{+0.002}$。

(3) 在公称尺寸后面同时标注孔或轴的公差带代号与上、下极限偏差数值。如 $\phi 65H7(^{+0.03}_{0})$、$\phi 65k6(^{+0.021}_{+0.002})$。

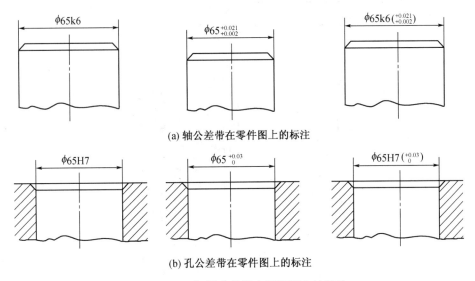

(a) 轴公差带在零件图上的标注

(b) 孔公差带在零件图上的标注

图 2-15　孔、轴公差带在零件图上的标注

零件图上的标注通常采用第(2)种标注方法。

在装配图上，主要是标注公称尺寸的大小和孔与轴的配合代号，以表明设计者对配合性质及使用功能的要求，即以分数的形式表示孔、轴的基本偏差代号与公差等级，如图 2-16 所示。

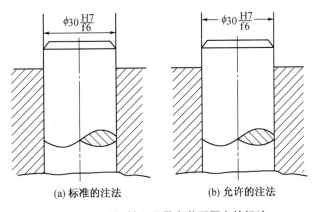

(a) 标准的注法　　　　(b) 允许的注法

图 2-16　孔、轴公差带在装配图上的标注

与标准件有配合要求的零件在装配中经常遇见，例如箱体的孔与滚动轴承(标准件)的外径相配，轴颈与滚动轴承的内径相配，这时可以仅标出该零件的公差带代号即可，不必标注标准件的公差带代号，如图 2-17 所示。图中 $\phi62J7$ 是箱体孔的公差带代号，$\phi30k6$ 是轴颈的公差带代号。

四、孔、轴公差带与配合的标准化

1. 优先、常用、一般公差带

根据国家标准所提供的 20 个等级的标准公差和 28 种基本偏差可任意组合构成不同大小和位置的公差带。在公称尺寸≤500 mm 的范围内，孔的公差带有 543 种，轴的公差带有 544 种。公差带数量庞大势必造成刀具和量具规格数量种类的膨胀增多，造成极大的经济浪费，对

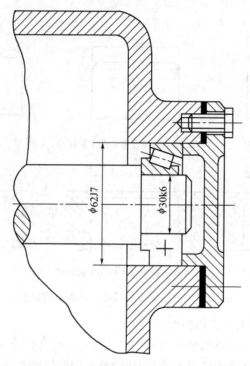

图 2-17　与标准件有配合要求时的注法

生产发展不利。

　　为了简化标准和使用方便,减少定值刀具、量具和工艺装备的品种及规格,国家标准在尺寸≤500 mm 的范围内,规定了一般、常用和优先公差带,如图 2-18 和图 2-19 所示。

　　图 2-18 列出孔的一般公差带 105 种,其中方框内为常用公差带,共 44 种;圆圈内为优先公差带,共 13 种。

　　图 2-19 列出轴的一般公差带 119 种,其中方框内为常用公差带,共 59 种;圆圈内为优先公差带,共 13 种。

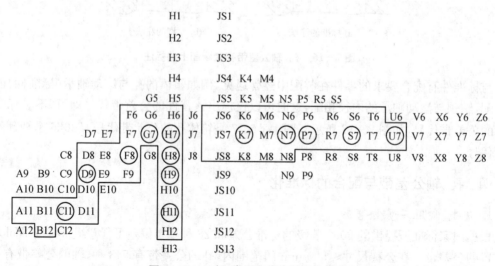

图 2-18　一般、常用和优先的孔公差带

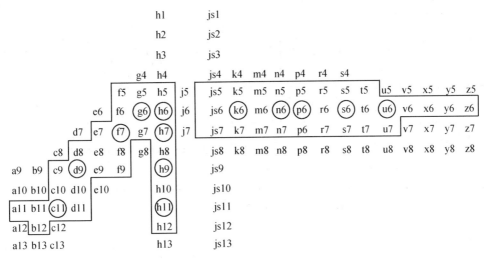

图 2 - 19　一般、常用和优先的轴公差带

2. 优先和常用配合

把 500 多种孔和轴的公差带进行组合可得到 30 万种配合,远远超出了实际需要,故国标规定了基孔制和基轴制的优先配合(基孔制、基轴制各 13 种)和常用配合(基孔制 59 种,基轴制 47 种),见表 2 - 4 和表 2 - 5。

公差设计时,尺寸≤500 mm 的配合,应按优先、常用和一般公差带和配合的顺序,选用合适的公差带和配合。为满足某些特殊需要,允许选用无基准件配合,如 G8/n7。

表 2 - 4　基孔制优先、常用配合(摘自 GB/T 1801—2009)

基准孔	轴																				
	a	b	c	d	e	f	g	h	js	k	m	n	p	r	s	t	u	v	x	y	z
	间隙配合								过渡配合				过盈配合								
H6					$\frac{H6}{e5}$	$\frac{H6}{f5}$	$\frac{H6}{g5}$	$\frac{H6}{h5}$	$\frac{H6}{js5}$	$\frac{H6}{k5}$	$\frac{H6}{m5}$	$\frac{H6}{n5}$	$\frac{H6}{p5}$	$\frac{H6}{r5}$	$\frac{H6}{s5}$	$\frac{H6}{t5}$					
H7						$\frac{H7}{f6}$	$\frac{H7}{g6}$	$\frac{H7}{h6}$	$\frac{H7}{js6}$	$\frac{H7}{k6}$	$\frac{H7}{m6}$	$\frac{H7}{n6}$	$\frac{H7}{p6}$	$\frac{H7}{r6}$	$\frac{H7}{s6}$	$\frac{H7}{t6}$	$\frac{H7}{u6}$	$\frac{H7}{v6}$	$\frac{H7}{x6}$	$\frac{H7}{y6}$	$\frac{H7}{z6}$
H8				$\frac{H8}{e7}$		$\frac{H8}{f7}$	$\frac{H8}{g7}$	$\frac{H8}{h7}$	$\frac{H8}{js7}$	$\frac{H8}{k7}$	$\frac{H8}{m7}$	$\frac{H8}{n7}$	$\frac{H8}{p7}$	$\frac{H8}{r7}$	$\frac{H8}{s7}$	$\frac{H8}{t7}$	$\frac{H8}{u7}$				
H8				$\frac{H8}{d8}$	$\frac{H8}{e8}$	$\frac{H8}{f8}$		$\frac{H8}{h8}$													
H9			$\frac{H9}{c9}$	$\frac{H9}{d9}$	$\frac{H9}{e9}$	$\frac{H9}{f9}$		$\frac{H9}{h6}$													
H10			$\frac{H10}{c10}$	$\frac{H10}{d10}$				$\frac{H10}{h10}$													
H11	$\frac{H11}{a11}$	$\frac{H11}{b11}$	$\frac{H11}{c11}$	$\frac{H11}{d11}$				$\frac{H11}{h11}$													

（续表）

基准孔	轴																							
	a	b	c	d	e	f	g	h	js	k	m	n	p	r	s	t	u	v	x	y	z
	间隙配合								过渡配合			过盈配合									
H12		$\dfrac{H12}{b12}$						$\dfrac{H12}{h12}$														

注:1. $\dfrac{H6}{n5}$、$\dfrac{H7}{p6}$ 在公称尺寸小于或等于 3 mm 和 $\dfrac{H8}{r7}$ 在小于或等于 100 mm 时,为过滤配合。

　　2. 标注◤的配合为优先配合。

表 2-5　基轴制优先、常用配合（摘自 GB/T 18001—2009）

基准孔	孔																							
	A	B	C	D	E	F	G	H	JS	K	M	N	P	R	S	T	U	V	X	Y	Z
	间隙配合								过渡配合			过盈配合									
h5						$\dfrac{F6}{h5}$	$\dfrac{G6}{h5}$	$\dfrac{H6}{h5}$	$\dfrac{JS6}{h5}$	$\dfrac{K6}{h5}$	$\dfrac{M6}{h5}$	$\dfrac{N6}{h5}$	$\dfrac{P6}{h5}$	$\dfrac{R6}{h5}$	$\dfrac{S6}{h5}$	$\dfrac{T6}{h5}$					
h6						$\dfrac{F7}{h6}$	◤$\dfrac{G7}{h6}$	◤$\dfrac{H7}{h6}$	$\dfrac{JS7}{h6}$	◤$\dfrac{K7}{h6}$	$\dfrac{M7}{h6}$	◤$\dfrac{N7}{h6}$	◤$\dfrac{P7}{h6}$	$\dfrac{R7}{h6}$	◤$\dfrac{S7}{h6}$	$\dfrac{T7}{h6}$	◤$\dfrac{U7}{h6}$				
h7					$\dfrac{E8}{h7}$	◤$\dfrac{F8}{h7}$		◤$\dfrac{H8}{h7}$	$\dfrac{JS8}{h7}$	$\dfrac{K8}{h7}$	$\dfrac{M8}{h7}$	◤$\dfrac{N8}{h7}$									
h8				$\dfrac{D8}{h8}$	$\dfrac{E8}{h8}$	$\dfrac{F8}{h8}$		$\dfrac{H8}{h8}$													
h9				◤$\dfrac{D9}{h9}$	$\dfrac{E9}{h9}$	$\dfrac{F9}{h9}$		◤$\dfrac{H9}{h9}$													
h10				$\dfrac{D10}{h10}$				$\dfrac{H10}{h10}$													
h11	$\dfrac{A11}{h11}$	$\dfrac{B11}{h11}$	◤$\dfrac{C11}{h11}$	$\dfrac{D11}{h11}$				◤$\dfrac{H11}{h11}$													
h12		$\dfrac{B12}{h12}$						$\dfrac{H12}{h12}$													

注:标注◤的配合为优先配合。

§2.3　极限与配合的选用

　　孔、轴极限与配合的选用是机械产品设计中重要的一个环节,它是在公称尺寸已经确定的情况下进行的尺寸精度设计。极限与配合选用的合理与否直接影响着机械产品的使用性能和制造成本。极限与配合的选择包括基准制、公差等级和配合的选择。

　　正确合理地选择孔、轴的基准制、公差等级和配合种类,不仅要对极限与配合国家标准要有较深的了解,而且要对产品的工作状况、使用条件、技术性能和精度要求,可靠性和预计寿命及生产条件进行全面的分析和估计,特别应该在生产实践和科学实验中不断累积设计经验,提高综合实践工作能力,才能真正达到正确合理选择的目的。

一、基准制的选择

基准制的选择主要考虑经济效益,同时兼顾到功能、结构、工艺条件和其他方面的要求。

1. 优先选用基孔制

一般情况下,应优先选用基孔制。由于应用最广泛的中小直径尺寸的孔,通常采用定值刀具(如钻头、铰刀、拉刀等)加工和定值量具(如塞规、心轴等)检验,而轴采用普通刀具加工,通用量具检验即可。若在机械产品的设计中采用基孔制配合,即孔的公差带的位置固定,要形成不同的配合需要改变轴的公差带的位置,加工不同极限尺寸的轴与基准孔配合,这样就大大减少了定值刀具和量具的规格数量,降低了生产成本,提高了加工经济性。

当孔的尺寸增大到一定的程度,采用定值刀具和量具来制造将逐渐变得不方便也不经济,这时孔和轴的制造都用通用工具,则采用哪种基准制都一样,但是为了统一,仍优先选用基孔制。

2. 选用基轴制的场合

但是有些情况下,由于结构和原材料等因素,采用基轴制更适宜。下列特殊情况采用基轴制:

(1) 冷拉钢材直接做轴,无须加工。当配合的公差等级要求不高时,可采用冷拉钢材直接作轴。冷拉圆型材的尺寸公差可达 IT7~IT9,这对某些轴类零件的轴颈精度,已能满足性能要求,在这种情况下采用基轴制,可免去轴的加工,只需按照不同的配合性能要求加工孔,就能得到不同性质的配合。

(2) 加工尺寸小于 1 mm 的精密轴比加工同级孔要困难,因此在仪表制造、钟表生产、无线电工程中,常使用经过光轧成形的钢丝直接做轴,这时采用基轴制比较经济。

(3) 一轴配多孔,且配合性质要求不同。如图 2 - 20(a)所示为活塞连杆机构,通常活塞销同时与连杆孔和活塞销孔相配合,连杆要求转动,故活塞销与连杆孔采用间隙配合(H6/h5),而活塞销与活塞销孔不要求有相对运动,但为了便于拆装又不宜太紧,故采用过渡配合(M6/h5)。若采用基孔制,如图 2 - 20(b)所示,则活塞两个销孔和连杆小头孔的公差带相同(H6),而为了满足两种不同的配合要求,应该把活塞销按两种公差带(h5,m5)加工成阶梯轴。这种形状的活塞销加工不方便,而且对装配不利,容易将连杆小头孔刮伤。反之,采用基轴制,如图 2 - 20(c)所示,活塞销按一种公差带加工,制成光轴,则活塞销的加工和装配都很方便。

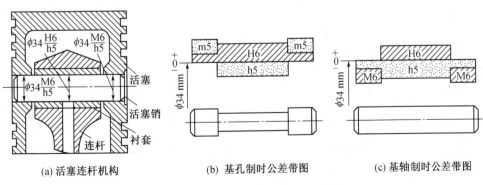

(a) 活塞连杆机构　　　(b) 基孔制时公差带图　　　(c) 基轴制时公差带图

图 2 - 20　活塞销与连杆和支承孔的配合

（4）配合中轴为标准件。采用标准件时,必须以标准件为基准来选用基准制。例如:滚动轴承为标准件,它的内圈与轴颈配合无疑应是基孔制,而外圈与外壳孔的配合应是基轴制。

3. 特殊情况下选用非基准制

在某些特殊场合,基孔制与基轴制的配合均不适宜,例如图 2-21 所示,箱体孔与滚动轴承和轴承端盖的配合。由于滚动轴承是标准件,它与箱体孔的配合选用基轴制配合,箱体孔的公差带已确定为 $\phi52J7$,而与之装配的端盖只要求装拆方便,并且允许配合的间隙较大,因此端盖定位圆柱面的公差带可采用 f9,那么箱体孔与端盖的配合就组成了低精度的间隙配合 J7/f9,这样既便于拆卸又能保证轴承的轴向定位,还有利于降低成本。

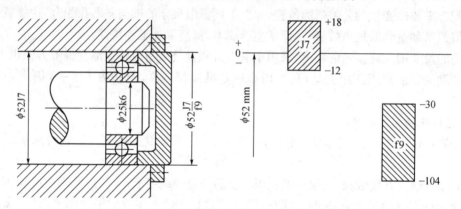

图 2-21　箱体孔与滚动轴承和轴承端盖的配合

二、公差等级的选择

选择公差等级时,要正确处理使用要求、制造工艺和成本之间的关系。因此选择公差等级的基本原则是在满足使用要求的前提下,尽量选用精度低的公差等级。

生产中,经常选用类比法来选择公差等级。类比法就是参考从生产实践中总结出来的经验资料进行对比来选择。用类比法选择公差等级时,应熟悉各个公差等级的应用范围。

各级公差的应用范围如表 2-6 所示。

表 2-6　公差等级的应用

应　用	公差等级(IT)																		
	01	0	1	2	3	4	5	6	7	8	9	10	11	12	13	14	15	16	17	18
量　块	√	√	√																
量　规			√	√	√	√	√	√	√										
特别精密零件					√	√	√												
配合尺寸							√	√	√	√	√	√	√						
非配合尺寸														√	√	√	√	√	√
原 材 料									√	√	√	√	√	√					

另外,用类比法选择公差等级时还应该考虑以下几方面问题。

（1）对相配合的孔和轴,应保证工艺等价性,即组成配合的孔和轴的加工难易程度应基本相同。对于公称尺寸小于 500 mm 的配合,较高精度(公差等级高于或等于 IT8)的孔与轴组成配合时,孔的公差等级比轴的公差等级低一级。如 H7/m6,H8/f7;标准也推荐少量 8 级公差的孔与 8 级公差的轴组成孔、轴同级的配合,如 H8/f8;当公差等级低于 IT8 时,孔、轴同级配合。

当公称尺寸大于 500 mm 时,标准推荐孔、轴同级配合,尽量保证孔、轴加工难易程度相同。

(2)相关件或相配件的结构或精度。如与滚动轴承相配合的轴颈和外壳孔的公差等级取决于与之相配的滚动轴承的类型和公差等级以及配合尺寸的大小。

(3)配合性质。对于间隙配合,小间隙应选高的公差等级,反之,选低的公差等级;对于过渡、过盈配合和较紧的间隙配合,公差等级不应太低,一般孔的公差等级不低于 8 级,轴的公差等级不低于 7 级。

(4)加工成本。在非配合制的配合中,当配合精度要求不高,为降低成本,允许相配合零件的公差等级相差 2～3 级,如图 2－21 所示的箱体孔与端盖的配合。

公差等级与生产成本之间的关系见图 2－22。

常用配合尺寸公差等级的应用见表 2－7。

公差等级与加工方法之间的关系见表 2－8。

表 2－8 列出了各种加工方法可能达到的合理加工精度,以提供选择公差等级时关于生产条件的参考。实际生产中,各种加工方法的合理加工精度等级不仅受工艺方法、设备状况和操作者技能等因素的影响而变动,而且随着工艺水平的发展和提高,某种加工方法所达到的加工精度也会有所变化。

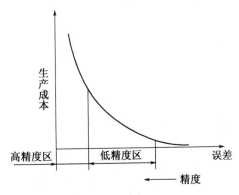

图 2－22　公差与生产成本的关系

表 2－7　常用配合尺寸 IT5 至 IT13 级的应用(尺寸≤500 mm)

公差等级	适用范围	应用举例
IT5	用于仪表、发动机和机床中特别重要的配合,加工要求较高,一般机械制造中较少用。特点是能保证配合性质的稳定性	航空及航海仪器中特别精密的零件;与特别精密的滚动轴承相配的机床主轴和外壳孔,高精度齿轮的基准孔和基准轴

（续表）

公差等级	适 用 范 围	应 用 举 例
IT6	用于机械制造中精度要求很高的重要配合，特点是能得到均匀的配合性质，使用可靠	与6级滚动轴承相配合的孔、轴径；机床丝杠轴径；矩形花键的定心直径；摇臂钻床的立柱等
IT7	广泛用于机械制造中精度要求较高、较重要的配合	联轴器、带轮、凸轮等孔径；机床卡盘座孔；发动机中的连杆孔、活塞孔等
IT8	机械制造中属于中等精度，用于对配合性质要求不太高的次要配合	轴承座衬套沿宽度方向尺寸；IT9至IT12级齿轮基准孔；IT11至IT12级齿轮基准轴
IT9～IT10	属于较低精度，只适用于配合性质要求不太高的次要配合	机械制造中轴套外径与孔，操作件与轴，空轴带轮与轴，单键与花键
IT11～IT13	属于低精度，只适用于基本上没有什么配合要求的场合	非配合尺寸及工序间尺寸，滑块与滑移齿轮，冲压加工的配合件，塑料成形尺寸公差

表 2-8　各种加工方法可达到的公差等级

加工方法 ＼ 公差等级	01	0	1	2	3	4	5	6	7	8	9	10	11	12	13	14	15	16	17	18
研　磨	√	√	√	√	√	√	√													
珩　磨						√	√	√	√											
圆　磨							√	√	√	√										
平　磨							√	√	√	√										
金刚石车							√	√	√											
金刚石镗							√	√	√											
拉　削							√	√	√	√										
铰　孔								√	√	√	√	√								
精车精镗									√	√	√									
粗　车												√	√	√						
粗　镗												√	√	√						
铣										√	√	√	√							
刨、插												√	√							
钻　削												√	√	√	√					
冲　压												√	√	√	√	√				
滚压、挤压												√	√							
锻　造																	√	√		
砂型铸造、气割																		√	√	√
粉末冶金成形								√	√	√										
粉末冶金烧结									√	√	√	√								

总之,在选择公差等级时,应全面考虑使用性能、加工方法和经济效果等多方面因素的影响。要避免精度越高越好的片面思想,在保证使用性能要求前提下应选取精度最低的公差等级。

三、配合的选择

公差等级和基准制确定以后,接下来就是配合的选择。配合的选择包括配合类别的选择以及相配件的基本偏差的确定。也就是说,对于基孔制要选择轴的基本偏差,对于基轴制要选择孔的基本偏差;如需选取非基准制配合时,则要同时确定孔和轴的基本偏差。

在实际工作中,多数采用类比法选择配合种类,用此种方法选择配合种类时,要先由工作条件确定配合类别,配合类别确定后,再进一步选择配合的松紧程度。

1. 配合类别的选择

(1) 间隙配合。间隙配合具有一定的间隙量,间隙量小时主要用于精确定心又便于拆卸的静连接,或结合件间只有缓慢的移动或转动的动连接。若结合件间要传递力矩,则需加键、销等紧固件。间隙量大时主要用于结合件间有转动、移动或复合运动的动连接。

(2) 过渡配合。过渡配合可能具有间隙也可能具有过盈,但不论是间隙量还是过盈量都很小,因此主要用于精确定心、结合件间无相对运动、可拆卸的静连接。若要传递力矩,则需加键、销等紧固件。

(3) 过盈配合。过盈配合具有一定的过盈量,主要用于结合件间无相对运动且不需拆卸的静连接。过盈量较小时,只用作精确定心,如需传递力矩需加键、销等紧固件。过盈量较大时,可直接用于传递力矩。

具体选择配合类别时可参考表 2-9。

表 2-9　配合类别选择

无相对运动	需传递力矩	精确定心	不可拆卸	过盈配合
			可拆卸	过渡配合或基本偏差为 H(h) 的间隙配合加键、销紧固件
		不需精确定心		间隙配合加键、销紧固件
	不需传递力矩			过渡配合或过盈量较小的过盈配合
有相对运动	缓慢转动或移动			基本偏差为 H(h)、G(g) 等间隙配合
	转动、移动或复合运动			基本偏差为 d~F(d~f) 等间隙配合

2. 孔、轴基本偏差的选择

孔、轴配合类别确定后,需要选择相配件的基本偏差。选择的方法一般有以下三种:

(1) 计算法。根据配合部位使用性能的要求,在理论分析指导下,通过一定的公式计算出极限间隙或极限过盈量。然后从标准中选定合适的孔和轴的公差带。重要的配合部位才采用。

(2) 试验法。在新产品设计过程中,对某些特别重要部位的配合,为了防止计算或类比不准确而影响产品的使用性能,可通过几种配合的实际试验结果,从中找出最佳的配合方案。用于特别重要的关键性配合。

(3) 类比法。经过实践考察认为选择得恰当的某种类似配合相比较,然后选取定其配合种类。一般的配合部位采用。该方法应用最广。要掌握这种方法,首先要掌握各种配合的特征和应用场合,然后考虑所设计产品的具体工作和使用要求。

各种基本偏差的特征及应用见表2-10,表2-11是优先配合选用说明,在选用时应尽量按表2-11选用。表2-12所示为配合件的生产情况对过盈和间隙的影响,在实际选择时可以参考此表。

表 2-10　各种基本偏差的应用实例

配合	基本偏差	各种基本偏差的特点及应用实例
间隙配合	a(A) b(B)	可得到特别大的间隙,应用很少。主要用于工作时温度高、变形大的零件的配合,如发动机中活塞与缸套的配合为 H9/a9
	c(C)	可得到很大的间隙。一般用于工作条件较差(如农业机械)、工作时受力变形大及装配工艺性不好的零件的配合,也适用于高温工作的间隙配合,如内燃机排气阀杆与导管的配合为 H8/c7
	d(D)	与 IT7～IT11 对应,适用于较松的间隙配合(如滑轮、空转的带轮与轴的配合),以及大尺寸滑动轴承与轴颈的配合(如涡轮机、球磨机等的滑动轴承)。活塞环与活塞槽的配合可用 H9/d9
	e(E)	与 IT6～IT9 对应,具有明显的间隙,用于大跨距及多支点的转轴与轴承的配合以及高速、重载的大尺寸轴颈与轴承的配合,如大型电机、内燃机的主要轴承处的配合为 H8/e9
	f(F)	多与 IT6～IT8 对应,用于一般的转动配合,受温度影响不大、采用普通润滑油的轴颈与滑动轴承的配合,如齿轮箱、小电机、泵等的转轴轴颈与滑动轴承的配合为 H7/f6
	g(G)	多与 IT5～IT7 对应,形成配合的间隙较小,用于轻载精密装置中的转动配合,用于插销定位配合,滑阀、连杆销等处的配合,钻套导向孔多用 G6
	h(H)	多与 IT4～IT11 对应,广泛用于无相对转动的配合、一般的定位配合。若没有温度、变形的影响,也可用于精密滑动轴承,如车床尾座导向孔与滑动套筒的配合为 H6/h5
过渡配合	js(JS)	多用于 IT4～IT7 具有平均间隙的过渡配合,用于略有过盈的定位配合,如联轴器、齿圈与轮毂的配合,滚动轴承外圈与外壳孔的配合多用 JS7。一般用手或木槌装配
	k(K)	多用于 IT4～IT7 平均间隙接近零的配合,用于定位配合,如滚动轴承的内、外圈分别与轴颈、外壳孔的配合。用木槌装配
	m(M)	多用于 IT4～IT7 平均过盈较小的配合,用于精密的定位配合,如涡轮的青铜轮缘与轮毂的配合为 H7/m6
	n(N)	多用于 IT4～IT7 平均过盈较大的配合,很少形成间隙。用于加键传递较大转矩的配合,如冲床上齿轮的孔与轴的配合。用木槌或压力机装配
过盈配合	p(P)	用于小过盈量配合。与 H6 或 H7 的孔形成过盈配合,而与 H8 孔形成过渡配合。碳钢和铸铁零件形成的配合为标准压入配合,如卷扬机绳轮的轮毂与齿圈的配合为 H7/p6。合金钢零件的配合需要小过盈量时可用 p 或 P
	r(R)	用于传递大转矩或受冲击负荷而需要加键的配合,如涡轮孔与轴的配合为 H7/r6。须注意 H8/r8 配合在公称尺寸<100 mm 时,为过渡配合

（续表）

配合	基本偏差	各种基本偏差的特点及应用实例
过盈配合	s(S)	用于钢和铸铁零件的永久性结合和半永久性结合，可产生相当大的结合力，如套环压在轴、阀座上用 H7/s6 配合
	t(T)	用于钢和铸铁零件的永久性结合，不用键可传递转矩，需用热套法或冷轴法装配，如联轴器与轴的配合为 H7/t6
	u(U)	用于大过盈量配合，最大过盈需验算。用热套法进行装配。如火车轮毂和轴的配合为 H6/u5
	v(V),x(X) y(Y),z(Z)	用于特大过盈量配合，目前使用的经验和资料很少，须经实验后才能应用。一般不推荐

表 2-11　优先配合选用说明

优先配合		说　　　　明
基孔制	基轴制	
$\dfrac{H11}{c11}$	$\dfrac{C11}{h11}$	间隙非常大，用于很松、转动很慢的动配合，也用于装配方便的很松配合
$\dfrac{H9}{d9}$	$\dfrac{D9}{h9}$	间隙很大的自由配合，用于精度非主要要求时，或有大的温度变化，高转速或大的轴颈压力时
$\dfrac{H8}{f7}$	$\dfrac{F8}{h7}$	间隙不大的转动配合，用于中等转速与中等轴颈压力的精确转动，也用于装配较容易的中等定位配合
$\dfrac{H7}{g6}$	$\dfrac{G7}{h6}$	间隙很小的滑动配合，用于不希望自由转动，但可自由移动和滑动并精密定位时，也可用于要求明确的定位配合
$\dfrac{H7}{h6}$ $\dfrac{H8}{h7}$ $\dfrac{H9}{h9}$ $\dfrac{H11}{h11}$	$\dfrac{H7}{h6}$ $\dfrac{H8}{h7}$ $\dfrac{H9}{h9}$ $\dfrac{H11}{h11}$	均为间隙定位配合，零件可自由装拆，而工作时，一般相对静止不动在最大实体条件下的间隙为零，在最小实体条件下的间隙由公差等级决定
$\dfrac{H7}{k6}$	$\dfrac{K7}{h6}$	过渡配合，用于精密定位
$\dfrac{H7}{n6}$	$\dfrac{N7}{h6}$	过渡配合，用于允许有较大过盈的更精密定位
$\dfrac{H7}{p6}$	$\dfrac{P7}{h6}$	过盈定位配合即小过盈配合，用于定位精度特别重要时，能以最好的定位精度达到部件的刚性及对中性要求
$\dfrac{H7}{s6}$	$\dfrac{S7}{h7}$	中等压入配合，适用于一般钢件，或用于薄壁件的冷缩配合，用于铸铁件可得到最紧的配合
$\dfrac{H7}{u6}$	$\dfrac{U7}{h6}$	压入配合适用于可以承受高压入力的零件，或不宜承受压入力的冷缩配合

表 2-12　配合件的生产情况对过盈和间隙的影响

具体情况	过盈应增大或减小	间隙应增大或减小
材料许用应力小	减小	—
经常拆卸	减小	—
工作时,孔温高于轴温	增大	减小
工作时,轴温高于孔温	减小	增大
有冲击载荷	增大	减小
配合长度较大	减小	增大
配合面几何误差较大	减小	增大
装配时可能歪斜	减小	增大
旋转速度高	增大	增大
有轴向运动	—	增大
润滑油黏度增大	—	增大
装配精度高	减小	减小
表面粗糙度高度参数值大	增大	减小

另外,还应该考虑生产类型(批量)的影响。为了满足相同的使用要求,在单件小批量生产时,应该采用比大批量生产时的稍松的配合。

总之,在选择配合时,应根据零件的工作情况综合考虑以上几方面因素的影响。

3. 配合选用实例

图 2-23 中,钻套和衬套的配合,经常用手更换,需要一定间隙保证更换迅速,故选用间隙配合,但又要求有准确的定心,间隙不能过大,参考表 2-11,本例钻套和衬套的配合采用 H7/g6。图中钻模板和衬套的配合,要求连接牢靠,在轻微冲击和负荷下不用连接件也不会发生松动,即使衬套内孔磨损了,需要更换时拆装次数也不多,因此选择紧的过渡配合 H7/n6。钻套内孔,因要引导旋转着的刀具进给,既要保证一定的导向精度,又要防止间隙过小而被卡住,故选较小间隙配合,此处选用 G7。

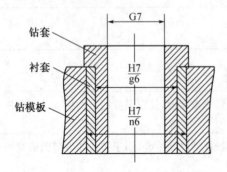

图 2-23　钻套、衬套、钻模板的配合选用

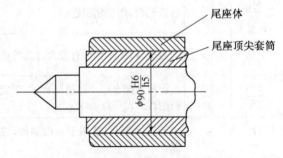

图 2-24　车床尾座顶尖套筒和尾座体的配合

图 2-24 为车床尾座顶尖套筒和尾座体的配合。尾座在车床上的作用是与主轴顶尖共同

支持工件,承受切削力,该处的配合要求主要是:顶尖轴线应该与车床主轴同轴,并在工作时不允许晃动。工作时套筒与尾座体之间相对静止,而套筒调整时要在孔中缓慢轴向移动,对润滑要求不高。因此,应选用定心性好、配合间隙小以及公差等级高的间隙配合,故采用 H6/h5 的配合。

　　图 2-25 为带轮与轴的配合。带轮与轴之间要求精确定心,无相对运动,可拆卸,另外,加键后可传递一定的静载荷,因此选用较松的过渡配合,此处选用 H7/js6 的配合。

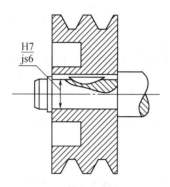

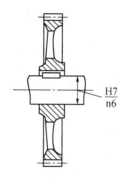

图 2-25　带轮与轴的配合图　　　　图 2-26　冲床齿轮与轴的配合

　　图 2-26 为冲床齿轮与轴的配合。传递负载的齿轮与轴配合,为保证齿轮的工作精度和啮合性能,要求准确对中,一般选用过渡配合加紧固件。另外,此配件一般大修时才拆卸,而且要传递冲击力矩,故选用较紧的过渡配合 H7/n6。

　　图 2-27 为联轴器与轴的配合,一般不会拆卸,依靠联轴器与轴过盈产生的结合力,传递中等负荷,故选用中型过盈配合 H7/t6。

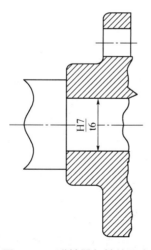

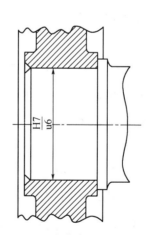

图 2-27　联轴器与轴的配合　　　　图2-28　火车车轮与轴的配合

　　图 2-28 为火车车轮与轴的配合,需要传递和承受大的转矩和动载荷,完全依靠火车车轮与轴之间的过盈产生的结合力保证牢靠连接,故采用重型过盈配合 H7/u6。

　　【例 2-5】　有一孔、轴配合的公称尺寸为 ϕ30 mm,要求配合间隙在 +0.020~+0.055 mm 之间,试确定孔和轴的精度等级和配合种类。

　　解:(1) 选择基准制。

本例无特殊要求，选用基孔制。孔的基本偏差代号为 H，$EI=0$。

（2）确定公差等级。

根据使用要求，其配合公差为：

$$T_f = X_{max} - X_{min} = T_h + T_s = [+0.055 - (+0.020)]\text{mm} = 0.035\text{ mm}$$

假设孔、轴同级配合，则

$$T_h = T_s = \frac{T_f}{2} = 17.5\ \mu m$$

从表 2-1 中查得孔和轴公差等级介于 IT6 和 IT7 之间。根据工艺等价原则，在 IT6 和 IT7 的公差等级范围内，孔应比轴低一个公差等级，故选孔为 IT7，$T_h = 21\ \mu m$，轴为 IT6，$T_s = 13\ \mu m$。

配合公差　　$T_f = T_h + T_s = \text{IT7} + \text{IT6} = (0.021 + 0.013)\text{mm} = 0.034\text{ mm} < 0.035\text{ mm}$

因此满足使用要求。

（3）选择配合种类。

根据使用要求，本例为间隙配合。采用基孔制配合，孔的基本偏差代号为 H，$EI=0$，$T_h = 21\ \mu m$，故孔的上极限偏差为

$$ES = EI + T_h = (0 + 0.021)\text{mm} = +0.021\text{ mm}$$

孔的公差带代号为：$\phi 30\text{H7}(^{+0.021}_{0})$

根据 $X_{min} = EI - es$，得

$$es = -X_{min} = -0.020\text{ mm}$$

而 es 为轴的基本偏差，从表 2-2 中查得轴的基本偏差代号为 f，即轴的公差带为 f6，轴的下极限偏差为

$$ei = es - T_s = (-0.020 - 0.013)\text{mm} = -0.033\text{ mm}$$

轴的公差带代号为：$\phi 30\text{f6}(^{-0.020}_{-0.033})$

选择的配合为 $\phi 30\text{H7/f6}$

（4）验算设计结果。

$$X_{max} = ES - ei = [+0.021 - (-0.033)]\text{mm} = +0.054\text{ mm}$$

$$X_{min} = EI - es = [0 - (-0.020)]\text{mm} = +0.020\text{ mm}$$

$\phi 30\text{H7/f6}$ 的 $X_{max} = +54\ \mu m$，$X_{min} = +20\ \mu m$，它们分别小于要求的最大间隙（$+55\ \mu m$）和等于要求的最小间隙（$+20\ \mu m$），因此设计结果满足使用要求，本例选定的配合为 $\phi 30\text{H7/f6}$，其公差带图如图 2-29 所示。

【例 2-6】　如图 2-30 所示圆锥齿轮减速器，已知传递的功率 $P = 10\text{ kW}$，中速轴转速 $n = 750\text{ r/min}$，稍有冲击，在中、小型工厂小批生产。试选择：（1）联轴器 1 和输入端轴颈 2；（2）皮带轮 8 和输出端轴颈；（3）小锥齿轮 10 内孔和轴颈；（4）套杯 4 外径和箱体 6 座孔，以上四处配合的公差等级和配合。

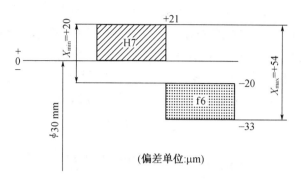

图 2-29　公差带图

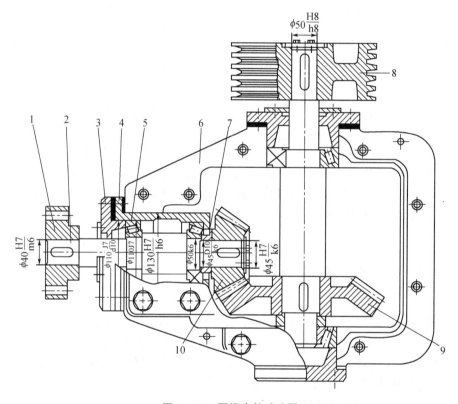

图 2-30　圆锥齿轮减速器

1—联轴器；2—轴颈；3—轴承盖；4—套杯；5—轴承；6—箱体；7—套筒；8—带轮；9—大锥齿轮；10—小锥齿轮

解：以上四处配合，无特殊要求，优先采用基孔制。

（1）联轴器 1 是用铰制螺孔和精制螺栓连接的固定式刚性联轴器。为防止偏斜引起附加载荷，要求对中性好，联轴器是中速轴上重要配合件，无轴向附加定位装置，结构上采用紧固件，故选用过渡配合 $\phi40H7/m6$。

（2）皮带轮 8 和输出轴轴颈配合和上述配合比较，定心精度因是挠性件传动，故要求不高，且又有轴向定位件，为便于装卸可选用 H8/h7(h8、js7、js8)，本例选用 $\phi50H8/h8$。

（3）小锥齿轮 10 内孔和轴颈是影响齿轮传动的重要配合，内孔公差等级由齿轮精度决定，一般减速器齿轮为 8 级，故基准孔为 IT7。传递负载的齿轮和轴的配合，为保证齿轮的工作精度和啮合性能,要求准确对中,一般选用过渡配合加紧固件,可供选用的配合有 H7/js6(k6、m6、n6,甚至 p6、r6),至于采用哪种配合,主要考虑装卸要求,载荷大小,有无冲击振动,转速高低,批量等。此处为中速、中载,稍有冲击,小批生产。故选用 ϕ45H7/k6。

(4) 套杯 4 外径和箱体孔配合是影响齿轮传动性能的重要部位,要求准确定心。但考虑到为调整锥齿轮间隙而有轴向移动的要求,为便于调整,故选用最小间隙为零的间隙定位配合 ϕ130H7/h6。

§2.4　一般公差　线性尺寸的未注公差

一、一般公差的概念

一般公差指在车间一般加工条件下可保证的公差,是机床设备在正常维护和操作情况下,能达到的经济加工精度。一般公差适用于功能上无特殊要求的非配合尺寸。采用一般公差的尺寸,在该尺寸后不注出极限偏差,并且在正常条件下可不进行检验。这样将有利于简化制图,使图面清晰,突出重要的、有公差要求的尺寸,以便在加工和检验时引起对重要尺寸的重视。

当功能上允许的公差等于或大于一般公差时,均应采用一般公差;当要素的功能允许一个比一般公差更大的公差,且采用该公差比一般公差更为经济时,如装配所钻不通孔的深度,则相应的极限偏差应在尺寸后注出。在正常情况下,一般可不必检验。

一般公差适用于金属切削加工的尺寸,一般冲压加工的尺寸。对非金属材料和其他工艺方法加工的尺寸也可参照采用。

二、一般公差等级和极限偏差数值

GB/T 1804—2000 规定线性尺寸的公差等级分为以下四级:f(精密级)、m(中等级)、c(粗糙级)、v(最粗级)。每个公差等级都规定了相应的极限偏差,极限偏差全部采用对称偏差值。规定图样上线性尺寸的未注公差时,应考虑车间的一般加工精度,选取本标准规定的公差等级,在图样上、技术文件或相应的标准(如企业标准、行业标准等)中用标准号和公差等级符号表示。例如,选用中等级时,表示为 GB/T 1804—m。

表 2 - 13 给出了线性尺寸的极限偏差数值。

表 2 - 14 给出了倒圆半径和倒角高度尺寸的极限偏差数值。

表 2 - 13　线性尺寸的极限偏差数值表(摘自 GB/T 1804—2000)　　　　(mm)

公差等级	尺寸分段						
	0.5～3	>3～6	>6～30	>30～120	>120～400	>400～1 000	>1 000～2 000
精密 f	±0.05	±0.05	±0.1	±0.15	±0.2	±0.3	±0.5
中等 m	±0.1	±0.1	±0.2	±0.3	±0.5	±0.8	±1.2
粗糙 c	±0.2	±0.3	±0.5	±0.8	±1.2	±2	±3
最粗 v	—	±0.5	±1	±1.5	±2.5	±4	±6

表 2 - 14 倒圆半径与倒角高度尺寸的极限偏差数值表(摘自 GB/T 1804—2000) (mm)

公差等级	尺寸分段			
	0.5～3	>3～6	>6～30	>30
精密级 f	±0.2	±0.5	±1	±2
中等级 m				
粗糙级 c	±0.4	±1	±2	±4
最粗级 v				

思考题与习题

一、判断题

1. 基本偏差应该是两个极限偏差中绝对值小的那个偏差。 ( )

2. 公差通常为正,在个别情况下也可以为负或零。 ( )

3. 公差可以说是允许零件尺寸的最大偏差。 ( )

4. 最小间隙为零的配合与最小过盈等于零的配合,二者实质相同。 ( )

5. 过渡配合可能具有间隙,也可能具有过盈,因此,过渡配合可能是间隙配合,也可能是过盈配合。 ( )

6. 配合公差的数值愈小,则相互配合的孔、轴的公差等级愈高。 ( )

7. 不论公称尺寸是否相同,只要孔与轴能装配就称配合。 ( )

8. 有相对运动的配合只有选间隙配合;无相对运动的配合,只有选过盈配合。 ( )

9. 未注公差尺寸,说明该尺寸无公差要求,在图样上不必标出。 ( )

10. 公称尺寸不同的零件,只要它们的公差值相同,就可以说明它们的精度要求相同。 ( )

11. 国家标准规定,孔只是指圆柱形的内表面。 ( )

12. 图样标注 $\phi 30^{~0}_{-0.021}$ mm 的轴,加工得愈靠近公称尺寸就愈精确。 ( )

二、填空题

1. 孔和轴的公差带由_____决定大小,由_____决定位置。

2. 国家标准规定了_____个公差等级和_____个基本偏差。

3. 轴 $\phi 50$ js8,其上极限偏差为_____mm,下极限偏差为_____mm。

4. $\phi 30$H7/f6 表示_____(基准)制的_____配合,其中 H7、f6 是_____代号。

5. 常用尺寸段的标准公差的大小,随公称尺寸的增大而_____,随公差等级的提高而_____。

6. 已知公称尺寸为 $\phi 50$ mm 的轴,其下极限尺寸为 $\phi 49.98$ mm,公差为 0.01 mm,则它的上极限偏差是_____mm,下极限偏差是_____mm。

7. 基轴制就是_____的公差带位置保持不变,通过改变_____的公差带的位置,实现不同性质的配合的一种制度。

8. 孔、轴间要求无相对运动且需加键、销等紧固件来传递载荷,则应选用_____配合。

三、选择题

1. 当两个相配件要求无相对运动,无辅助件连接来传递扭矩,应选用_____。

    A. 间隙配合

    B. 过盈配合

    C. 过渡配合

    D. 三者均可

2. 下列孔、轴配合中选用不当的是_____。

    A. H8/g8

    B. G6/h5

    C. F6/h7

    D. H7/h6

3. 基本偏差代号为 M 的孔与基本偏差代号为 h 的轴可构成_____配合。

    A. 基孔制过渡

    B. 基孔制过盈

    C. 基轴制过渡

    D. 基轴制过盈

4. 决定尺寸公差带相对零线位置的是_____。

    A. 上极限偏差　　　　　　　　　　　B. 下极限偏差

    C. 基本偏差　　　　　　　　　　　　D. 偏差

5. 选择公差等级的原则是,在满足_____前提下,尽可能选择_____的公差等级。

    A. 使用要求　较小　　　　　　　　　B. 制造工艺性　较小

    C. 使用要求　较大　　　　　　　　　D. 生产经济性　较大

6. 一个轴上有两个孔与之配合,并要求有不同的配合性质,应选_____配合。

    A. 基孔制　　　　　　　　　　　　　B. 基轴制

    C. 非基准制　　　　　　　　　　　　D. 配制

四、查表应用题

1. 试用标准公差、基本偏差数值表查出下列公差带的上、下极限偏差数值。

    (1) 轴:① $\phi32d8$　　② $\phi28k7$　　③ $\phi80p6$

    (2) 孔:① $\phi40C8$　　② $\phi300M6$　　③ $\phi30Js6$

2. 查表确定下列各尺寸的公差带代号。

    (1) $\phi40^{+0.033}_{+0.017}$(轴)　　　　　　(2) $\phi18^{0}_{-0.011}$(轴)

    (3) $\phi65^{-0.03}_{-0.06}$(孔)　　　　　　(4) $\phi65^{+0.005}_{-0.041}$(孔)

五、计算题

1. 若已知某孔轴配合的公称尺寸为 $\phi30$ mm,最大间隙 $X_{max}=+23$ μm,最大过盈 $Y_{max}=-10$ μm,孔的尺寸公差 $T_h=20$ μm,轴的上极限偏差 es $=0$,试确定孔、轴的尺寸。

2. 某孔、轴配合,轴的尺寸为 $\phi10h8$, $X_{max}=+0.007$ mm, $Y_{max}=-0.037$ mm,试计算孔的尺寸,并说明该配合是什么基准制,什么配合类别。

3. 计算出下表空格中的数值，并按规定填写在表中。

表 2 - 15　习题表　　　　　　　　　　　　　　　　（mm）

公称尺寸	孔			轴			X_{max} 或 Y_{min}	X_{min} 或 Y_{max}	X_{av} 或 Y_{av}	T_f
	ES	EI	T_h	es	ei	T_s				
$\phi25$		0				0.021	+0.074		+0.057	
$\phi14$		0				0.010		−0.012	+0.0025	
$\phi45$			0.025	0				−0.050	−0.0295	

六、综合题

图 2 - 31 是卧式车床主轴箱中Ⅰ轴的局部结构示意图，轴上装有同一公称尺寸的滚动轴承内圈、挡圈和齿轮。根据标准件滚动轴承要求，轴的公差带确定为 $\phi30k6$。分析挡圈孔和轴配合的合理性。

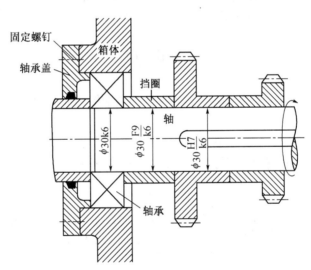

图 2 - 31　习题六图

第3章　测量技术基础

本章要点：

1. 掌握测量的基本概念。
2. 掌握计量器具的重要度量指标和量块的结构、等级、使用方法及在测量中的主要应用。
3. 了解常用长度计量器具的结构、使用方法与应用。
4. 了解测量误差的来源和分类，掌握测量数据的处理方法。

在机械制造业中，零件加工后，其几何量需要测量或检验，以判定它们是否符合技术要求。测量是为确定被测对象的量值而进行的实验过程，它是认识和分析物理量的基本方法；检验则是判断零件是否合格的过程，通常不需要测出具体数值。

§3.1　测量的基本概念

在机械制造业中所说的技术测量或精密测量主要是指几何参数的测量，包括长度、角度、表面粗糙度和几何误差等的测量。

测量就是将被测量与具有计量单位的标准量在数值上进行比较，从而确定两者比值的实验认知过程。假设 L 为被测量值，E 为采用的计量单位，那么它们的比值为

$$q = L/E \qquad\qquad (3-1)$$

从式（3-1）可知，在被测量值 L 一定的情况下，比值 q 的大小完全决定于所采用的计量单位 E，且成反比关系。同时，计量单位的选择取决于被测量值所要求的精确程度，这样经比较而确定的被测量值为

$$L = qE \qquad\qquad (3-2)$$

由此可知，任何一个测量过程必须有明确的被测对象和所采用的计量单位，有与被测对象相适应的测量方法，测量结果应该达到必需的测量精度。

这样，测量过程包括：测量对象、计量单位、测量方法、测量精度四个因素。

（1）测量对象。是指几何量，包括长度、角度、表面粗糙度和几何误差等。

（2）计量单位。我国法定计量单位是：长度单位是米（m），其他常用单位有毫米（mm）、微米（μm）和纳米（nm）；角度单位是弧度（rad）和度（°）、分（′）、秒（″）。

（3）测量方法。是指测量时所采用的原理、计量器具和测量条件的总和。

（4）测量精度。是指测量结果与真值的一致程度。测量结果与真值之间总是存在着差异，任何测量过程不可避免地会出现测量误差。测量误差小，测量精度就高；相反，测量误差

大,测量精度就低。

　　测量时必须将测量误差控制在允许限度内,以保证测量精度;同时要正确选择测量方法,以保证测量效率,做到经济合理。

§3.2　长度量值传递

一、长度量值传递系统

　　国际上统一使用的长度基准是米,1983 年第 17 届国际计量大会规定米的定义为:"米是光在真空中 1/299 792 458 s 时间间隔内行程的长度"。我国采用碘吸收稳定的 0.633 μm 氦氖激光辐射作为波长标准来复现"米"定义。

　　显然这个长度基准无法直接用于实际生产中的尺寸测量。为了将基准的量值传递到实体计量器具上,就需要有一个统一的量值传递系统,即将米的定义长度一级一级地传递到生产中使用的各种计量器具上,再用其测量工件尺寸,从而保证量值的准确一致。我国长度量值传递系统由两个并行的传递系统组成,一个是端面量具(量块)系统,一个是刻线量具(线纹尺)系统,如图 3-1 所示。

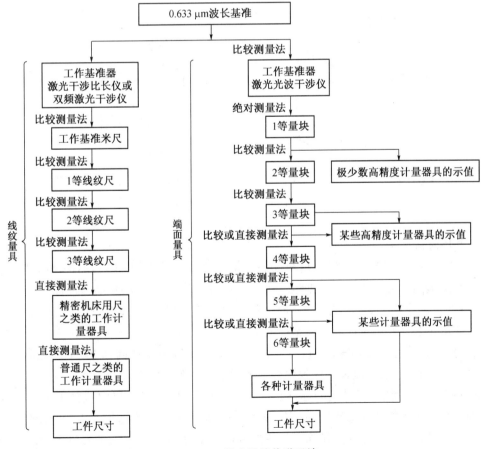

图 3-1　长度量值传递系统

二、量块

量块是由两个相互平行的测量面之间的距离来确定其工作长度的高精度量具,在计量部门和机械制造中应用很广。其在长度计量中作为实物标准,用以体现测量单位,并作为尺寸传递的媒介。它除了作为量值传递的媒介外,还广泛用于计量器具、机床、夹具的调整,有时也直接用于工件的测量和检验。

1. 量块的构成

量块是没有刻度的平面平行端面量具,用特殊合金钢或陶瓷制成,其线胀系数小,不易变形且耐磨性好。量块的形状有长方体和圆柱体两种,常用的是长方体(如图 3-2 所示)。量块上有两个平行的测量面和四个非测量面,测量面极为光滑平整。量块长度是指量块上测量面上的一点到与下测量面相研合的辅助体(如平晶)表面间的垂直距离,量块的中心长度是指量块测量面上中心点的量块长度,即图 3-2 中的 L_o。量块一个测量面上任意一点的量块长度称为量块任意点长度 L_i。量块上标出的尺寸称为量块的标称长度。标称长度小于 6 mm 的量块,可在上测量面上作长度标记;尺寸大于 6 mm 的量块,有数字的平面的右侧面为上测量面。

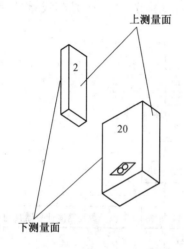
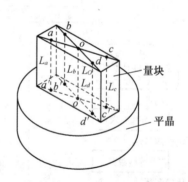

图 3-2 量块

2. 量块的精度

按 GB/T 6093—2001 的规定,量块按制造精度分为 5 级,即 K、0、1、2、3 级,其中 K 级为校准级,精度最高。分级的主要依据是量块长度极限偏差(量块中心长度与标称长度之间允许的最大偏差)、量块长度变动量允许值(量块测量面上最大与最小量块长度之差)、测量面的平面度、量块的研合性及测量面的表面粗糙度等。

量块按检定精度分为 5 等,即 1、2、3、4、5 等,其中 1 等精度最高,5 等精度最低。分等的主要依据是量块中心长度测量的极限误差和平面平行性允许偏差。

量块按"级"使用时,以量块的标称长度作为工作尺寸,测量结果中包含了量块的制造误差,但因测量结果不需要加修正值,使用较方便;按"等"使用时,以量块检定书列出的实测中心长度作为工作尺寸,测量结果中排除了量块的制造误差,只包含检定时的测量误差。因测量误差小于制造误差,所以量块按"等"使用时测量精度高。

3. 量块的组合及选用

量块的测量面极为光滑平整,将其顺测量面加压推合,就能研合在一起,这就是量块的可研合性。由于量块具有可研合的特性,可根据实际需要,将不同尺寸的量块组合成所需要的长度标准量尺寸。为了保证精度,量块组中量块一般不超过四块。研合量块组的正确方法如图 3 - 3 所示:首先用优质汽油将选用的各量块清洗干净,用洁布擦干;然后以大尺寸量块为基础,顺次将小尺寸量块研合上去。研合量块时要小心,避免碰撞或跌落,切勿划伤测量面。

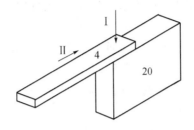

图 3 - 3　研合量块的方法

Ⅰ—加力方向;Ⅱ—推进方向

量块是按成套生产的,根据 GB/T 6093—2001 规定,量块共有 17 种套别,每套的块数分别为 91,83,46,12,10,8,6,5 等。83 块一套的量块尺寸规格如表 3 - 1。

表 3 - 1　83 块一套的量块尺寸构成

尺寸范围/mm	间隔/mm	块数
10～100	10	10
2.0～9.5	0.5	16
1.5～1.9	0.1	5
1.01～1.49	0.01	49
1.005	—	1
1	—	1
0.5	—	1

选用量块时,应从消去所需尺寸最小尾数开始,逐一选取。例如从 83 块量块中选取51.995 mm 的量块组的过程,如图 3 - 4 所示。

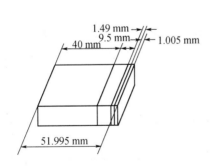

量块组合尺寸 第一块	51.995 mm 1.005 mm
剩余尺寸 第二块	50.99 mm 1.49 mm
剩余尺寸 第三块	49.5 mm 9.5 mm
剩余尺寸 第四块	40 mm 40 mm

图 3 - 4　量块组尺寸组成

§3.3　计量器具与测量方法

一、计量器具分类

计量器具是量具、量规、量仪和其他用于测量目的的测量装置的总称。计量器具可以按其本身的用途、特点或结构进行分类。按用途、特点可分为标准量具、极限量规、检验夹具以及计量仪器等四类：

（1）标准量具。只有某一个固定尺寸，通常用来校对和调整其他计量器具或作为标准用来与被测工件进行比较，如量块、直角尺、各种曲线样板及标准量规等。

（2）极限量规。是一种没有刻度的专用检验工具，用这种工具不能得出被检验工件的具体尺寸，但能确定被检验工件是否合格。

（3）检验夹具。也是一种专用的检验工具，当配合各种比较仪时，能用来检查更多和更复杂的参数。

（4）计量仪器。能将被测的量值转换成可直接观察的指示值或等效信息的计量器具。根据构造上的特点，计量仪器还可分为以下几种：

① 固定刻线量具。钢直尺、卷尺等。

② 游标类量仪。游标卡尺、游标高度尺及游标量角器等。

③ 微动螺旋副类量仪。外径千分尺、内径千分尺等。

④ 机械类量仪。百分表、千分表、杠杆比较仪、扭簧比较仪等。

⑤ 光学机械类量仪。光学计、测长仪，投影仪、干涉仪等。

⑥ 气动类量仪。压力式气动量仪、流量计式气动量仪等。

⑦ 电动类量仪。电感比较仪、电动轮廓仪等。

⑧ 光电式量仪。光电显微镜、光纤传感器、激光干涉仪等。

二、计量器具的度量指标

度量指标是选择和使用计量器具的重要依据，是表征测量仪器的性能和功能的指标。基本度量指标主要有以下几项：

（1）刻度间距。计量器具的标尺或分度盘上相邻两刻线中心线之间的距离。一般取1～2.5 mm。

（2）分度值。计量器具的标尺或分度盘上每一刻度间距所代表的量值。一般长度量仪的分度值有 0.1 mm、0.01 mm、0.005 mm、0.002 mm、0.001 mm 等几种。一般来说，分度值越小，计量器具的精度越高。

（3）分辨力。计量器具指示装置所能显示的最末一位数所代表的量值。对于读数采用非标尺或非分度盘显示的量仪（如数字式量仪），无法用分度值的概念，而称分辨力。例如，国产 JC19 型数显式万能工具显微镜的分辨力为 0.5 μm。

（4）测量范围。在允许的误差限度内计量器具所能测出的被测量值的范围。测量范围的最大、最小值分别称为测量范围的"上限值"、"下限值"。如图 3-5 所示测量范围为 0～180 mm。

（5）示值范围。由计量器具所显示或指示的最小值到最大值的范围。例如，图 3-5 所示示值范围为±20 μm。

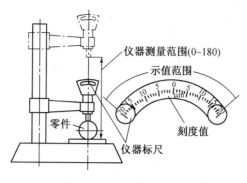

图 3 - 5　计量器具参数示意图

（6）灵敏度。计量器具对被测几何量微小变化的响应能力。若被测参数的变化量为 Δx，引起计量器具的示值变化量为 Δl，则灵敏度

$$S = \Delta x/\Delta l \qquad\qquad (3-3)$$

一般来说，分度值越小，计量器具的灵敏度越高。

（7）示值误差。计量器具显示的数值与被测量的真值之间的差值。一般来说，示值误差越小，计量器具的精度越高。

（8）修正值。为消除或减少系统误差，用代数法加到测量结果上的数值。其大小与示值误差的绝对值相等，但正负号相反。例如，示值误差为－0.004 mm，则修正值为＋0.004 mm。

（9）回程误差。在相同测量条件下，对同一被测量进行往返两个方向测量时，计量器具的示值变化。

（10）允许误差。技术规范、规程等对给定计量器具所允许的误差极限值。

（11）测量力。在接触测量过程中，测头与被测物体表面之间接触的压力。

（12）稳定度。在规定工作条件下，计量器具保持其计量特性恒定不变的程度。

（13）不确定度。由于测量误差的存在而对被测量值的不肯定程度。直接反映测量结果的置信度。

三、测量方法的分类

1. 按实测几何量是否为被测几何量分类

（1）直接测量。被测几何量的量值直接由计量器具读出。例如用游标卡尺测量轴径。

（2）间接测量。欲测几何量的量值由实测几何量的量值按一定的函数关系式运算后获得。例如，在测量大的圆柱形零件的直径 D 时，可以先量出其圆周长 L，然后通过公式 $D=L/\pi$ 计算零件的直径 D。

2. 按示值是否为被测几何量分类

（1）绝对测量。由仪器刻度尺上读出被测几何量的整个量值的测量方法。例如用游标卡尺、千分尺测量零件的直径。

（2）相对测量。由仪器刻度尺上读出的值是被测几何量对标准量的偏差的测量方法。例如用光学比较仪测量轴径，测量时先用量块调整仪器的零位，然后再进行测量，仪器上读出的

数值是被测量相对于量块尺寸的偏差。

3. 按测量时被测表面与测量仪器的测头是否接触分类

(1) 接触测量。仪器的测头与工件的被测表面直接接触,并有机械作用的测量力。例如用游标卡尺、千分尺测量零件。

(2) 不接触测量。仪器的测头与工件的被测表面不直接接触,没有机械的测量力存在。例如光学投影测量。

4. 按工件上同时被测几何量的多少分类

(1) 单项测量。单个地彼此没有联系地测量工件的单项几何量。例如测量圆柱体零件某一剖面的直径,或分别测量螺纹的螺距或牙侧角等。

(2) 综合测量。同时测量工件上的几个有关几何量,从而综合地判断工件是否合格。例如用极限量规检验工件,花键塞规检验花键孔等。

5. 按测量在工艺过程中所起作用分类

(1) 主动测量。零件在加工过程中进行的测量。此时测量结果直接用来控制零件的加工过程,决定是否继续加工或调整机床或采取其他措施。故能及时防止废品产生。

(2) 被动测量。零件加工完成后进行的测量。此时测量结果仅限于发现并剔除废品。

6. 按被测工件在测量时所处状态分类

(1) 静态测量。测量时,被测表面与计量器具测头是相对静止的。例如用千分尺测量零件直径。

(2) 动态测量。测量时,被测表面与计量器具测头之间有相对运动。例如用激光比长仪测量精密线纹尺。

7. 按测量中测量因素是否变化分类

(1) 等精度测量。在测量过程中,影响测量精度的各因素不改变。例如,在相同环境下,由同一人员在同一台仪器上采用同一方法对同一被测量进行次数相等的重复测量。

(2) 不等精度测量。在测量过程中,影响测量精度的各因素全部或部分有改变。例如,在不同环境下,由不同人员在不同仪器上采用不同方法对同一被测量进行不同次数的测量。

以上测量方法分类是从不同角度考虑的。对于一个具体的测量过程,可能兼有几种测量方法的特征。

§3.4 常用长度计量器具的基本结构与工作原理

长度计量器具的种类较多,这里就生产中常用的器具作简单介绍。

一、游标类量仪

游标类量仪是利用游标读数原理制成的一种常用的量具,具有结构简单、使用方便、测量范围大等特点。常用的游标类量仪有游标卡尺、深度游标尺、高度游标尺等,其读数原理相同。

如图 3-6 所示,游标卡尺的主尺上刻有以毫米(mm)为单位的均匀等分的连续刻线,主尺上还装有可沿主尺滑动的游标副尺。游标副尺上在 $(n-1)$ mm 长度范围内均匀等分地刻有 n 条刻线。主尺与副尺装配组合后,两者刻度间距相差的数值 $\frac{1}{n}$ (mm)即为分度值。它代表游标量具所能达到的最高测量精度。游标卡尺的分度值有 0.1 mm、0.05 mm、0.02 mm 三种。图 3-6 中,主尺 1 上的 49 mm 被游标副尺 7 分为 50 份,则分度值为 $\left(1-\dfrac{49}{50}\right)\text{mm}=\dfrac{1}{50}\text{ mm}=0.02\text{ mm}$。

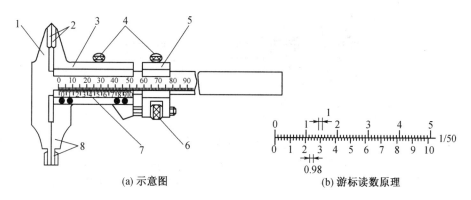

(a) 示意图　　　　　　　　　　(b) 游标读数原理

图 3-6　游标卡尺

1—主尺;2—刀口外测量爪;3—尺框;4—锁紧螺钉;5—微动装置;6—微动螺母;7—游标副尺;8—内测量爪

用游标量具进行测量时,首先读出主尺刻度的整数部分数值;再判断副尺游标第几根刻线与主尺刻线对齐,用副尺游标刻线的序号乘以读数值,即可得到被测量的小数部分数值;将整数部分与小数部分相加,即为测量所得结果。例如,在分度值为 0.05 mm 的游标卡尺上,读得副尺游标的零线位于主尺刻线"14"与"15"之间,且副尺游标上第 8 根刻线与主尺刻线对齐,则被测尺寸为 14+8×0.05=14.40 mm。

新型的卡尺为读数方便,装有测微表头或配有电子数显。

如图 3-7 所示,游标卡尺的副尺尺框上安装测微表头,它通过机械传动装置,将两测量爪的相对移动转变为指示表表针的回转运动,并借助尺身上的刻度和指示表,对两测量爪工作面之间的距离进行读数。这就是带表游标卡尺。

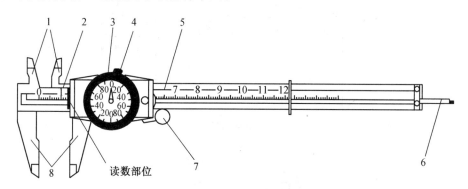

读数部位

图 3-7　配有测微表头的游标卡尺

1—刀口形内测量爪;2—尺框;3—指示表;4—紧固螺钉;5—尺身;6—深度尺;7—微动装置;8—外测量爪

如图 3-8 所示为电子数显卡尺,它具有非接触性电容式测量系统,由液晶显示器直接显示被测对象的读数,测量时十分方便可靠。

为了便于对复杂工件或特殊要求工件进行测量,游标卡尺还有很多类型,如:背置量爪型中心线卡尺,专门用于孔轴线间距测量,如图 3-9 所示;偏置卡尺,尺身量爪可上下滑动便于进行阶差端面的测量,如图 3 - 10 所示;内(外)凹槽卡尺,适用于对内(外)凹槽尺寸的测量,如图 3 - 11 所示。

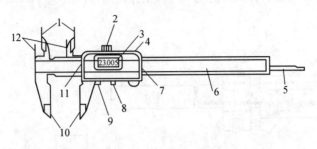

图 3 - 8　电子数显卡尺

1—内测量爪;2—紧固螺钉;3—液晶显示器;4—数据输出端口;5—深度尺;6—尺身;
7,11—去尘板;8—置零按钮;9—米/英制换算按钮;10—外测量爪;12—台阶测量面

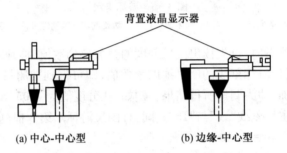

背置液晶显示器

(a) 中心-中心型　　　　　　　(b) 边缘-中心型

图 3 - 9　背置量爪型中心线卡尺

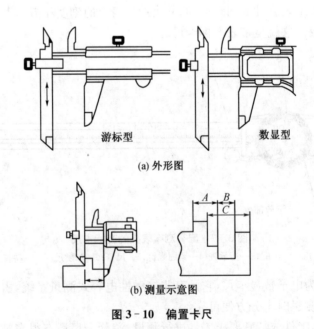

游标型　　　　　　　数显型

(a) 外形图

(b) 测量示意图

图 3 - 10　偏置卡尺

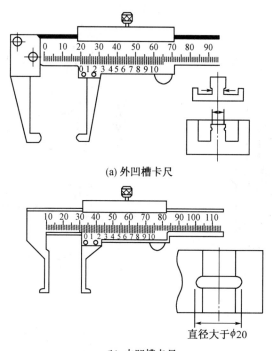

(a) 外凹槽卡尺

(b) 内凹槽卡尺

图 3-11　内（外）槽卡尺

　　图 3-12 所示为配有双向电子测头和硬质合金划线器的高度游标尺，其兼具测量及划线功能。

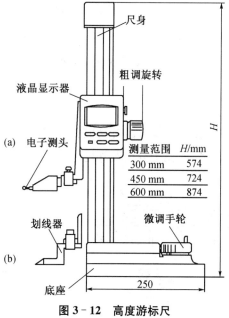

图 3-12　高度游标尺

　　图 3-13 所示为深度游标尺，其钩型尺身不仅可进行标准的深度测量，还可对凸台阶或凹台阶、阶差深度和厚度进行测量。

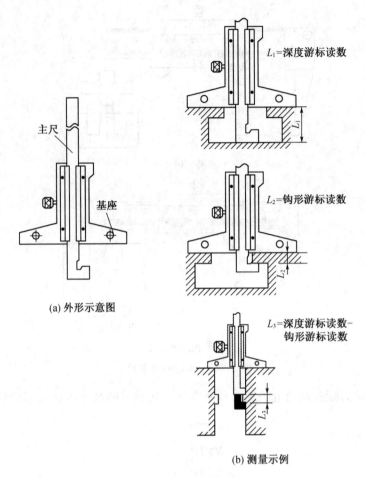

(a) 外形示意图

(b) 测量示例

图 3‑13 深度游标尺

二、螺旋副类量仪

螺旋副类量仪又称千分尺,是应用螺旋副读数原理进行测量的量具,如图 3‑14 所示。千分尺按用途不同分为外径千分尺、内径千分尺及深度千分尺等。

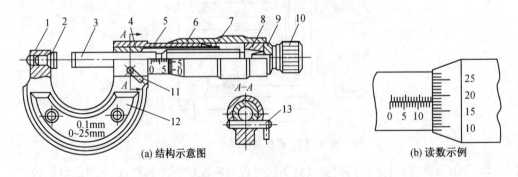

(a) 结构示意图   (b) 读数示例

图 3‑14 外径千分尺

1—尺架;2—测砧;3—测微螺杆;4—螺纹轴套;5—固定套筒;6—微分筒;7—调节螺母;
8—接头;9—垫片;10—测力装置;11—锁紧机构;12—绝热板;13—锁紧轴

千分尺应用螺旋测微传动的方法进行读数,将测头的微小直线位移量转换成微分筒的角位移量加以放大,其读数原理为在微分筒的圆锥面上刻有 50 条均匀等分的刻线,当微分筒旋转一圈时,测微螺杆沿轴向移动一个导程 0.5 mm;当微分筒每转动一格时,测微螺杆的轴向位移量为 0.5 mm/50＝0.01 mm,它表示千分尺的分度值为 0.01 mm。在固定套筒上刻有间隔为 0.5 mm 的均匀等分刻线,根据刻线可读出被测量的大数部分;由微分筒上的刻度可精确地读出被测量的小数部分。两者相加,即为所得的测量值。如图 3-14(b)所示,测得值为 14.68 mm。

分度值为 0.01 mm 的千分尺每 25 mm 为一规格档,测量范围分为:0～25 mm、25～50 mm、…、475～500 mm、…。测量时应根据工件尺寸大小选择千分尺规格,使工件尺寸在其测量范围之内。

外径类千分尺还有专门用于测管壁厚、板厚的千分尺及特殊用途的千分尺,如壁厚千分尺,利用与管壁内表面接触的测砧成点接触而实现的,如图 3-15 所示;尖头千分尺,用于测量钻头的钻心直径或丝锥锥心直径等,其测量端成球面或平面,如图 3-16 所示;奇数沟千分尺,用具有特制的 V 形测砧,可测量带有 3、5 和 7 个沿圆周均匀分布沟槽工件的外径,如图 3-17 所示。

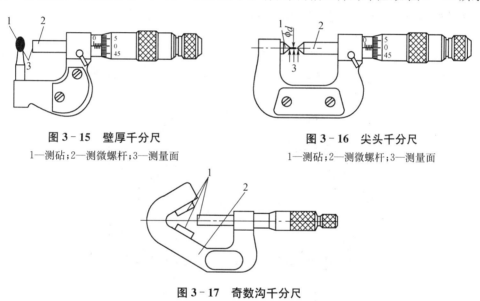

图 3-15　壁厚千分尺　　　　　　　　　　　　图 3-16　尖头千分尺

1—测砧;2—测微螺杆;3—测量面　　　　　　　1—测砧;2—测微螺杆;3—测量面

图 3-17　奇数沟千分尺

1—测量面;2—尺架

图 3-18 所示为内径千分尺。主要用于测量工件内径,其特点是具有圆弧测头(爪),测量前需用校对环规校对尺寸。

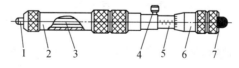

图 3-18　内径千分尺

1—测量头;2—接长杆;3—心杆;4—锁紧装置;5—固定套管;6—微分筒;7—测微头

图 3-19 所示为深度千分尺,它由测量杆、基座、测力装置等组成,用于测量工件的孔、槽深度和台阶高度。

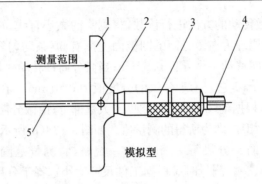

图 3‑19 深度千分尺

1—基座；2—锁紧装置；3—微分筒；4—测力装置；5—可换测杆

三、机械类量仪

机械类量仪是利用机械结构将直线位移经传动、放大后，通过读数装置读出的一种测量器具。常用的机械类量仪有百分表、千分表、杠杆比较仪、扭簧比较仪等。

1. 百分表

百分表的外形及内部结构如图 3‑20 所示。按分度值不同，可分为百分表和千分表。分度值为 0.01 mm 的称百分表；分度值为 0.001 mm（或 0.002 mm）的称为千分表。

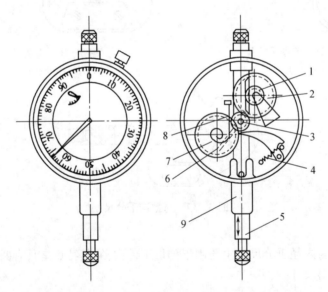

图 3‑20 百分表

1—小齿轮；2、7—大齿轮；3—中间齿轮；4—弹簧；5—带齿条的测量杆；6—指针；8—游丝；9—套筒

百分表的传动原理为：齿条测量杆 5 上下移动，带动小齿轮 1 转动，固联于同轴上的大齿轮 2 也随之转动，从而带动中间齿轮 3 及同轴上的指针 6 转动。测量杆 5 移动 1 mm，指针 6 相应回转 1 圈。由于百分表盘刻有 100 等分刻度，因此表盘上每一格的分度值为 0.01 mm。

为了消除传动齿轮的侧隙造成的测量误差，用游丝 8 消除。弹簧 4 用于控制表的测量力。

百分表使用时，需用表座（或磁力表座）支撑固定。表被夹于套筒 9 处后，再进行与工件相对位置的粗调与微调。

2. 内径百分表

内径百分表是采用相对测量法测量孔径或沟槽等内表面尺寸的量具,特别适用于深孔孔径的测量。测量前应使用与工件同尺寸的环规(或千分尺)标定表的零位,再进行比较测量。

内径百分表的结构由百分表和表架两部分组成,如图 3-21 所示。测量时,活动测量头 1 移动使杠杆 8 回转,再经传动杆 5 推动百分表的测量杆,使表指针转动而读取数值。

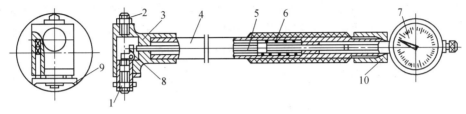

图 3-21　内径百分表

1—测量头;2—可换测头;3—主体;4—表架;5—传动杆;6—弹簧;7—量表;8—杠杆;9—定位装置;10—螺母

表架的弹簧 6 用于控制测量力;定位装置 9 可确保正确的测量位置,该处是显示内径读数的最大直径的位置。

3. 杠杆齿轮式比较仪

借助杠杆和齿轮传动,将测杆的直线位移转换为角位移。主要用于以相对测量法测量精密制件的几何尺寸和形位偏差。该比较仪可用作其他测量装置的指示表。杠杆齿轮式比较仪的外形如图 3-22 所示。其分度值一般为 0.001 mm。

4. 扭簧式比较仪

利用扭簧元件作为尺寸的转换和放大机构。结构简单,传动比大,在传动机构中没有摩擦和间隙,所以测力小,灵敏度高,广泛应用于机械、轴承、仪表等行业,用于以相对法测量精密制件的几何尺寸和形位偏差。该比较仪还可作其他测量装置的指示表。机械扭簧式比较仪外形如图 3-23 所示。分度值一般为 0.001 mm、0.5 μm、0.2 μm、0.1 μm。

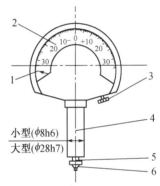

图 3-22　杠杆齿轮式比较仪

1—指针;2—分度盘;3—调零装置;
4—装夹套筒;5—测杆;6—测帽

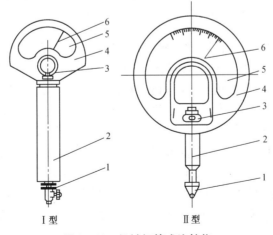

图 3-23　机械扭簧式比较仪

1—测帽;2—套筒;3—微动螺钉;4—表壳;5—刻度盘;6—指针

四、光学类量仪

光学类量仪是利用光学原理制成的量仪,在长度测量中常用的有光学计、测长仪等。

1. 立式光学计

光学计有立式和卧式两种,其主要光学系统是相同的,这里只介绍立式光学计。这种仪器的外形结构如图3-24所示。带有特殊螺纹的立柱7固定在仪器的底座1上,横臂5借助于升降螺母3可在立柱7上作上、下移动,并可用固定螺钉4固定在需要的位置。直角形光管装在横臂5前端的配合孔中,可通过调节手轮14和6进行调整,并可用固定螺钉16将其固定。仪器光学系统装在直角光管中。

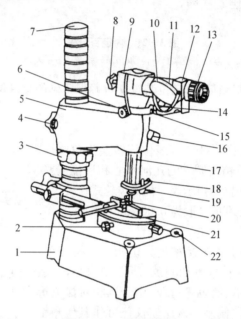

图3-24　立式光学计

1—底座;2—调整螺钉;3—升降螺母;4、8、15、16—固定螺钉;5—横臂;6—微动手轮;7—立柱;
9—插孔;10—进光反射镜;11—连接座;12—目镜座;13—目镜;14—调节手轮;17—光学计管;
18—螺钉;19—提升器;20—测头;21—工作台;22—基础调整螺钉

立式光学计是利用光学杠杆放大作用将测量杆的直线位移转换为反射镜的偏转,使反射光线也相应发生偏转,从而得到标尺影像的一种光学量仪。该仪器用于相对测量,测量长度时,以量块(或标准件)与工件相比较来测量它的偏差尺寸,故又称光学比较仪。

测量时,先将量块置于工作台上,调整仪器使反射镜与主光轴垂直,然后换上被测工件,由于工件与量块尺寸的差异而使测杆产生位移。测量时测头与被测件相接触,通过目镜读数。测头有球形、平面形和刀口形三种,根据被测零件表面的几何形状来选择,使被测件与测头表面尽量满足点接触。测量平面或圆柱面工件时,选用球形测头;测量球形工件时,选用平面形测头;测量小于10 mm的圆柱面工件时,选用刀口形测头。

立式光学计的分度值为0.001 mm,测量范围为0~180 mm。

2. 万能测长仪

万能测长仪是一种利用光学系统和电气部分相结合进行长度测量的精密量仪,可按测量轴的位置分为卧式测长仪和立式测长仪两种,其主要测量部件是相同的。立式测长仪用于测量外尺寸,卧式测长仪除对外尺寸进行测量外,更换附件后还能测量内尺寸及内、外螺纹中径等,故称万能测长仪。这里介绍卧式测长仪。该仪器可作比较测量,也可作刻度尺范围内的绝对测量。仪器的外形如图 3 - 25 所示。它主要由底座 6、万能工作台 2、测座 1、尾座 4 以及附件所组成。测座 1 和尾座 4 可在底座 6 的导轨上移动和锁紧。工作台 2 可上升、下降、向前、向后移动,也可绕水平轴或垂直轴转动。

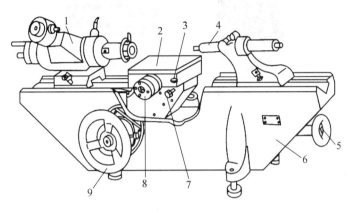

图 3 - 25　万能测长仪

1—测座;2—万能工作台;3、7—手柄;4—尾座;5、9—手轮;6—底座;8—微分筒;

　　测长仪以一精密刻线尺作为实物基准,并利用显微镜细分读数进行高精度长度测量,可对零件的尺寸进行绝对测量和相对测量。万能测长仪的分度值为 0.001 mm。

§3.5　光栅、激光、三坐标测量机的应用简介

　　随着科学技术的迅速发展,光栅、激光、磁栅、感应同步器等技术得到广泛应用,特别是计算机技术的发展和应用,使得计量仪器跨越到一个新的领域。三坐标测量机和计算机完美地结合,出现了一批高效率、新颖的几何量精密测量设备。

　　这里主要简单介绍光栅技术、激光技术和三坐标测量机。

一、光栅技术

　　1. 计量光栅

　　光栅种类较多,在长度计量测试中应用的光栅称为计量光栅。它是由很多间距相等的不透光刻线和刻线间透光缝隙构成的。光栅尺的材料有玻璃和金属两种。

　　计量光栅一般可分为长光栅和圆光栅。长光栅相当于一根线纹密度较大的刻度尺,通常刻线密度有每 1 mm 刻有 25、50、100 和 250 条刻线等。圆光栅的刻线数是在一个圆周上有 10 800 条和 21 600 条两种。

　　2. 莫尔条纹

　　如图 3 - 26(a)所示,将两块栅距(W)相同的光栅叠放在一起,使两光栅线纹间保持 0.01～0.1 mm 的间距,并使两光栅刻线之间保持一很小夹角(θ),即得莫尔条纹。由于光栅的衍射现象,实际产生的莫尔条纹是一系列明暗相间的条纹,如图 3 - 26(b)所示。图中莫尔条纹近似

地垂直于光栅刻线,故称为横向莫尔条纹。两亮条纹或暗条纹之间的宽度 B 称为条纹间距。

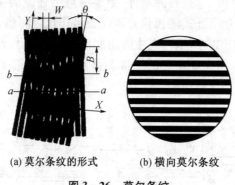

(a) 莫尔条纹的形式　　　(b) 横向莫尔条纹

图 3－26　莫尔条纹

3. 莫尔条纹的特性

(1) 对光栅栅距的放大作用。根据图 3－26 中的几何关系可知, $\tan\theta = \dfrac{W}{B}$ 。当两光栅刻线的交角 θ 很小时

$$B \approx \frac{1}{\theta}W \tag{3-4}$$

式中, θ 很小,则 $\dfrac{1}{\theta}$ 较大。适当调整夹角 θ ,可使条纹间距 B 比光栅栅距 W 放大几百倍甚至更大,测量莫尔条纹宽度 B 就比测量光栅栅距 W 容易得多。

(2) 对光栅刻线误差的平均效应。由图 3－26(a) 可以看出,每条莫尔条纹都是由许多光栅刻线的交点组成,所以个别光栅刻线的误差和疵病,在莫尔条纹中得到平均。设 δ_0 为光栅刻线误差, n 为光电接收器所接收的刻线数,则经莫尔条纹读出系统后的误差为

$$\delta = \delta_0 / \sqrt{n} \tag{3-5}$$

由于 n 一般可以达到几百,所以莫尔条纹的平均效应可使系统测量精度提高很多。

(3) 莫尔条纹运动与光栅副运动的对应性。在图 3－26(a) 中,当两光栅尺沿 X 方向相对移动一个栅距 W 时,莫尔条纹在 Y 方向也随之移动一个莫尔条纹间距 B ,即保持着运动周期的对应性;当光栅尺的移动方向相反时,莫尔条纹的移动方向也随之相反,即保持了运动方向的对应性。利用这个特性,可实现数字式的光电读数和判别光栅副的相对运动方向。

利用莫尔条纹这些特性,制成线位移传感器或角位移测量光栅盘的仪器,如三坐标测量机和数字式光学分度头等测量系统。

二、激光技术

激光具有单色性好、方向性好、亮度高的特点,广泛应用于计量技术中。现在,激光技术已成为建立长度计量基准和精密测试的重要手段。它不但可以用干涉法测量线位移,还可以用双频激光干涉法测量小角度,用环形激光测量圆周分度,以及用激光准直技术来测量直线度误差等。这里主要介绍应用广泛的激光干涉测长仪的基本原理。

常用的激光测长仪实质上就是以激光作为光源的迈克尔逊干涉仪,如图 3－27 所示。从

激光器发出的激光束,经透镜 L、L_1 和光阑 P_1 组成的准直光管扩束成一束平行光,经分光镜 M 被分成两路,分别被角隅棱镜 M_1 和 M_2 反射回到 M 重叠,被透镜 L_2 聚集到光电计数器 PM 处。当工作台带动棱镜 M_2 移动时,在光电计数处由于两路光束聚集产生干涉,形成明暗条纹,通过计数就可以计算出工作台移动的距离 $S＝N\lambda/2$(式中,N 为干涉条纹数,λ 为激光波长)。

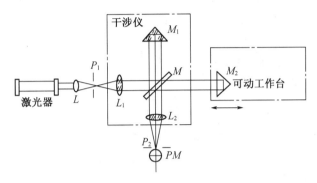

图 3－27　激光干涉测长仪原理

三、三坐标测量机

1. 三坐标测量机的应用

三坐标测量机集精密机械、电子技术、传感器技术、电子计算机等现代技术之大成。对坐标测量机,任何复杂的几何表面与几何形状,只要是测头能感受(或瞄准)到的地方,就可以测出它们的几何尺寸和相互位置关系,并借助于计算机完成数据处理。如果在三坐标测量机上设置分度头、回转台(或数控转台),除采用直角坐标系外,还可采用极坐标、圆柱坐标系测量,使测量范围更加扩大。对于有 x、y、z、ϕ(回转台)四轴坐标的测量机,常称之为四坐标测量机。若增加回转轴的数目,还有五坐标或六坐标测量机。

(1) 三坐标测量机与"加工中心"相配合,具有"测量中心"之功能。在现代化生产中,三坐标测量机已成为 CAD/CAM 系统中的一个测量单元,它将测量信息反馈到系统主控计算机,进一步控制加工过程,提高产品质量。

(2) 三坐标测量机及其配置的实物编程软件系统以实物与模型的测量,得到加工面几何形状的各种参数而生成加工程序,完成实物编程;借助于绘图软件和绘图设备,可得到整个实物的外观设计图样,实现设计、制造一体化的生产系统。

(3) 多台测量机联机使用,组成柔性测量中心,可实现生产过程的自动检测,提高生产效率。

正因如此,三坐标测量机越来越广泛地应用于机械制造、电子、汽车和航空航天等工业领域。

2. 三坐标测量机的主要技术特性

(1) 三坐标测量机按检测精度分为精密万能测量机和生产型测量机。前者一般放于计量室,用于精密测量,分辨率有 $0.1\ \mu m$、$0.2\ \mu m$、$0.5\ \mu m$、$1\ \mu m$ 几种规格。后者一般放于生产车间,用于加工过程中的检测,分辨率为 $5\ \mu m$ 或 $10\ \mu m$;小型测量机分辨率可达 $1\ \mu m$ 或 $2\ \mu m$。

(2) 按操作方式不同可分为手动、机动和自动测量机三种;按结构形式可分为悬臂式、桥式、龙门式和水平臂式；按检测零件的尺寸范围可分为大、中、小三类（大型机的 x 轴测量范围大于 2 000 mm；中型机的 x 轴测量范围在 600～2 000 mm；小型三坐标测量机的 x 轴测量范围一般小于 600 mm）。

（3）三坐标测量机通常配置有测量软件系统、输出打印机、绘图仪等外围设备，增强了计算机的数据处理和自动控制等功能。其主体结构如图 3 - 28 所示。

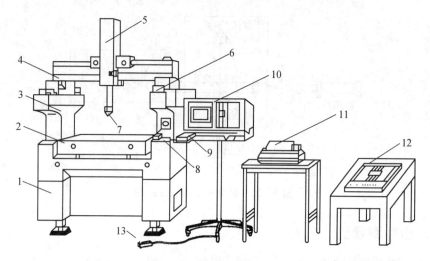

图 3 - 28　三坐标测量机

1—底座；2—工作台；3—立柱；4、5、6—导轨；7—测头；8—驱动开关；
9—键盘；10—计算机；11—打印机；12—绘图仪；13—开关

3. 三坐标测量机的测量原理

因所选用的坐标轴在空间方向可自由移动，所以测量头在测量空间可达任意处测点。运动轨迹由测球中心点表示，计算机屏幕上立即显示出 x、y、z 方向的精确坐标值。测量时，零件放于工作台上，使测头与零件表面接触，三坐标测量机的检测系统即时计算出测球中心点的精确位置，当测球沿工件的几何形面移动时各点的坐标值被送入计算机，经专用测量软件处理后，就可以精确地计算出零件的几何尺寸和几何误差，实现多种几何量测量、实物编程、设计制造一体化、柔性测量中心等功能。

§3.6　测量误差和数据处理

一、测量误差的基本概念

由于计量器具与测量条件的限制或其他因素的影响，任何测量过程总是不可避免地存在测量误差，因此每一个测得值往往只是在一定程度上近似于真值。这种实际测量结果和被测量的真值之差，叫作测量误差。测量误差可由绝对误差和相对误差表示。

$$\delta = l - L \tag{3-6}$$

式中，δ 为测量误差；L 为被测量的真值；l 为测量结果。

上式表达的测量误差也称为绝对误差，可用来评定大小相同的被测几何量的测量精确度。

由于 l 可大于或小于 L，因此 δ 可能是正值或负值，即 $L=l\pm|\delta|$。这说明，测量误差绝对值的大小决定了测量的精度。测量误差的绝对值越大，精度越低，反之则越高。

相对误差是指测量的绝对误差与被测真值之比，通常用百分数（%）表示，即

$$f=\frac{\delta}{L}\approx\frac{\delta}{l} \tag{3-7}$$

式中，f 为相对误差。

由式（3-7）可知，相对误差是无量纲的数值。

对同一尺寸测量，可以用绝对误差 δ 的大小来判断测量精度的高低；对不同尺寸的测量，可以用相对误差 f 的大小来判断测量精度的高低。

二、测量误差的来源

产生测量误差的原因很多，主要有以下几种：

（1）计量器具误差。计量器具误差是指由计量器具本身的设计、制造、装配和调整不准确而引起的误差。

（2）基准件误差。基准件误差是指作为标准使用的量块或标准件等本身存在的误差。它包括制造误差和使用过程中磨损产生的误差。例如量块的制造误差、线纹尺的刻线误差等。

（3）方法误差。方法误差是指测量方法不完善（包括计算公式不精确、测量方法不当、工件安装不合理等）所产生的误差。例如先测出圆的直径 d，然后按 $l=\pi d$ 计算圆周长 l，由于 π 取近似值，所以计算结果中会带有方法误差。

（4）环境误差。环境误差是指测量时的环境条件不符合标准条件所引起的误差，包括温度、湿度、气压、照明等不符合标准以及计量器具上有灰尘、振动等引起的误差。

（5）人员误差。人员误差是指由测量人员的主观因素（如技术熟练程度、分辨能力、思想情绪等）引起的误差，例如计量器具调整不正确、量值估读错误等引起的误差。

总之，产生测量误差的因素很多，测量时应找出这些因素，并采取相应的措施，才能保证测量的精度。

三、测量误差的分类

根据测量误差的性质、出现规律和特点，可以将误差分成系统误差、随机误差和粗大误差三种基本类型。

1. 系统误差

系统误差是指在同一条件下，多次测量同一几何量时，误差的绝对值和符号均不变，或按一定规律变化的测量误差。前者称为定值系统误差，例如千分尺零位不正确产生的误差。后者称为变值系统误差，例如分度盘安装偏心的误差即按正弦规律周期变化。

从理论上讲，系统误差具有规律性，较容易发现和消除。但实际上，有些系统误差变化规律很复杂，因而不易被发现和消除。

2. 随机误差

随机误差是指在相同条件下，多次测量同一量值时绝对值和符号以不可预定的方式变化的误差。所谓随机，是指它在单次测量中，误差出现是无规律可循的。但若进行多次重复测量

时,误差总体上服从正态分布规律,因此常用概率论和统计原理对它进行处理。随机误差是由测量过程中诸如环境变化、读数不一致等随机因素引起的。

3. 粗大误差

粗大误差是指超出在规定条件下预计的测量误差,即明显歪曲了测量结果的误差,造成粗大误差的原因既有主观因素,如读数不正确、操作不正确;也有客观因素,如外界突然振动。在正常情况下,测量结果中不应该含有粗大误差,故在分析测量误差和处理数据时应设法剔除。

系统误差与随机误差不是绝对的,在一定条件下可以相互转化。例如千分尺的刻度误差,对千分尺制造厂来说是随机误差,但如果以某一个千分尺为基准成批地测量工件时,该千分尺的刻度误差则成为被测工件的系统误差。

四、测量精度

测量精度是指被测几何量的测得值与其真值的接近程度;而误差是指测量结果偏离真值的程度。它们是相对的概念,误差越大测量精度越低,反之精度越高。由于误差分系统误差和随机误差,因此笼统的精度概念已不能反映上述误差的差异,从而引出如下概念。

(1) 精密度。反映测量结果受随机误差影响的程度。是指在一定条件下,多次测量所得的结果相互接近的程度。

(2) 准确度。反映测量结果受系统误差影响的程度。理论上可用修正值来消除。

(3) 精确度。反映测量结果同时受随机误差和系统误差综合影响的程度。说明测量结果与真值的一致程度。

一般,精密度高准确度不一定高,反之亦然;但精确度高的,则精密度和准确度都高。以射击为例,图 3-29(a)中表示系统误差大而随机误差小,即准确度低而精密度高;图 3-29(b)表示系统误差小而随机误差大,即准确度高而精密度低;图 3-29(c)表示系统误差和随机误差都小,即精确度高。

(a) 精密度高　　　(b) 准确度高　　　(c) 精确度高

图 3-29　精密度、准确度和精确度

五、测量误差的处理方法

1. 系统误差的处理

在实际测量中,系统误差对测量结果有很大影响,因此在测量数据中如何发现并消除或减小系统误差是提高测量精度的一个重要问题。

(1) 系统误差的发现。

定值系统误差大小和方向不变,因此它不能从一系列测得值的处理中揭示,只能通过实验对比法来发现。实验对比法是通过改变测量条件进行不等精度测量的方法来分析测量结果。例如量块按标称尺寸使用时,在测量结果中就存在着由于量块尺寸偏差而产生的定值系统误差,重复测量也不能发现这一误差,只有用另一块更高等级的量块进行对比测量,才能发现它。

变值系统误差可以从一系列测得值的处理和分析中发现,常用的发现方法有残余误差(单次测量值与测量列平均值之差)观察法。残余误差观察法是将测量列按测量顺序排列或作图观察各残余误差的变化规律。如图3-30(a)图表示残余误差大体正负相同,无显著变化,不存在变值系统误差;图3-30(b)图表示残余误差有规律地递增或递减,且其趋势始终不变,存在线性变化系统误差;图3-30(c)图表示残余误差有规律的增减交替,形成循环重复,存在周期性变化系统误差。

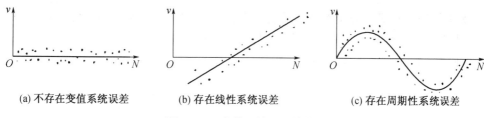

(a) 不存在变值系统误差　　　(b) 存在线性系统误差　　　(c) 存在周期性系统误差

图 3 - 30　变值系统误差的发现

(2) 系统误差的消除。

① 误差根除法。即从产生误差的根源上消除,这是消除系统误差的最根本方法。这要求测量人员对测量过程中可能产生系统误差的各个环节进行分析,找出产生误差的根源并加以消除。例如,为防止测量过程中仪器零位变动,测量开始和结束时都需检查仪器零位。

② 误差修正法。即预先检定出测量仪器的系统误差,将其数值反向后作为修正值,用代数法加到实际测得值上,就可得到不包含该系统误差的测量结果。

③ 误差抵消法。即在对称位置上进行两头测量,使得两次测量读数时出现的系统误差大小相等、方向相反,再取两次测得值的平均值作为测量结果,来消除系统误差。例如,在工具显微镜上测量螺纹螺距时,可分别测取螺纹左右牙面的螺距,然后取它们的平均值作为螺距的测得值,从而消除螺纹轴线与量仪工作台移动方向倾斜而引起的系统误差。

除了上述消除系统误差的方法外,还有半周期法和对称消除法等。

从理论上讲,系统误差是可以完全消除的。但由于许多因素的影响,实际上只能减少到一定限度。一般来说,系统误差若能减少到使其影响值相当于随机误差的程度,则可认为已经被消除。

2. 随机误差的处理

随机误差不可能被修正或消除,但可应用概率与数理统计的方法,估计出随机误差的大小和规律,并设法减小其影响。

(1) 随机误差的分布特性。

大量实验统计说明,多数随机误差服从正态分布规律,如图3-31所示。正态分布的随机误差有如下四个特点。

① 对称性。即绝对值相等的正误差和负误差出现的次数大致相等。

② 单峰性。即绝对值小的误差比绝对值大的误差的出现次数多。

③ 有界性。即在一定条件下,误差的绝对值不会超过一定的

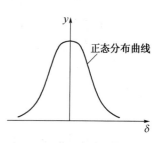

图 3 - 31　正态分布曲线

限度。

④ 抵偿性。即对同一量在同一条件下重复测量,其随机误差的算术平均值,随测量次数的增加而趋近于零。

(2) 随机误差的评定指标。

按概率论原理,正态分布曲线的数学表达式为

$$y = \frac{1}{\sigma\sqrt{2\pi}}e^{-\frac{\delta^2}{2\sigma^2}} \qquad (3-8)$$

式中,y 为随机误差的概率分布密度;σ 为标准偏差;e 为自然对数的底,$e = 2.718\,28\cdots$;δ 为随机误差,是指在没有系统误差的条件下,测得值与真值之差。

标准偏差与随机误差的关系为

$$\sigma = \sqrt{\frac{\delta_1^2 + \delta_2^2 + \cdots + \delta_n^2}{n}} = \sqrt{\frac{\sum\limits_{i=1}^{n}\delta_i^2}{n}} \qquad (3-9)$$

式中,δ_1,δ_2,$\cdots$,δ_n 为测量列中各个测得值相应的随机误差,n 为测量次数。

由式(3-8)可以看出,当 $\delta = 0$ 时,概率密度 y 最大,$y_{max} = \dfrac{1}{\sigma\sqrt{2\pi}}$。$y_{max}$ 随标准偏差 σ 的大小而变。不同的 σ 对应不同形状的正态分布曲线,如图 3-32 所示。图中 $\sigma_1 < \sigma_2 < \sigma_3$,而 $y_{1max} > y_{2max} > y_{3max}$。$\sigma$ 越小,y_{max} 越大,曲线越陡,随机误差的分布越集中,即测得值分布越集中,测量的精密度越高;反之,σ 越大,y_{max} 越小,曲线越平缓,随机误差的分布越分散,即测得值分布越分散,测量的精密度越低。由此可见,标准偏差 σ 代表测得值的分散程度,可以作为表示各测得值的精密度指标,来说明等精度测量列随机误差出现的概率分布情况。

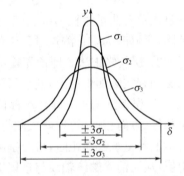

图 3-32　三种不同 σ 的正态分布曲线

(3) 随机误差的处理步骤。

由于被测几何量的真值未知,所以不能直接求得标准偏差 σ 的数值。在实际测量时,当测量次数 n 充分大时,随机误差的算术平均值趋于零,便可用测量列中各个测得值的算术平均值代替真值,并估算出标准偏差,进而确定测量结果。

假定测量列中不存在系统误差和粗大误差,可按下列步骤对随机误差进行处理。

① 计算算术平均值 $\bar{l}$。

设测量列为 l_1,l_2,$\cdots$,l_n 则算术平均值为

$$\bar{l} = \frac{\sum\limits_{i=1}^{n}l_i}{n} \qquad (3-10)$$

② 计算残余误差 v_i。

用算术平均值代替真值后计算的误差,称为残余误差(简称残差),记作 v_i,则

$$v_i = l_i - \bar{l} \tag{3-11}$$

可以证明,残差具有下述两个特性:

残差的代数和等于零,即 $\sum\limits_{i=1}^{n} V_i$ 为零。这一特性可用来验证数据处理中求得的算术平均值和残差是否正确。

残差的平方和为最小,即 $\sum\limits_{i=1}^{n} V_i^2$ 为最小。这一特性表示,若不用算术平均值而用测量列中任一测得值代替真值,则得到的不是最小。由此进一步说明,用算术平均值作为测量的结果是最可靠、最合理的了。

③ 计算标准偏差 σ。

由于随机误差是未知量,标准偏差 σ 就不好确定,所以必须用一定的方法去估算标准偏差。估算的方法很多,常用的便是贝赛尔(Bessel)公式,即

$$\sigma = \sqrt{\dfrac{\sum\limits_{i=1}^{n} v_i^2}{n-1}} \tag{3-12}$$

由式(3-12)计算出数值后,便可确定任一测得值的测量结果。若只考虑随机误差,则该测量结果 l_e 可表示为

$$l_e = l_i \pm 3\sigma \tag{3-13}$$

④ 计算算术平均值的标准误差 $\sigma_{\bar{l}}$。

测量列算术平均值可以看作是一个测得值。如果在同样条件下,对同一被测几何量进行多组(每组 n 次)等精度测量,则对应每组 N 次测量都有一个算术平均值。由于随机误差的存在,这些算术平均值各有不同。它们分布在真值附近的某一范围内,且分布范围一定比单次测得值的分布范围要小得多。为了评定多次测量的算术平均值的分布特性,同样可用测量列算术平均值的标准偏差来评定。

根据误差理论,测量列算术平均值的标准偏差 $\sigma_{\bar{l}}$ 与测量列任一测得值的标准偏差 σ 存在如下关系,如图 3-33 所示。

$$\sigma_{\bar{l}} = \dfrac{\sigma}{\sqrt{n}} \tag{3-14}$$

式中,n 为每组的测量次数。

由式(3-14)可知,n 愈大,则算术平均值就愈接近真值,则测量精密度也就愈高。

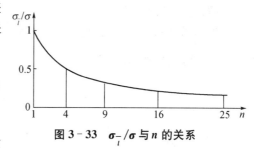

图 3-33 $\sigma_{\bar{l}}/\sigma$ 与 n 的关系

⑤ 计算算术平均值的极限误差 $\delta_{\lim(\bar{l})}$。

$$\delta_{\lim(\bar{l})} = \pm 3\sigma_{\bar{l}} \tag{3-15}$$

⑥ 写出多次测量所得结果的表达式。

$$l_e = \bar{l} \pm 3\sigma_{\bar{l}} \tag{3-16}$$

3. 粗大误差的处理

粗大误差的数值相当大,在测量中应尽可能避免。判断粗大误差的基本原则是凡超出随机误差的实际分布范围的误差均视为粗大误差。判断粗大误差的准则有多种,通常用拉依达准则来判断。

拉依达准则又称 3σ 准则,当测量列服从正态分布时,残余误差 v_i 超出 $\pm 3\sigma$ 的情况不会发生,故将超过 $\pm 3\sigma$ 的残余误差作为粗大误差,即

$$|v_i| > 3\sigma \tag{3-17}$$

则认为残余误差对应的测得值含有粗大误差,在误差处理应予以剔除。

其他判断准则,请参阅有关误差理论书籍。

【**例 3-1**】 对某一工件的同一部位进行多次重复测量,测得值 l_i 列于表 3-2,试求其测量结果。

表 3-2　实测数据及部分计算结果 (mm)

序号	l_i	$v_i = l_i - \bar{l}$	v_i^2
1	30.049	+0.001	0.000 001
2	30.047	−0.001	0.000 001
3	30.048	0	0
4	30.046	−0.002	0.000 004
5	30.050	+0.002	0.000 004
6	30.051	+0.003	0.000 009
7	30.043	−0.005	0.000 025
8	30.052	+0.004	0.000 016
9	30.045	−0.003	0.000 009
10	30.049	+0.001	0.000 001
	$\bar{l} = \dfrac{1}{10}\sum\limits_{i=1}^{10} l_i = 30.048$	$\sum\limits_{i=1}^{10} v_i = 0$	$\sum\limits_{i=1}^{10} v_i^2 = 0.000\ 007$

解:① 判断系统误差。

根据发现系统误差的有关方法判断,测量列中已无系统误差。

② 求算术平均值 $\bar{l}$。

$$\bar{l} = \frac{\sum l_i}{n} = 30.048$$

③ 求残余误差 v_i。

根据"残余误差观察法"进一步判断,测量列中也不存在系统误差。

$$v_i = l_i - \bar{l}$$

④ 求标准偏差 σ。

$$\sigma = \sqrt{\frac{\sum v_i^2}{n-1}} = \sqrt{\frac{0.000\ 007}{9}} = 0.002\ 8 \text{(mm)}$$

⑤ 判断粗大误差。

用拉依达准则，$3\sigma = 3 \times 0.002\,8 = 0.008\,4\,(\text{mm})$，表格中$|v_i|$均小于$3\sigma$，故无粗大误差。

⑥ 求算术平均值的标准偏差。

$$\sigma_{\bar{l}} = \frac{\sigma}{\sqrt{n}} = \frac{0.028}{\sqrt{10}} = 0.000\,88\,(\text{mm})$$

⑦ 测量结果为

$$l_e = \bar{l} \pm 3\sigma_{\bar{l}} = 30.048 \pm 0.002\,6\,(\text{mm})$$

六、测量数据处理

测量列的测得值中可能同时含有系统误差、随机误差和粗大误差，或者只含有其中某一类或某两类误差，因此在进行数据处理时，应对各类误差分别进行处理，最后综合分析，从而得出正确的测量结果。

直接测量所得的测量列称为直接测量列。

如例 3-1 所示，对直接测量列的综合数据处理应按以下步骤进行：

（1）判断测量列中是否存在系统误差。倘若存在，则应设法加以消除和减小。

（2）依次计算测量列的算术平均值、残余误差和任一测得值的标准偏差。

（3）判断是否存在粗大误差。如存在应剔除，并重新组成测量列，重复上述计算，直到不含粗大误差为止。

（4）计算测量列算术平均值的标准偏差和测量极限误差。

（5）确定测量结果。

思考题与习题

一、填空题

1. 在机械制造业中，零件加工后，其几何量需要_____或_____，以判定它们是否符合技术要求。

2. 测量的四要素是_____、_____、_____、_____。

3. 我国长度量值传递系统由两个并行的传递系统组成，一个是_____系统，一个是_____系统。

4. _____是没有刻度的平面平行端面量具，不易变形且耐磨性好，广泛用于计量器具、机床、夹具的调整，有时也直接用于工件的测量和检验。

5. 计量器具的标尺或分度盘上每一刻度间距所代表的量值称为该计量器具的_____，其值越小，计量器具的精度_____。

6. 任何测量过程总是不可避免地存在测量误差，根据测量误差的性质、出现规律和特点，可以将误差分成_____、_____和_____三大类型。其中_____可以通过多次测量求平均值的方法尽量减小，_____在测量中应尽可能避免。

二、判断题

1. 直接测量必为绝对测量。 （　　）

2. 使用的量块数越多，组合出的尺寸越准确。 （　　）

3. 0～25 mm 千分尺的示值范围和测量范围是一样的。 （　　）

4. 某仪器单项测量的标准偏差为 $\sigma=0.006$ mm，若以 9 次重复测量的平均值作为测量结果，其测量误差不应超过 0.002 mm。 （　　）

5. 测量过程中产生随机误差的原因可以一一找出，而系统误差是测量过程中所不能避免的。 （　　）

6. 选择较大的测量力，有利于提高测量的精确度和灵敏度。 （　　）

7. 对一被测值进行大量重复测量时其产生的随机误差完全服从正态分布规律。 （　　）

三、选择题

1. 用千分尺测外径属于_____；用光学比较仪测外径属于_____。

    A. 直接测量　　　　B. 间接测量　　　　C. 绝对测量　　　　D. 相对测量

2. 测量力大小不一致引起的误差属于_____；测量器具零位不对准时，其测量误差属于_____；由于测量人员一时疏忽而出现绝对值特大的异常值，此测量误差属于_____。

    A. 系统误差　　　　B. 随机误差　　　　C. 粗大误差

3. 下列论述中正确的有_____。

    A. 量块按级使用时，工作尺寸为其标称尺寸，不计量块的制造误差和磨损误差

    B. 量块按等使用时，工作尺寸为量块经检定后给出的尺寸

    C. 量块按级使用比按等使用方便，且测量精度高

    D. 量块需送交有关部门定期检定各项精度指标

4. 下列有关标准偏差 σ 的论述中，正确的有_____。

    A. σ 的大小表征了测量值的离散程度

    B. σ 越大，随机误差分布越集中

    C. σ 越小，测量精度越高

    D. 多次等精度测量后，其平均值的标准偏差 $\sigma_X = \sigma/n$

四、简答与计算题

1. 量块的作用是什么？其结构上有什么特点？试从 83 块一套的量块中，同时组合下列尺寸（单位 mm）：29.875，48.98，40.79，10.56。

2. 仪器读数在 30 mm 处的示值误差为＋0.002 mm，当用它测量工件时，读数正好为 30 mm，问工件的测量尺寸是多少？

3. 某测量方法在等精度的情况下对某一试件测量了 15 次，各次的测量值如下（单位 mm）：30.742，30.743，30.740，30.741，30.739，30.740，30.739，30.741，30.742，30.743，30.739，30.740，30.743，30.742，30.741。求单次测量的标准偏差和极限误差。若已知单次测量的标准偏差为 0.6 mm，求测量结果及极限误差。

第4章 几何公差及其误差检测

本章要点：

1. 掌握几何公差的特征项目符号、公差带含义及正确标注，这是本章最基本、最重要的要求。

2. 理解和掌握独立原则、相关要求（重点掌握包容要求，最大实体要求）在图样上的标注、含义及主要应用场合。

3. 初步掌握几何公差的选用方法，包括特征项目、公差数值、公差原则及基准的选择。

4. 掌握有关未注几何公差的有关规定。

5. 了解常用几何误差的评定方法、检测方法和原则。

零件在机械加工过程中由于受到机床夹具、刀具及工艺操作等各种因素的影响，不仅产生尺寸误差，同时也产生几何误差。几何误差会影响机械零件的工作精度、联接强度、运动平稳性、密封性、耐磨性、噪声和使用寿命等，因而影响着该零件的质量和互换性。为了保证机械产品的质量和零件的互换性，在设计零件时，必须根据零件的功能要求和制造的经济性，在零件图样上给出几何公差，以限制零件加工时产生的几何误差。

§4.1 概 述

一、零件几何要素及其分类

零件的几何要素（简称要素）是指构成零件几何特征的点、线和面的统称，如球心、轴线、素线、平面、圆柱面、球面等（见图4-1）。几何公差研究的是零件几何要素本身的形状精度以及相关要素之间相互的位置精度问题。

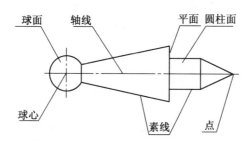

图4-1 零件的几何要素

　　为了便于研究几何公差和几何误差,要素可进行如下分类:

　　1. 组成要素与导出要素

　　(1) 组成要素。实有定义的面或面上的线。其实质是构成零件几何外形能直接被人们所感觉到的线和面,如图4-1中的球面、圆锥面、圆柱面、平面、素线。

　　(2) 导出要素。由一个或几个组成要素得到的中心点、中心线或中心面。其实质是组成要素对称中心所表示的点、线和面,如图4-1中的圆柱面的轴线、球面的球心。

　　2. 单一要素与关联要素

　　(1) 单一要素。仅对要素本身提出形状公差要求的要素。如图4-2中ϕd_2圆柱面,给出了圆柱度的形状公差要求,但与零件上其他要素无相对位置要求,因此为单一要素。

　　(2) 关联要素。相对于基准要素有方向或(和)位置功能要求的被测要素。如图4-2中ϕd_1轴线相对于ϕd_2轴线有同轴度的位置功能要求,因此ϕd_1轴线为关联要素。

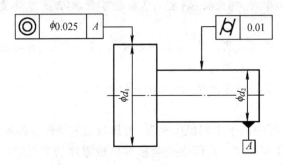

图4-2　零件的几何要素

　　3. 公称组成要素与公称导出要素

　　(1) 公称组成要素。由技术制图或其他方法确定的理论正确组成要素,如图4-3(a)所示。

　　(2) 公称导出要素。由一个或几个公称组成要素导出的中心点、轴线或中心平面,如图4-3(a)所示。

　　4. 实际(组成)要素

　　工件实际表面的组成要素部分。如图4-3(b)所示

　　5. 提取组成要素与提取导出要素

　　(1) 提取组成要素。按规定方法,由实际(组成)要素提取有限数目的点所形成的实际(组成)要素的近似替代,如图4-3(c)所示。

　　(2) 提取导出要素。由一个或几个提取组成要素得到的中心点、中心线或中心面,如图4-3(c)所示。

　　6. 拟合组成要素与拟合导出要素

　　(1) 拟合组成要素。按规定方法由提取组成要素形成的并具有理想形状的组成要素,如图4-3(d)所示。

　　(2) 拟合导出要素。由一个或几个拟合组成要素导出的中心点、轴线或中心平面,如图4-3(d)所示。

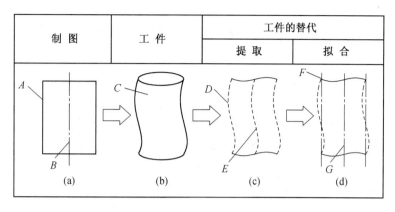

图 4 - 3　几何要素的分类

A—公称组成要素;*B*—公称导出要素;*C*—实际(组成)要素;*D*—提取组成要素;
E—提取导出要素;*F*—拟合组成要素;*G*—拟合导出要素

二、几何公差特征项目及符号

按 GB/T 1182—2008《几何公差　形状、方向、位置和跳动公差标注标注》的规定,几何公差特征项目有 14 个,其中形状公差 4 个,轮廓度公差 2 个,方向公差 3 个,位置公差 3 个,跳动公差 2 个。几何公差的特征项目及符号如表 4 - 1 所列。

表 4 - 1　几何公差特征项目及符号

公差	特征项目	符号	有或无基准要求	公差	特征项目	符号	有或无基准要求
形状	直线度	—	无	方向	平行度	//	有
	平面度	▱	无		垂直度	⊥	有
	圆　度	○	无		倾斜度	∠	有
	圆柱度	⌿	无	位置	同轴度	◎	有
轮廓	线轮廓度	⌒	无或有		对称度	═	有
					位置度	⊕	有或无
	面轮廓度	⌒	无或有	跳动	圆跳动	↗	有
					全跳动	↗↗	有

注:线轮廓度公差和面轮廓度公差若无基准要求,则为形状公差;若有基准要求,则为方向公差或位置公差。

三、几何公差标注

标准规定,在技术图样上几何公差应采用几何公差代号标注。

1. 几何公差代号

几何公差代号包括：几何公差框格、被测要素指引线、几何公差项目符号、几何公差值、基准符号和相关要求符号等，如图4-4所示。

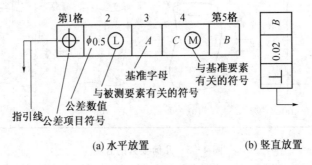

图4-4　几何公差的代号

（1）公差框格。

几何公差框格有两格或多格等形式，两格的一般用于形状公差，多格的一般用于位置公差。按规定，公差框格在图样上一般为水平放置或竖直放置。水平放置的公差框格，框格中的内容从左到右顺序填写：公差项目符号、公差值和有关符号、基准字母和有关符号，如图4-4(a)所示；竖直放置的公差框格，框格中的内容从下到上顺序填写：公差项目符号、公差值和有关符号、基准字母和有关符号，如图4-4(b)所示。

（2）基准代号。

基准代号由基准符号（涂黑的或空白的三角形）、方格、连线和基准字母组成，基准字母用大写英文字母表示，如图4-5所示。无论基准符号在图样上的方向如何，基准的字母都要水平书写。为避免误解，基准字母不得采用E、I、J、M、O、P、L、R、F等字母。

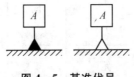

图4-5　基准代号

2. 几何公差的常见标注方法

（1）当被提取要素或基准要素为组成要素时，指引线的箭头应置于组成要素的轮廓线或轮廓线的延长线上，并与尺寸线明显错开，如图4-6所示。

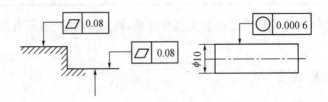

图4-6　被测提取要素或基准要素为组成要素时的标注

（2）当被测提取要素或基准要素为导出要素时，指引线的箭头应与确定导出要素的轮廓的尺寸线对齐，如图 4 - 7 所示。

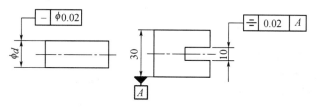

图 4 - 7　被测提取要素或基准要素为导出要素时的标注

（3）当被测提取要素或基准要素为视图上的局部表面时，可用带圆点的参考线指明被测提取要素或基准要素（圆点应在被测或基准表面上），而将指引线的箭头指向参考线，如图 4 - 8 所示。

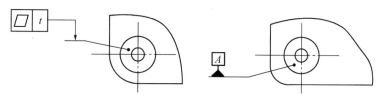

图 4 - 8　被测提取要素或基准要素指向局部表面时的标注

（4）当几个表面有相同数值的公差要求时，可使用一个公差框格，在一条指引线上分出多个带箭头的线分别指向多个要素，如图 4 - 9 所示。

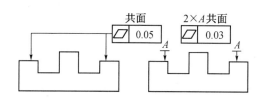

图 4 - 9　几个表面有相同数值公差要求时的标注

（5）当一个要素具有多项公差要求时，可以将多个公差框格叠放一起，使用一条指引线，如图 4 - 10 所示。

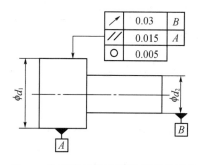

图 4 - 10　一个要素具有多项公差要求时的标注

（6）被测提取要素有附加要求的标注。

① 对被测提取要素进行数量说明时,附加要求应写在公差框格的上方,如图4-11所示。

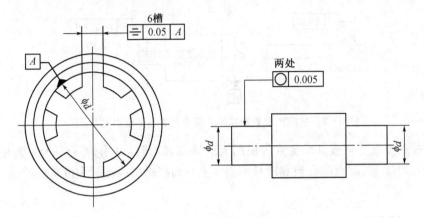

图4-11　附加要求是数量说明的标注

② 对被测提取要素进行解释性说明时,附加要求应写在公差框格的下方,如图4-12所示。

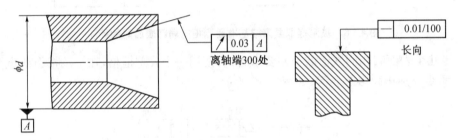

图4-12　附加要求是解释性说明的标注

（7）如果要求在公差带内进一步限定要素的形状,则在公差值之后加注相应符号,如图4-13所示。

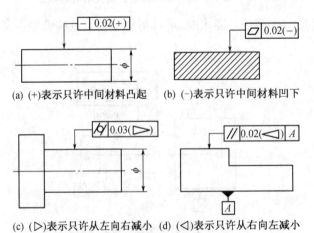

(a) (+)表示只许中间材料凸起　(b) (-)表示只许中间材料凹下

(c) (▷)表示只许从左向右减小　(d) (◁)表示只许从右向左减小

图4-13　用符号表示附加要求

（8）① 如果需要限制被测提取要素在公差带内的形状,应在公差框格的下方注明,如图 4-14 所示。"NC"表示不凸起。

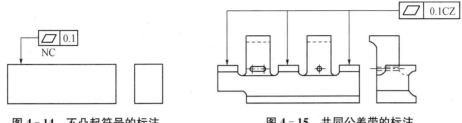

图 4-14　不凸起符号的标注　　　　　图 4-15　共同公差带的标注

② 对于若干个分离要素给出共同公差带时,可在公差框格内公差值的后面加注符号"CZ",如图 4-15 所示。

③ 如果要素为线要素,应在公差框格的下面注明,用代号"LE"表示,如图 4-16 所示。

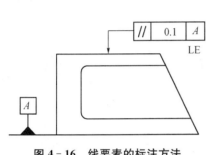

图 4-16　线要素的标注方法

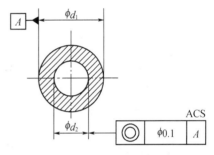

图 4-17　任意横截面的标注方法

④ 如果需要表示任意横截面,应在公差框格的上方注明,用代号"ACS"表示,如图 4-17 所示。

⑤ 以螺纹轴线为被测要素或基准要素时,默认为螺纹中径圆柱的轴线,否则应另有说明,例如用"MD"表示大径,用"LD"表示小径,用"PD"表示中径,如图 4-18 所示。

四、几何公差带

几何公差带是用来限制被测提取要素变动的区域。这个区域可以是平面区域或空间区域。只要其拟合要素完全落在给定的公差带内,就表示该被测提取要素的形状和位置符合要求。

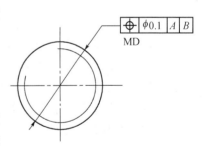

图 4-18　螺纹轴线的标注

几何公差带具有形状、大小、方向和位置四要素。

公差带的形状由被测提取要素的拟合形状和给定的公差特征项目所确定。控制点、线、面的常用公差带有 11 种形式,如表 4-2 所示。

表 4-2　常用几何公差带的形状

1. 两平行线之间的区域		7. 两同轴圆柱面之间的区域	
2. 两等距曲线之间的区域			
3. 两同心圆之间的区域		8. 两平行平面之间的区域	
4. 一个圆内的区域		9. 两等距曲面之间的区域	
5. 一个球体内的区域		10. 一小段圆柱表面	
6. 一个圆柱内的区域		11. 一小段圆锥表面	

　　公差带的大小体现形位精度要求的高低，是由图样上给出的几何公差值 t 确定的，一般指的是公差带的宽度或直径。

　　公差带的方向和位置可以是浮动的，也可以是固定的。如果公差带的方向或位置随实际被测要素的变动而变动，没有与其他要素保持一定几何关系的要求，这时公差带的方向和位置是浮动的；若公差带的方向或位置必须和基准要素保持一定的几何关系，则是固定的。因此，标有基准的几何公差（位置公差），其公差带的方向或位置一般是固定的；未标基准的几何公差（形状公差），其公差带的方向和位置一般是浮动的。

§4.2　形状公差

一、形状公差与公差带

　　形状公差是指被测提取要素的形状所允许的变动全量。形状公差带是限制被测提取要素变动的一个区域，只能控制被测提取要素的形状误差。形状公差有四个项目：直线度、平面度、圆度和圆柱度，它们的特点是公差带不涉及基准，只有形状和大小的要求，公差带的方向和位置是浮动的。

1. 直线度

直线度公差用于控制直线的形状误差。根据被测提取要素的结构特点和功能要求可分别提出在给定平面内、给定方向上和任意方向上的直线度公差,其公差带的定义、标注和解释如表 4 - 3 所示。

表 4 - 3　直线度公差带的定义、标注示例和解释

项目	公差带定义	标注示例	解 释
直线度	1. 在给定平面内 　公差带是距离为公差值 *t* 的两平行直线之间的区域	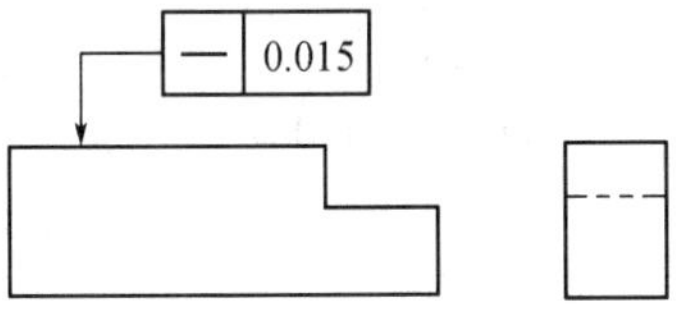 — 0.015	上表面的提取(实际)线必须位于上表面内,距离为公差值 0.015 mm 的两平行直线之间 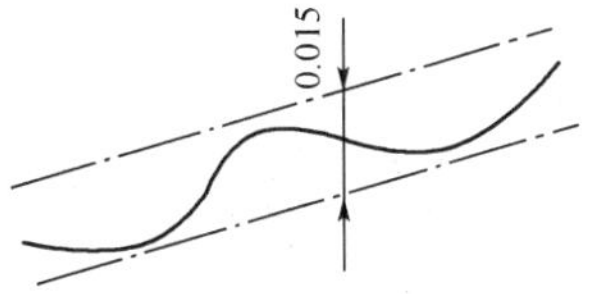
	2. 在给定方向上 　公差带是距离为公差值 *t* 的两平行平面之间的区域	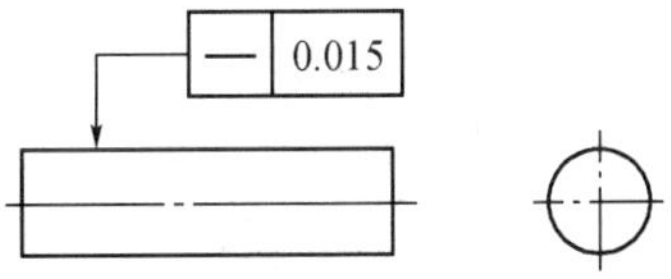 — 0.015	被测圆柱面上提取(实际)的素线必须位于箭头所示方向上距离为公差值 0.015 mm 的两平行平面内 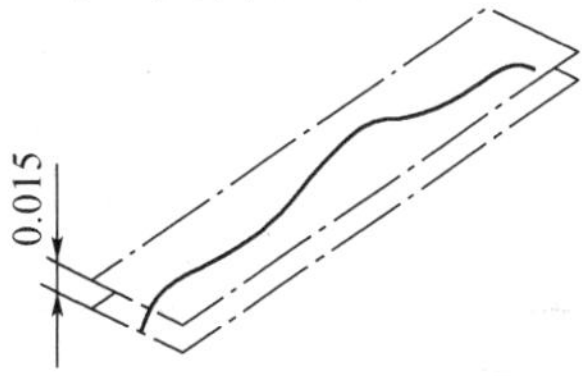
	3. 在任意方向上 　公差带是直径为公差值 *t* 的圆柱面内的区域	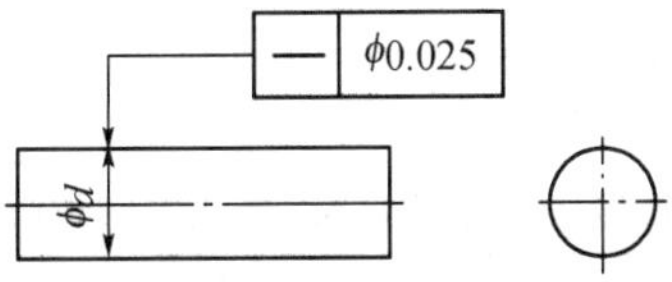 — ϕ0.025	圆柱面的提取(实际)中心线必须位于直径为公差值 0.025 mm 的圆柱面内 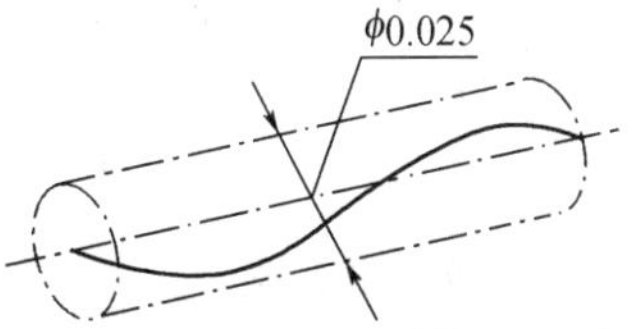

2. 平面度

平面度公差用于控制被测表面的平面度误差,同时可以控制被测平面上提取(实际)的素线的直线度误差,其公差带的定义、标注和解释如表 4 - 4 所示。

表 4 - 4　平面度公差带的定义、标注示例和解释

项目	公差带定义	标注示例	解 释
平面度	公差带是距离为公差值 *t* 的两平行平面之间的区域	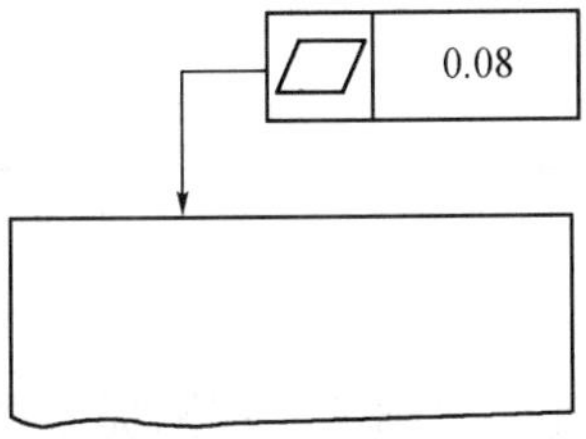 ▱ 0.08	提取(实际)表面必须位于公差值为 0.08 mm 的两平行平面内 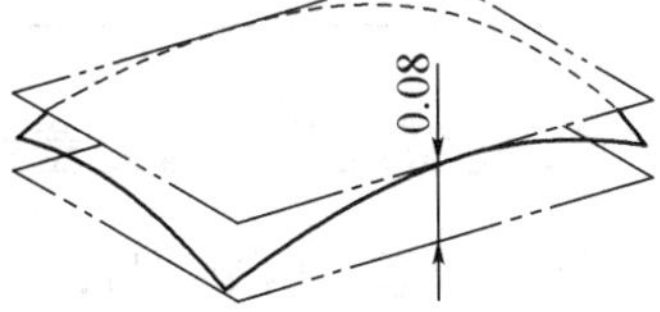

3. 圆度

圆度公差用于控制圆柱和圆锥正截面的圆度误差,其公差带的定义、标注和解释如表4-5所示。

表4-5　圆度公差带的定义、标注示例和解释

项目	公差带定义	标注示例	解释
圆度	公差带是在同一正截面上,半径差为公差值 t 的两同心圆之间的区域	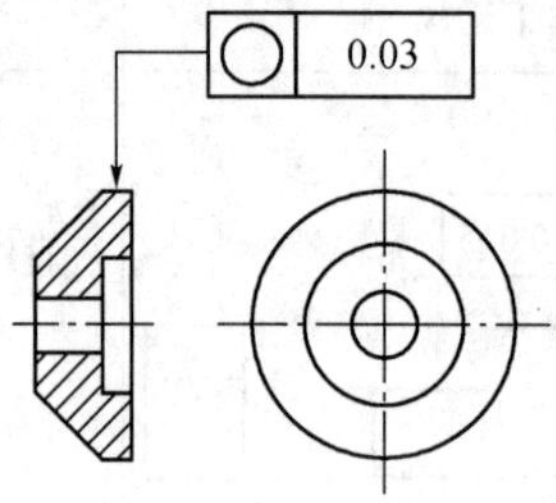 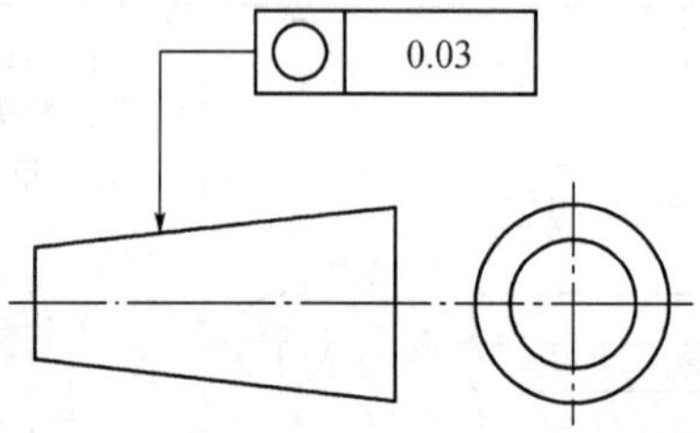	在垂直于轴线的任一正截面上,提取(实际)圆周必须位于半径差为公差值0.03 mm的两同心圆之间 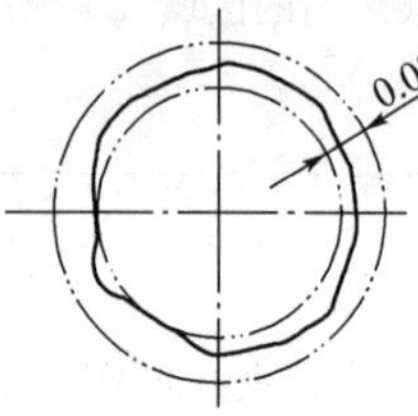

4. 圆柱度

圆柱度公差用于控制圆柱面的形状误差,同时可以综合控制圆柱面提取(实际)素线及提取(实际)中心线的直线度误差和正截面内提取(实际)圆周的圆度误差,是一个综合公差项目,其公差带的定义、标注和解释如表4-6所示。

表4-6　圆柱度公差带的定义、标注示例和解释

项目	公差带定义	标注示例	解释
圆柱度	公差带是半径差为公差值 t 的两同轴圆柱面之间的区域	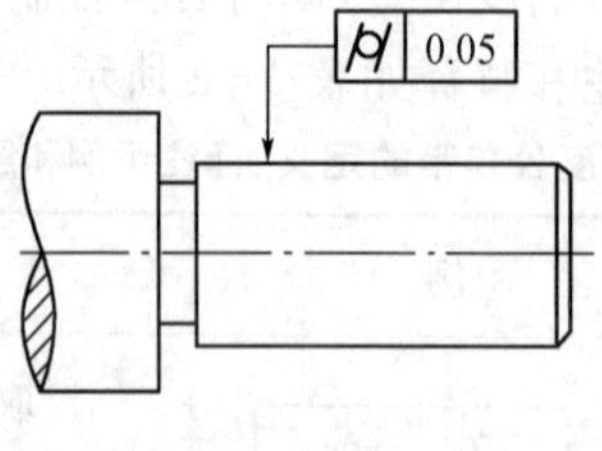	提取(实际)圆柱面必须位于半径差为公差值 0.05 mm 的两同轴圆柱面之间 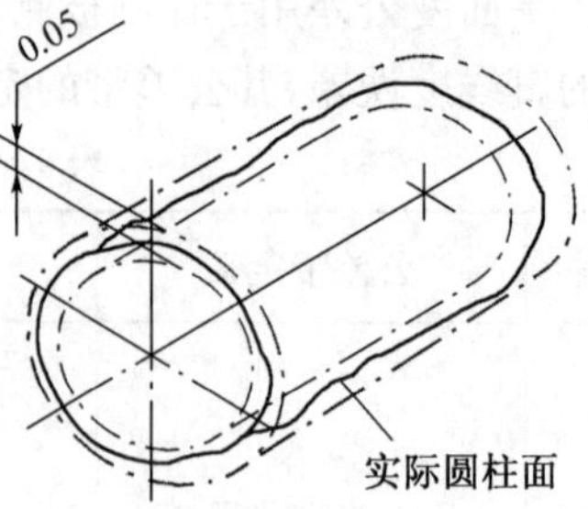 实际圆柱面

二、轮廓度公差与公差带

轮廓度公差有两个项目:线轮廓度和面轮廓度。被测提取要素有曲线和曲面。轮廓度公差无基准要求时为形状公差,有基准要求时(轮廓形状借助于基准方可得出)为方向公差或位置公差。轮廓度公差带的定义、标注示例和解释见表 4-7。

　　轮廓度公差带的特点是无基准要求时,其公差带的形状只由理论正确尺寸确定,其位置是浮动的;有基准要求时,其公差带的形状由理论正确尺寸和基准共同确定,公差带的位置是固定的。

表 4-7　轮廓度公差带的定义、标注示例和解释

项目	公差带定义	标注示例	解　释
线轮廓度	公差带是包络一系列直径为公差值 t 的圆的两包络线之间的区域。诸圆的圆心位于具有理论正确几何形状的线上	(a) 无基准要求 (b) 有基准要求	提取(实际)轮廓线必须位于包络一系列圆的两包容线之间,诸圆直径为公差值0.04 mm,且圆心位于具有理论正确几何形状的线上
面轮廓度	公差带是包络一系列直径为公差值 t 的球的两包络面之间的区域。诸球的球心应位于具有理论正确几何形状的面上	(a) 无基准要求 (b) 有基准要求	提取(实际)轮廓面必须位于包络一系列球的两包络面之间,诸球的直径为公差值0.1 mm,且球心位于具有理论正确几何形状的面上

§4.3　方向、位置和跳动公差

一、基准

1. 基准的种类

确定被测提取要素的方向或位置的参考对象称为基准。由于零件上的实际(组成)要素存在形状误差,必须以其拟合要素作为基准,而拟合要素的位置应符合最小条件(即确定拟合要素的位置时应使实际基准要素对其拟合要素的最大变动量为最小)。设计时,在图样上标出的基准一般可分为以下三种:

(1) 单一基准。由一个要素建立的基准称为单一基准。如一个平面、一根轴线均可建立基准,见表4-8中平行度公差的标注示例。

(2) 组合基准(公共基准)。由两个或两个以上的同类要素所建立的一个独立的基准称为组合基准或公共基准。见表4-10中径向圆跳动公差的标注示例,其基准是由两段轴线建立的组合基准$A-B$。

(3) 三基面体系。由三个互相垂直的平面所构成的基准体系称为三基面体系,如图4-19所示。应用三基面体系时,应注意基准的标注顺序,应选最重要的或最大的平面作为第一基准,选次要或较长的平面作为第二基准,选不重要的平面作为第三基准。

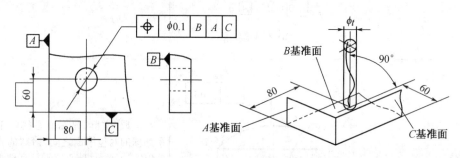

图 4-19　三基面体系

2. 基准的建立和体现

在测量方向、位置和跳动误差时,基准拟合要素可由实际基准要素来体现,常用的方法有:

(1) 模拟法。模拟法通常采用具有足够精确形状的表面来体现基准平面和基准轴线等(如§4.6中图4-45所示,用心轴的轴线模拟基准轴线)。

(2) 直接法。当基准实际(组成)要素具有足够形状精度时,可直接作为基准。如在平板上测量零件,即把平板作为直接基准(如§4.6中图4-48(b)所示)。

(3) 分析法。分析法就是通过对基准实际(组成)要素进行测量,再把根据测量数据用图解法或计算法按最小条件确定的拟合要素作为基准。

二、方向公差与公差带

方向公差是指被测提取要素对其拟合要素的允许变动量,其拟合要素的方向由基准及理论正确尺寸(角度)确定。

方向公差包括平行度公差、垂直度公差和倾斜度公差三项。当理论正确角度为 0°时,称为平行度公差;为 90°时,称为垂直度公差;为其他任意角度时,称为倾斜度公差。它们都有面对面、线对线、面对线和线对面几种情况。典型方向公差带的定义、标注示例和解释见表 4-8。

表 4-8　典型方向公差带定义、标注示例和解释

项目	公差带定义	标注示例	解　释
平行度	1. 面对面 　公差带是距离为公差值 t,且平行于基准面的两平行平面之间的区域		提取(实际)表面必须位于距离为公差值 0.05 mm,且平行于基准平面 A 的两平行平面之间
	2. 线对面 　公差带是距离为公差值 t,且平行于基准面的两平行平面之间的区域		提取(实际)中心线必须位于距离为公差值 0.03 mm,且平行于基准平面 A 的两平行平面之间
	3. 面对线 　公差带是距离为公差值 t,且平行于基准轴线的两平行平面之间的区域		提取(实际)表面必须位于距离为公差值 0.05 mm,且平行于基准轴线 A 的两平行平面之间
	4. 线对线 　如在公差值前加注 ϕ,公差带是直径为公差值 t,且平行于基准线的圆柱面内的区域		提取(实际)中心线必须位于直径为公差值 0.1 mm,且平行于基准轴线 A 的圆柱面内

（续表）

项目	公差带定义	标 注 示 例	解 释
垂直度	**1. 面对面**　　公差带是距离为公差值 t，且垂直于基准平面的两平行平面之间的区域	⊥ 0.05 A	提取（实际）表面必须位于距离为公差值 0.05 mm，且垂直于基准平面 A 的两平行平面之间
	2. 面对线　　公差带是距离为公差值 t，且垂直于基准直线的两平行平面之间的区域	⊥ 0.05 A	提取（实际）表面必须位于距离为公差值 0.05 mm，且垂直于基准轴线 A 的两平行平面之间
	3. 线对线　　公差带是距离为公差值 t，且垂直于基准直线的两平行平面之间的区域	⊥ 0.05 A	提取（实际）中心线必须位于距离为公差值 0.05 mm，且垂直于基准轴线 A 的两平行平面之间

（续表）

<table>
<tr><th>项目</th><th>公差带定义</th><th>标 注 示 例</th><th>解　释</th></tr>
<tr><td rowspan="2">垂直度</td><td rowspan="2">4. 线对面
（1）如公差值前未加注 φ，则公差带是距离为公差值 t，且垂直于基准平面，并位于给定方向上的两平行平面之间的区域，如右图(a)所示
（2）如在公差值前加注 φ，公差带是距离为公差值 t，且垂直于基准平面的圆柱面内的区域，如右图(b)所示</td><td>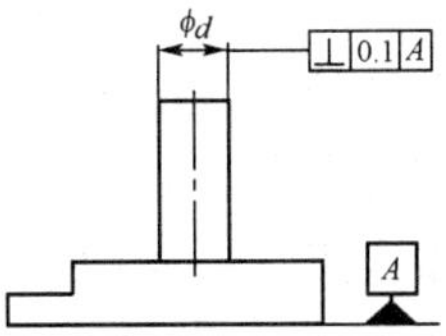φd
⊥ 0.1 A
A
(a) 公差值前未加注 φ</td><td>圆柱面的提取（实际）中心线必须位于距离为公差值 0.1 mm，且垂直于基准平面 A，并位于给定方向上的两平行平面之间
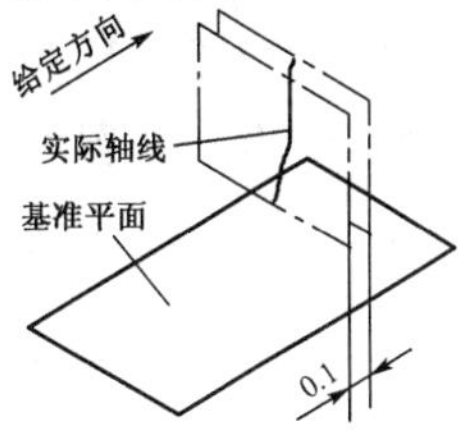给定方向
实际轴线
基准平面
0.1</td></tr>
<tr><td>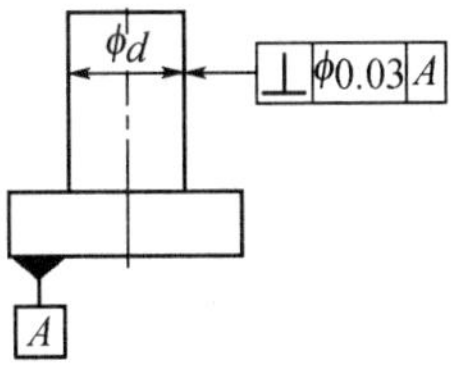φd
⊥ φ0.03 A
A
(b) 公差值前加注 φ</td><td>圆柱面的提取（实际）中心线必须位于直径为公差值 0.03 mm，且垂直于基准平面 A 的圆柱面内
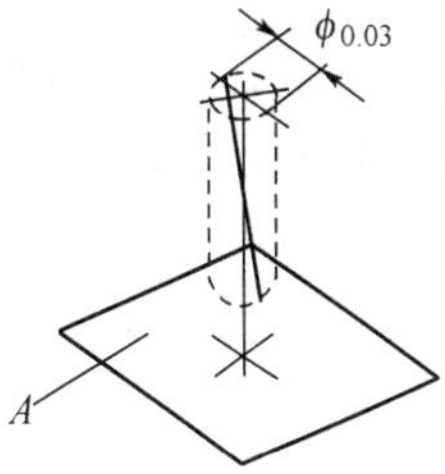φ0.03
A</td></tr>
<tr><td>倾斜度</td><td>公差带是距离为公差值 t，且与基准线成一给定角度（理论正确角度）的两平行平面之间的区域</td><td>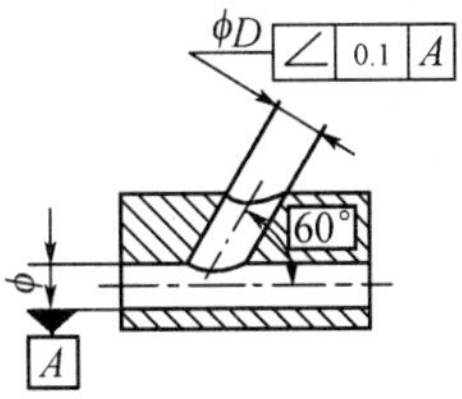φD
∠ 0.1 A
60°
φ
A</td><td>提取（实际）中心线必须位于距离为公差值 0.1 mm，且与基准轴线 A 成理论正确角度 60° 的两平行平面之间
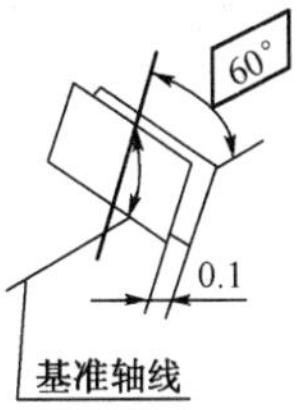60°
0.1
基准轴线</td></tr>
</table>

方向公差带具有如下特点：

（1）方向公差带相对于基准有确定的方向，而位置往往是浮动的。

（2）方向公差带具有综合控制被测提取要素的方向和形状的功能。在保证使用要求的前提下,对被测提取要素给出方向公差后,通常不再对该要素提出形状公差要求。如对被测提取要素的形状有进一步要求时,可再给出形状公差,但其公差值应小于方向公差值。

三、位置公差与公差带

位置公差是被测提取要素对其拟合要素的允许变动量,其拟合要素的位置由基准及理论正确尺寸(长度或角度)确定。

位置公差包括同轴度公差、对称度公差和位置度公差三项。同轴度公差涉及的要素是圆柱面和圆锥面的轴线(均为导出要素);对称度公差涉及的要素是中心平面(或中心直线)和轴线(均为导出要素);位置度公差涉及的要素有点、线、面,而涉及的基准要素通常为线和面。典型位置公差带的定义、标注示例和解释见表 4 - 9。

表 4 - 9　典型位置公差带定义、标注示例和解释

项目	公差带定义	标注示例	解　释
同轴度	公差带是直径为公差值 ϕt 的圆柱面的区域,该圆柱面的轴线于基准轴线同轴		大圆柱面的提取(实际)中心线必须位于直径为公差值 0.025 mm,且与基准线 A 同轴的圆柱面内
对称度	公差带是距离为公差值 t,且相对基准的中心平面对称配置的两平行平面之间的区域		提取(实际)中心面必须位于距离为公差值 0.02 mm,且相对于基准中心平面 A 对称配置的两平行平面之间

（续表）

项目	公差带定义	标 注 示 例	解　释
位置度	1. 轴线的位置度公差 　　如在公差值前加注 ϕ，则公差带是直径为公差值 t 的圆柱面内的区域，公差带的轴线的位置由相对于三基面体系的理论正确尺寸确定	ϕD $\oplus$ $\phi 0.1$ A B C 30　40　B　C　A	提取（实际）中心线必须位于直径为公差值 0.1 mm，且以相对于 A、B、C 基准表面（基准平面）的理论正确尺寸所确定的理想位置为轴线的圆柱面内 A 基准平面　$\phi 0.1$　30　90°　40　C 基准平面　B 基准平面
	2. 面的位置度公差 　　公差带是距离为公差值 t 且以面的理想位置为中心对称配置的两平行平面之间的区域。面的理想位置是由相对于三基面体系的理论正确尺寸确定的	20　B　75°　ϕ $\oplus$ 0.05 B A　A	提取（实际）表面必须位于距离为公差值 0.05 mm，由以相对于基准线 B（基准轴线）和基准表面 A（基准平面）的理论正确尺寸所确定的理想位置对称配置的两平行平面之间 20　A 基准平面　B 基准平面　75°　0.05

位置公差带具有如下特点：

（1）位置公差带相对于基准具有确定的位置，其位置由基准和理论正确尺寸确定。

（2）位置公差带具有综合控制被测提取要素位置、方向和形状的功能。在满足使用要求的前提下，对被测提取要素给出位置公差后，通常对该要素不再给出方向公差和形状公差。如果需要对方向和形状有进一步要求时，则可另行给出方向公差或（和）形状公差，但其公差值应小于位置公差值（在对同一要素同时给出形状、方向和位置公差时，各公差值应满足 $t_{形状} < t_{方向} < t_{位置}$）。

四、跳动公差与公差带

跳动公差是按特定的测量方法定义的公差项目,它是被测提取要素在无轴向移动的条件下绕基准轴线回转过程中所允许的最大跳动量,也就是指示器在给定的测量方向上对该实际要素测得的最大与最小示值之差的允许值。

跳动公差有两个项目:圆跳动和全跳动。圆跳动是控制被测提取要素在某个测量截面内相对于基准轴线的变动量,圆跳动有径向圆跳动、轴向圆跳动和斜向圆跳动三种;全跳动是控制整个被测提取要素在连续测量时相对于基准轴线的跳动量,全跳动有径向全跳动和轴向全跳动两种。跳动公差涉及的被测提取要素为圆柱面、端平面和圆锥面等组成要素,而涉及的基准要素为轴线。典型跳动公差带的定义、标注示例和解释见表 4-10。

表 4-10 跳动公差带定义、标注示例和解释

项目	公差带定义	标注示例	解 释
圆跳动	1. 径向圆跳动 公差带是在垂直于基准轴线的任一测量平面内半径差为公差值 t,且圆心在基准轴线上的两个同心圆之间的区域		在任一垂直于公共基准轴线 A-B 的横截面内,提取(实际)圆应限定在半径差等于 0.05 mm,圆心在基准轴线 A-B 的两同心圆之间
	2. 轴向圆跳动 公差带是在与基准轴线同轴的任一径向位置的测量圆柱面上,沿母线方向的宽度为公差值 t 的圆柱面区域		在与基准轴线 A 同轴的任一圆柱形截面上,提取(实际)圆应限定在轴向距离等于 0.05 mm 的两个等圆之间

（续表）

项目	公差带定义	标注示例	解　释
圆跳动	3. 斜向圆跳动 　　公差带是在与基准轴线同轴的任一测量圆锥面上,沿母线方向的宽度为公差值 t 的圆锥面区域	 　0.05　A ϕ A	在与基准轴线 A 同轴的任一圆锥截面上提取(实际)线,应限定在素线方向间距等于 0.05 mm 的两个不等圆之间 **基准轴线**　0.05 **测量圆锥面**
全跳动	1. 径向全跳动 　　公差带是半径差为公差值 t,且与基准轴线同轴的两圆柱面之间的区域	0.05　$A\text{-}B$ ϕ　ϕd　ϕ A　　　　　B	提取(实际)表面应限定在半径差等于 0.05 mm 与公共轴线 $A\text{-}B$ 同轴的两圆柱面之间 0.05　　　**基准轴线**
	2. 轴向全跳动 　　公差带是距离为公差值 t,且与基准轴线垂直的两平行平面之间的区域	0.03　A ϕd A	提取(实际)表面应限定在间距等于 0.03 mm、垂直于基准轴线 A 的两平行平面之间 **基准轴线** 0.03

跳动公差带具有如下特点:

（1）跳动公差带相对于基准轴线有确定的方向和位置。

（2）跳动公差带能综合控制同一被测提取要素的位置、方向和形状。例如,径向圆跳动公差带能综合控制同轴度误差和圆度误差;径向全跳动公差带能综合同轴度误差和圆柱度误差;

轴向全跳动能综合控制端面对基准轴线的垂直度误差和平面度误差。

采用跳动公差时,若综合控制被测提取要素能够满足功能要求,一般不再标注相应的位置公差、方向公差和形状公差;若不能够满足功能要求,则可进一步给出相应的位置公差、方向公差和形状公差,但其数值应小于跳动公差值。

§4.4　公差原则

同一被测提取要素上既有尺寸公差要求,又有几何公差的要求时,确定几何公差与尺寸公差之间的相互关系的原则称为公差原则。公差原则分为独立原则和相关要求两大类,而相关要求又分为包容要求、最大实体要求(及其可逆要求)和最小实体要求(及其可逆要求)。

一、有关公差原则的术语及定义

1. 提取组成要素的局部尺寸(d_a,D_a)

在提取要素的任意正截面上,两对应点之间的距离称为提取组成要素的局部尺寸。内、外表面的局部尺寸分别用 D_a、d_a 表示。由于零件存在尺寸误差和几何误差,所以提取组成要素各处的局部尺寸往往是不同的。

2. 作用尺寸

作用尺寸可分为体外作用尺寸和体内作用尺寸两种。

(1) 体外作用尺寸(d_{fe},D_{fe})。在被测提取要素的给定长度上,与实际外表面(轴)体外相接的最小理想面或与实际内表面(孔)体外相接的最大理想面的直径或宽度,称为体外作用尺寸。如图 4-20 所示,内、外表面的体外作用尺寸分别用 D_{fe}、d_{fe} 表示。

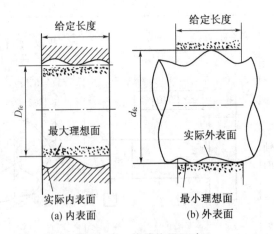

图 4-20　体外作用尺寸

对于关联要素,该理想面的轴线或中心平面必须与基准保持图样给定的几何关系。

(2) 体内作用尺寸(d_{fi},D_{fi})。在被测提取要素的给定长度上,与实际外表面(轴)体内相接的最大理想面或与实际内表面(孔)体内相接的最小理想面的直径或宽度,称为体内作用尺寸。如图 4-21 所示,内、外表面的体内作用尺寸分别用 D_{fi}、d_{fi} 表示。

对于关联要素,该理想面的轴线或中心平面必须与基准保持图样给定的几何关系。

必须注意:作用尺寸是由提取(被测)要素的局部尺寸与几何误差综合形成的,对于每个零件不尽相同。

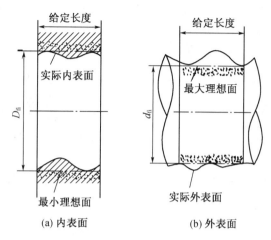

(a) 内表面　　　　(b) 外表面

图 4‑21　体内作用尺寸

3. 最大实体状态(MMC)和最大实体尺寸(MMS)

提取组成要素的局部尺寸在给定长度上处处位于尺寸极限之内,并具有实体最大(即材料最多)时的状态称为最大实体状态。

最大实体状态对应的极限尺寸称为最大实体尺寸。显然,外表面(轴)的最大实体尺寸 d_M 等于其上极限尺寸 d_{max},内表面(孔)的最大实体尺寸 D_M 等于其下极限尺寸 D_{min}。

4. 最小实体状态(LMC)和最小实体尺寸(LMS)

提取组成要素的局部尺寸在给定长度上处处位于尺寸极限之内,并具有实体最小(即材料最少)时的状态称为最小实体状态。

最小实体状态对应的极限尺寸称为最小实体尺寸。显然,外表面(轴)的最小实体尺寸 d_L 等于其下极限尺寸 d_{min},内表面(孔)的最小实体尺寸 D_L 等于其上极限尺寸 D_{max}。

5. 最大实体实效状态(MMVC)和最大实体实效尺寸(MMVS)

在给定长度上,提取要素处于最大实体尺寸,且其导出要素的几何误差等于给出的公差值时的综合极限状态称为最大实体实效状态,如图 4‑22 所示。

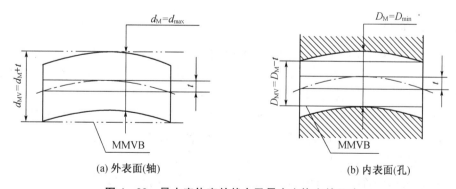

(a) 外表面(轴)　　　　(b) 内表面(孔)

图 4‑22　最大实体实效状态及最大实体实效尺寸

最大实体实效状态下的体外作用尺寸称为最大实体实效尺寸。对于外表面(轴),它等于最大实体尺寸加上其导出要素的几何公差值 t，用 d_{MV} 表示；对于内表面（孔），它等于最大实体尺寸减去其导出要素的几何公差值 t，用 D_{MV} 表示。即：$d_{MV} = d_M + t, D_{MV} = D_M - t$。

6. 最小实体实效状态（LMVC）和最小实体实效尺寸（LMVS）

在给定长度上，提取要素处于最小实体尺寸，且其导出要素的几何误差等于给出的公差值时的综合极限状态称为最小实体实效状态，如图 4-23 所示。

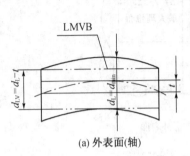
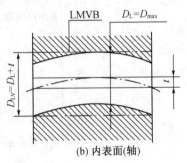

（a）外表面（轴）　　　　　　　　　　（b）内表面（轴）

图 4-23　最小实体实效状态及最小实体实效尺寸

最小实体实效状态下的体内作用尺寸称为最小实体实效尺寸。对于外表面（轴），它等于最小实体尺寸减去其导出要素的几何公差值 t，用 d_{LV} 表示；对于内表面（孔），它等于最小实体尺寸加上其导出要素的几何公差值 t，用 D_{LV} 表示。即：$d_{LV} = d_L - t, D_{LV} = D_L + t$。

7. 边界

边界是由设计给定的具有理想形状的极限包容面，其尺寸为极限包容面的直径或距离。设计时常给出的边界有以下几种：

（1）最大实体边界（MMB）。当理想边界的尺寸等于最大实体尺寸时，称为最大实体边界。

（2）最大实体实效边界（MMVB）。当理想边界的尺寸等于最大实体实效尺寸时，称为最大实体实效边界，见图 4-23。

（3）最小实体边界（LMB）。当理想边界的尺寸等于最小实体尺寸时，称为最小实体边界。

（4）最小实体实效边界（LMVB）。当理想边界的尺寸等于最小实体实效尺寸时，称为最小实体实效边界，见图 4-24。

注：对于内表面（孔）来说，其边界是一个具有理想形状的外表面（轴）；对于外表面（轴）来说，其边界是一个具有理想形状的内表面（孔）。

二、独立原则

独立原则是指图样上给出的尺寸公差和几何公差各自独立、相互无关，应分别满足要求的公差原则。大多数机械零件的几何精度都是遵循独立原则的，尺寸公差控制尺寸误差，几何公差控制几何误差，图样上不需任何附加标注。

图 4-24 所示为独立原则的应用示例。标注时，尺寸公差与几何公差采取分别标注的形式，不需要附加任何表示相互关系的符号。该标注表示轴的提取组成要素的局部尺寸应在 $\phi 19.979 \sim \phi 20$ mm，不管拟合组成要素的尺寸为何值，轴的提取导出要素的形状误差都不允许大于 0.01 mm。

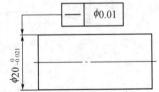

图 4-24　独立原则的标注示例

独立原则是尺寸公差与几何公差相互关系遵循的基本原

则，其适用范围较广，可用于各种组成要素和导出要素，主要用来满足功能要求。

三、相关要求

相关要求是指图样上给定的几何公差与尺寸公差相互有关的要求。根据被测要素所遵守的理想边界的不同，相关要求又分为包容要求、最大实体要求、最小实体要求和可逆要求。

1. 包容要求

包容要求是控制提取组成要素遵守其最大实体边界，即要素的体外作用尺寸不得超出其最大实体尺寸，且其局部尺寸不得超出其最小实体尺寸的一种公差要求。

采用包容要求时，当提取要素的局部尺寸为最大实体尺寸时，其形状公差为零；当拟合要素的尺寸偏离最大实体尺寸时，允许形状误差可以相应增大，但其体外作用尺寸不得超过其最大实体尺寸，且其局部尺寸不得超过其最小实体尺寸。即：

对于外表面（轴）：$d_{fe} \leqslant d_M = d_{max}$，且 $d_a \geqslant d_L = d_{min}$

对于内表面（孔）：$D_{fe} \geqslant D_M = D_{min}$，且 $D_a \leqslant D_L = D_{max}$

包容要求适用于单一要素，如圆柱表面（或两平行平面）的尺寸公差与形状公差之间的关系。采用包容要求的尺寸要素，应在其尺寸极限偏差或公差带代号之后加注符号Ⓔ，如图 4-25 所示。

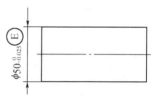

图 4-25　包容要求的标注示例

图 4-25 所示的轴，要求该轴的提取组成要素必须在直径为 ϕ50 mm（最大实体尺寸）的最大实体边界内，其提取局部尺寸不得小于 ϕ49.975 mm（最小实体尺寸），即

$$d_{fe} \leqslant d_M = \phi50 \text{ mm } \text{且 } d_a \geqslant d_L = \phi49.975 \text{ mm}$$

图 4-26(a)～(c) 为遵守包容要求后，该轴出现的几种极限状态。图 4-26(a) 中轴的提取局部尺寸为最大实体尺寸（ϕ50 mm），其形状公差为零；图 4-26(b) 中轴的提取局部尺寸（ϕ49.990 mm）偏离最大实体尺寸（ϕ50 mm），允许形状公差相应增加，其增加量为轴的提取局部尺寸与最大实体尺寸之差（绝对值）；图 4-26(c) 中轴的提取局部尺寸为最小实体尺寸（ϕ49.975 mm），此时，形状公差可达到最大值 0.025 mm（等于尺寸公差）。

图 4-26(a)～(c) 中，轴的体外作用尺寸都没有超过其最大实体边界，且其提取局部尺寸均大于其最小实体尺寸，所以都是合格的。

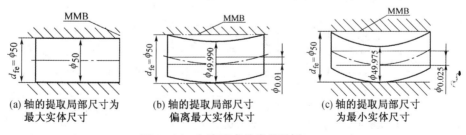

图 4-26　包容要求的应用示例

包容要求用于对配合性质要求严格的精密配合表面，用最大实体边界保证所需的最小间

隙或最大过盈。如滑动轴承与轴的配合、车床尾座孔与其套筒的配合等。

2. 最大实体要求

最大实体要求是控制注有公差的要素的提取组成要求不超越其最大实体实效边界的一种公差要求。最大实体要求既可以用于有公差的要素，也可以用于基准要素。

(1) 最大实体要求用于注有公差的要素。

最大实体要求用于注有公差的要素时，注有公差的要素的几何公差值是在该要素处于最大实体状态时给出的。当提取组成要素偏离其最大实体状态，即其拟合要素的尺寸偏离最大实体尺寸时，允许其几何误差值可以相应增加，增加的量可等于拟合要素的尺寸对最大实体尺寸的偏移量，其最大增加量等于注有公差要素的尺寸公差。

最大实体要求用于注有公差的要素时，其体外作用尺寸不得超过其最大实体实效尺寸，且提取局部尺寸在最大和最小实体尺寸之间。即

对于外表面(轴)：$d_{fe} \leqslant d_{MV} = d_{max} + t$　　　且 $d_{max} \geqslant d_a \geqslant d_{min}$

对于内表面(孔)：$D_{fe} \geqslant D_{MV} = D_{min} - t$　　　且 $D_{max} \geqslant D_a \geqslant D_{min}$

最大实体要求用于注有公差的要素时，应在其几何公差框格中的公差值后面标注符号"Ⓜ"，如图 4-27 所示。

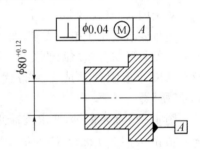

图 4-27　最大实体要求用于关联要素

图 4-27 所标注的孔，其导出要素相对于底面的垂直度公差为 $\phi 0.04$ mm，并采用最大实体要求。对该孔的要求如下：

① 孔的提取组成要素必须在尺寸为 $\phi 79.96$ mm 的最大实体实效边界内；提取局部尺寸必须在 $\phi 80$ mm 与 $\phi 80.12$ mm 之间。

② 当孔处于最大实体状态(提取局部尺寸为最大实体尺寸 $\phi 80$ mm)时，其导出要素的垂直度公差为 $\phi 0.04$ mm(图样上给定值)，如图 4-28(a)所示。

③ 当孔的提取局部尺寸偏离最大实体尺寸($\phi 80$ mm)时，如为 $\phi 80.05$ mm 时，偏离量为 $\phi 0.05$ mm，该偏离量可补偿给垂直度公差，此时轴线的垂直度公差为$(\phi 0.04 + \phi 0.05)$mm$=\phi 0.09$ mm，如图 4-28(b)所示。

④ 当孔的提取局部尺寸为最小实体尺寸 $\phi 80.12$ mm 时，偏离量达最大值 $\phi 0.12$ mm，此时孔的导出要素的垂直度公差可达最大值，为$(\phi 0.04 + \phi 0.12)$mm$=\phi 0.16$ mm(等于给出的直线度公差与尺寸公差之和)，如图 4-28(c)所示。

(a) 孔的提取局部尺寸　　　　(b) 孔的提取局部尺寸　　　　(c) 孔的提取局部尺寸
　　为最大实体尺寸　　　　　　偏离最大实体尺寸　　　　　　为最小实体尺寸

图 4-28　最大实体要求用于关联要素示例

图 4-28 中，孔的体外作用尺寸都没有超过其最大实体实效边界($\phi 79.96$ mm 的圆柱

面），且其提取局部尺寸均在最大实体尺寸和最小实体尺寸之间，所以都是合格的。

（2）最大实体要求用于基准要素。

最大实体要求用于基准要素时，应在注有公差要素的几何公差框格内相应的基准字母代号后标注符号"Ⓜ"，如图 4-29 所示。

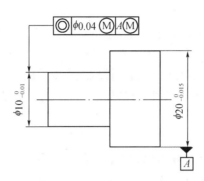

图 4-29　最大实体要求同时用于被测要素和基准要素示例

当最大实体要求用于基准要素时，通常基准要素自身采用独立原则或包容要求，此时其边界为最大实体边界。若基准的提取组成要素偏离其边界，即其体外作用尺寸偏离其边界尺寸，则允许基准要素在一定范围内浮动，其浮动范围等于基准要素的体外作用尺寸与其边界尺寸之差。

最大实体要求用于基准要素时，大多数情况下同时用于注有公差的要素。图 4-29 表示最大实体要求同时用于注有公差的要素和基准要素，基准要素自身采用独立原则。

图 4-29 所示的阶梯轴，其 $\phi 10$ mm 轴和基准轴均应采用最大实体要求，故 $\phi 10$ mm 轴遵守最大实体实效边界（$d_{MV} = \phi 10.04$ mm）；而基准轴自身采用独立原则，故基准轴遵守最大实体边界 $d_M = \phi 20$ mm。即

① 当 $\phi 10$ mm 轴与基准轴均为最大实体尺寸（d_M）时，其同轴度公差为 0.04 mm。

② 当基准轴为最大实体尺寸（d_M），而 $\phi 10$ mm 轴的拟合要素的尺寸偏离最大实体尺寸，如当 $\phi 10$ mm 轴的拟合要素的尺寸为 $\phi 9.995$ mm 时，偏离量为 $\phi 0.005$ mm，该偏离量可以补偿给同轴度公差，此时同轴度公差为 $\phi 0.04$ mm $+\phi 0.005$ mm $=\phi 0.045$ mm。

③ $\phi 10$ mm 轴与基准轴均为最小实体尺寸（d_L）时，由于基准轴拟合要素的尺寸偏离了最大实体尺寸（d_M），因而基准轴轴线可有一浮动量，该浮动量为 $\phi 0.015(\phi 20-\phi 19.985)$ mm，即基准轴线可在 $\phi 0.015$ mm 范围内浮动。由于基准轴线可浮动，实质上是使 $\phi 10$ mm 轴的同轴度公差可得到补偿，此时同轴度公差可达（$\phi 0.04 +$ $\phi 0.01 + \phi 0.015$）mm $= \phi 0.065$ mm。

最大实体要求适用于导出要素，一般是孔组导出要素的位置度，还有槽类零件导出要素的对称度和同轴度等。采用最大实体要求的主要目的是用于保证零件的可装配性。

（3）最大实体要求的零几何公差。

当关联要素采用最大实体要求且几何公差为零时称为零几何公差。最大实体要求的零形位公差必须在公差

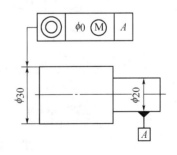

图 4-30　最大实体要求的零几何公差

框格中用"$\phi 0 \text{\textcircled{M}}$"或"$0 \text{\textcircled{M}}$"标注公差值,如图 4 - 30 所示。

零几何公差可视为最大实体要求的特例,此时,被测要素的最大实体实效边界等于最大实体边界,最大实体实效尺寸等于最大实体尺寸。对于位置公差而言,最大实体要求的零几何公差比起最大实体要求来,显然更严。

3. 最小实体要求

最小实体要求是用于控制注有公差的要素的提取组成要素不超越其最小实体实效边界的一种公差要求。最小实体要求既可以用于有公差的要素,也可用于基准要素。

最小实体要求用于注有公差的要素时,其提取组成要素应遵守最小实体实效边界,即其体内作用尺寸不得超过其最小实体实效尺寸,且其提取局部尺寸在最大和最小实体尺寸之间。即

对于外表面(轴) $d_{fi} \geqslant d_{LV} = d_{min} - t$ 　　　　且 $d_{max} \geqslant d_a \geqslant d_{min}$

对于内表面(孔) $D_{fi} \leqslant D_{LV} = D_{max} + t$ 　　　　且 $D_{max} \geqslant D_a \geqslant D_{min}$

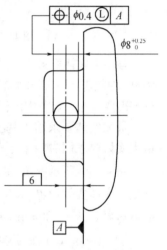

图 4 - 31　图样标注

最小实体要求用于注有公差要素时,应在注有公差要素几何公差框格中的公差值后面标注符号"$\text{\textcircled{L}}$",如图 4 - 31 所示。

图 4 - 31 所示零件,为了保证侧面与孔外缘之间的最小壁厚,孔($\phi 8^{+0.25}_{0}$ mm)的轴线相对于零件侧面的位置度公差采用了最小实体要求。对该孔的要求如下:

① 当孔的提取局部尺寸为最小实体尺寸 $\phi 8.25$ mm(D_L)时,允许的位置度公差为 $\phi 0.4$ mm(图样上给定值),其最小实体实效边界是直径为 $\phi 8.65$ mm(D_{LV})的理想圆,如图 4 - 32(a)所示。

② 当孔的提取局部尺寸偏离最小实体尺寸(D_L)时,孔的提取组成要素与控制边界(最小实体实效边界)之间会产生一间隙量,从而允许位置度公差增大。例如,当孔的拟合组成要素的尺寸为 $\phi 8.05$ mm时,位置度公差可增大为 ($\phi 0.4 + \phi 0.2$) mm = $\phi 0.6$ mm,如图 4 - 32(b)所示。

③ 当孔的提取局部尺寸为最大实体尺寸 $\phi 8$ mm(D_M)时,其导出要素的位置度公差可达最大值,为 ($\phi 0.4 + \phi 0.25$) mm = $\phi 0.65$ mm(等于给出的位置度公差与尺寸公差之和),如图 4 - 32(c)所示。

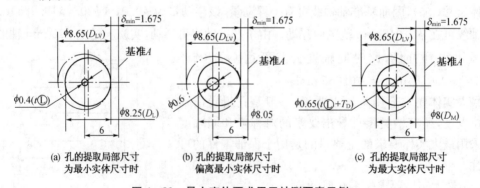

(a) 孔的提取局部尺寸　　　　　　(b) 孔的提取局部尺寸　　　　　　(c) 孔的提取局部尺寸
　　为最小实体尺寸时　　　　　　　　偏离最小实体尺寸时　　　　　　　为最大实体尺寸时

图 4 - 32　最小实体要求用于被测要素示例

最小实体要求仅用于要素的导出要素,一般是导出要素的位置度、同轴度等,主要用于需

要保证零件强度和最小壁厚的场合。

除上述几种公差要求外,还有可逆要求。可逆要求是一种反补偿要求,是当导出要素的导出要素的几何误差值小于给出的几何公差值时,允许在满足零件功能要求的前提下扩大尺寸公差的一种公差要求。可逆要求通常用于最大实体要求和最小实体要求,其图样标注如图4-33所示,在相应的公差框格中的公差值后加注符号"Ⓜ Ⓡ"或"Ⓛ Ⓡ"。

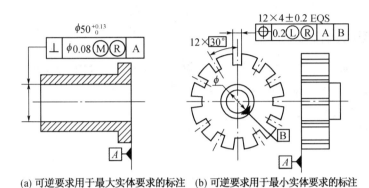

(a) 可逆要求用于最大实体要求的标注　(b) 可逆要求用于最小实体要求的标注

图4-33　可逆要求的标注

§4.5　几何公差的选用

几何误差对机器零部件的使用性能有很大影响,正确选用几何公差对保证零件的功能要求及提高经济效益都十分重要。几何公差的选用主要包括几何公差项目的选择,基准要素的选择,几何公差值的选择及公差原则的选择。

一、几何公差项目的选择

几何公差项目的选择应根据零件的具体结构和功能要求来选择。选择原则是在保证零件功能要求的前提下,还应考虑到检测的方便性以及经济性。

1. 考虑零件的几何特征

零件的几何特征是选择几何公差项目的基本依据。零件几何特征不同,会产生不同的几何误差。例如圆柱形零件会出现圆柱度误差,平面零件会出现平面度误差,阶梯轴会出现同轴度误差,键槽会出现对称度误差等。因此,对上述零件应分别选择圆柱度公差、平面度公差、同轴度公差和对称度公差。

2. 考虑零件的功能要求

根据零件不同的功能要求,选择不同的几何公差项目。例如机床导轨的直线度误差会影响与其结合的零件的运动精度,故对机床导轨提出直线度要求;减速箱上各轴承孔轴线间的平行度误差会影响齿轮的接触精度和齿侧间隙的均匀性,故对其规定轴线的平行度公差;为使箱体、端盖等零件上各螺栓孔能顺利装配,应规定孔组的位置度公差等。

3. 考虑检测的方便性

选用几何公差项目时,要考虑到检测的方便性与经济性。当同样满足零件的使用要求时,应选用检测简便的项目。例如,同轴度公差常常被径向圆跳动公差或径向全跳动公差代替;端面对轴线的垂直度公差可以用轴向圆跳动公差或轴向全跳动公差代替,这是因为跳动误差检测方便,又能较好地控制相应的几何误差。

4. 考虑几何公差的综合控制功能

在选用几何公差项目时,在保证零件功能要求的前提下,应尽量使几何公差项目减少,以便获得较好的经济效益。例如,若标注了圆柱度公差已经能满足功能要求,则不要再标注圆度公差。

二、基准要素的选择

在确定被测要素的位置公差的同时,必须确定基准要素。基准要素的选择包括基准部位的选择、基准数量的选择及基准顺序的选择。

1. 基准部位的选择

选择基准部位时,主要应根据设计和使用要求,并考虑基准统一原则和结构特征。具体应考虑以下几个方面:

(1) 选用零件在机器中定位的结合面作为基准部位;

(2) 基准要素应具有足够的刚度和大小,以保证定位稳定可靠;

(3) 选用加工比较精确的表面作为基准部位;

(4) 尽量统一装配、加工和检测基准。如图 4-34 所示零件,若以中间轴颈为支承,两端安装传动件,则以中间为同轴度基准;若以两端为支承,中间安装传动件,则以两端公共轴线为基准。

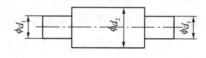

图 4-34 基准的选择

2. 基准数量的选择

一般来说,应根据公差项目的方向、位置几何功能要求来确定基准的数量。方向公差大多只要一个基准,而位置公差则需要一个或多个基准。例如,对于平行度、垂直度和倾斜度,一般只用一个平面或一条轴线做基准要素;对于同轴度和对称度,其基准可以是单一基准,也可以是组合基准;对于位置度,因为需要确定孔系的位置精度,基准采用三基面体系较为常见,就可能要用到两个或三个基准要素。

3. 基准顺序的安排

当选用两个或三个基准要素时,就要明确基准要素的次序,并按第一、二、三的顺序写在公差框格中,第一基准要素是主要的,第二基准要素次之,第三基准要素最次。安排基准顺序时,必须考虑零件的结构特点以及装配和使用要求。所选基准顺序正确与否,将直接影响零件的装配质量和使用性能,还会影响零件的加工工艺及工装的结构设计。

三、几何公差值的选择

几何公差值主要根据被测要素的功能要求和加工经济性等来选择。在零件图样上,被测要素的几何精度要求有两种表示方法:一种是用公差框格的形式注出几何公差值;另一种是按未注几何公差的规定处理,在图样上不注出几何公差值。

1. 注出几何公差的确定

几何精度的高低是用公差等级来表示的。按国家标准规定,对 14 项几何公差项目,除线、面轮廓度和位置度未规定公差等级外,其余 11 项均有规定。一般划分为 12 级,即 1～12 级,精度依次降低;仅圆度和圆柱度划分为 13 级,增加了一个 0 级,以便适应精密零件的需要。

(1) 直线度、平面度的公差值。直线度、平面度的公差值见表 4-11。

表 4-11　直线度、平面度的公差值

主参数 L/mm	公差等级											
	1	2	3	4	5	6	7	8	9	10	11	12
	公差值/μm											
≤10	0.2	0.4	0.8	1.2	2	3	5	8	12	20	30	60
>10～16	0.25	0.5	1	1.5	2.5	4	6	10	15	25	40	80
>16～25	0.3	0.6	1.2	2	3	5	8	12	20	30	50	100
>25～40	0.4	0.8	1.5	2.5	4	6	10	15	25	40	60	120
>40～63	0.5	1	2	3	5	8	12	20	30	50	80	150
>63～100	0.6	1.2	2.5	4	6	10	15	25	40	60	100	200
>100～160	0.8	1.5	3	5	8	12	20	30	50	80	120	250
>160～250	1	2	4	6	10	15	25	40	60	100	150	300
>250～400	1.2	2.5	5	8	12	20	30	50	80	120	200	400
>400～630	1.5	3	6	10	15	25	40	60	100	150	250	500
>630～1 000	2	4	8	12	20	30	50	80	120	200	300	600

注:主参数 L 为轴、直线、平面的长度。

(2) 圆度、圆柱度的公差值。圆度、圆柱度的公差值见表 4-12。

表 4-12　圆度、圆柱度的公差值

主参数 d(D)/mm	公差等级												
	0	1	2	3	4	5	6	7	8	9	10	11	12
	公差值/μm												
≤3	0.1	0.2	0.3	0.5	0.8	1.2	2	3	4	6	10	14	25
>3～6	0.1	0.2	0.4	0.6	1	1.5	2.5	4	5	8	12	18	30
>6～10	0.12	0.25	0.4	0.6	1	1.5	2.5	4	6	9	15	22	36
>10～18	0.15	0.25	0.5	0.8	1.2	2	3	5	8	11	18	27	43
>18～30	0.2	0.3	0.6	1	1.5	2.5	4	6	9	13	21	33	53
>30～50	0.25	0.4	0.6	1	1.5	2.5	4	7	11	16	25	39	62
>50～80	0.3	0.5	0.8	1.2	2	3	5	8	13	19	30	46	74
>80～120	0.4	0.6	1	1.5	2.5	4	6	10	15	22	35	54	87
>120～180	0.6	1	1.2	2	3.5	5	8	12	18	25	40	63	100
>180～250	0.8	1.2	2	3	4.5	7	10	14	20	29	46	72	115
>250～315	1.0	1.6	2.5	4	6	8	12	16	23	32	52	81	130
>315～400	1.2	2	3	5	7	9	13	18	25	36	57	89	140
>400～500	1.5	2.5	5	6	8	10	15	20	27	40	63	97	155

注:主参数 d(D) 为轴(孔)的直径。

（3）平行度、垂直度、倾斜度的公差值。平行度、垂直度、倾斜度的公差值见表 4-13。

表 4-13　平行度、垂直度、倾斜度的公差值

主参数 $L,d(D)$/mm	公差等级											
	1	2	3	4	5	6	7	8	9	10	11	12
	公差值/μm											
≤10	0.4	0.8	1.5	3	5	8	12	20	30	50	80	120
>10~16	0.5	1	2	4	6	10	15	25	40	60	100	150
>16~25	0.6	1.2	2.5	5	8	12	20	30	50	80	120	200
>25~40	0.8	1.5	3	6	10	15	25	40	60	100	150	250
>40~63	1	2	4	8	12	20	30	50	80	120	200	300
>63~100	1.2	2.5	5	10	15	25	40	60	100	150	250	400
>100~160	1.5	3	6	12	20	30	50	80	120	200	300	500
>160~250	2	4	8	15	25	40	60	100	150	250	400	600
>250~400	2.5	5	10	20	30	50	80	120	200	300	500	800
>400~630	3	6	12	25	40	60	100	150	250	400	600	1 000
>630~1 000	4	8	15	30	50	80	120	200	300	500	800	1 200

注：1. 主参数 L 为给定平行度时轴线或平面的长度，或给定垂直度、倾斜度时被测要素的长度；

2. 主参数 $d(D)$ 为给定面对线垂直度时，被测要素的轴（孔）直径。

（4）同轴度、对称度、圆跳动的公差值。同轴度、对称度、圆跳动的公差值见表 4-14。

表 4-14　同轴度、对称度、圆跳动的公差值

主参数 $d(D),B,L$/mm	公差等级											
	1	2	3	4	5	6	7	8	9	10	11	12
	公差值/μm											
≤1	0.4	0.6	1.0	1.5	2.5	46	10	15	25	40	60	0.4
>1~3	0.4	0.6	1.0	1.5	2.5	4	6	10	20	40	60	120
>3~6	0.5	0.8	1.2	2	3	5	8	12	25	50	80	150
>6~10	0.6	1	1.5	2.5	4	6	10	15	30	60	100	200
>10~18	0.8	1.2	2	3	5	8	12	20	40	80	120	250
>18~30	1	1.5	2.5	4	6	10	15	25	50	100	150	300
>30~50	1.2	2	3	5	8	12	20	30	60	120	200	400
>50~120	1.5	2.5	4	6	10	15	25	40	80	150	250	500
>120~250	2	3	5	8	12	20	30	50	100	200	300	600
>250~500	2.5	4	6	10	15	25	40	60	120	250	400	800

注：1. 主参数 $d(D)$ 为给定同轴度时轴的直径，或给定圆跳动、全跳动时轴（孔）的直径；

2. 圆锥体斜向圆跳动公差的主参数为平均直径；

3. 主参数 B 为给定对称度时槽的宽度；

4. 主参数 L 为给定两孔对称度时的孔心距。

（5）位置度的公差值数系。对于位置度，国家标准只规定了公差值数系，而未规定公差等级。位置度的公差值数系见表 4-15。

表 4-15　位置度的公差值数系　　　　　　　　　　　　（μm）

1	1.2	1.6	2	2.5	3	4	5	6	8
1×10^n	1.2×10^n	1.6×10^n	2×10^n	2.5×10^n	3×10^n	4×10^n	5×10^n	6×10^n	8×10^n

注:n 为正整数。

2. 几何公差等级的应用示例

几何公差值常用类比法确定,具体应用时要考虑各种因素来确定各项公差等级,比如零件的使用性能、加工的可能性和经济性等。表 4-16～表 4-19 列出了部分几何公差等级的适用场合,供选用时参考。

表 4-16　直线度、平面度公差常用等级的应用举例

公差等级	应用举例
5	1 级平板,2 级宽平尺,平面磨床的纵导轨、垂直导轨、立柱导轨及工作台,液压龙门刨床和六角车床床身导轨,柴油机进气、排气阀门导杆
6	普通机床导轨,如普通车床,龙门刨床、滚齿机、自动车床等的车床导轨、立柱导轨,柴油机壳体结合面
7	2 级平板,机床主轴箱,摇臂钻床底座和工作台,镗床工作台,液压泵盖,减速器壳体结合面
8	机床传动箱体,交换齿轮箱体,车床溜板箱体,柴油机气缸体,连杆分离面,缸盖结合面,汽车发动机缸盖,曲轴箱结合面,液压管件和法兰连接面
9	3 级平板,自动车床床身底面,摩托车曲轴箱体,汽车变速箱壳体,手动机械的支撑面

表 4-17　圆度、圆柱度公差常用等级的应用举例

公差等级	应用举例
5	一般计量仪器主轴、测杆外圆柱面,陀螺仪轴颈,一般机床主轴轴颈及主轴轴承孔,柴油机、汽油机活塞、活塞销,与 6 级滚动轴承配合的轴颈
6	仪表端盖外圆柱面,一般机床主轴及前轴承孔,泵、压缩机的活塞、气缸,汽油发动机凸轮轮轴,纺机锭子,减速器转轴轴颈,高速船用柴油机、拖拉机曲轴主轴颈,与 6 级滚动轴承配合的外壳孔,与 0 级滚动轴承配合的轴颈
7	大功率低速柴油机曲轴轴颈、活塞、活塞销、连杆、气缸,高速柴油机箱体轴承孔,千斤顶或压力油缸活塞,机车传动轴,水泵及通用减速器转轴轴颈,与 0 级滚动轴承配合的外壳孔
8	大功率低速发动机曲轴轴颈,压力机连杆盖、连杆体,拖拉机气缸、活塞,炼胶机冷铸轴辊、印刷机传墨辊,内燃机曲轴轴颈,柴油机凸轮轴轴承孔、凸轮轴,拖拉机、小型船用柴油机气缸套
9	空气压缩机缸体,液压传动筒,通用机械杠杆与拉杆用套筒销子,拖拉机活塞环、套筒孔

表 4 - 18　平行度、垂直度和倾斜度公差常用等级的应用举例

公差等级	应用举例
4,5	普通车床导轨、重要支撑面,机床主轴轴承孔对基准的平行度,精密机床重要零件,计量仪器、量具、模具的基准面和工作面,机床床头箱体重要孔,通用减速器壳体孔,齿轮泵的油孔端面,发动机轴和离合器的凸缘,气缸支撑端面,安装精密滚动轴承的壳体孔的凸肩
6,7,8	一般机床的基准面和工作面,压力机和锻锤的工作面,中等精度钻模的工作面,机床一般轴承孔对基准的平行度,变速器箱体孔,主轴花键对定心轴线的平行度,重型机械滚动轴承端盖,卷扬机、手动传动装置中的传动轴,一般导轨,主轴箱体孔,刀架、砂轮架、气缸配合面对基准轴线以及活塞销孔对活塞轴线的垂直度,滚动轴承内、外圈端面对轴线的垂直度
9,10	低精度零件,重型机械滚动轴承端盖,柴油机、煤气发动机箱体曲轴孔,曲轴轴颈,花键轴和轴肩端面,带式运输机法兰盘等端面对轴线的垂直度,手动卷扬机及传动装置中轴承孔端面,减速器壳体平面

表 4 - 19　同轴度、对称度和径向跳动公差常用等级的应用举例

公差等级	应用举例
5,6,7	这是应用范围较广的公差等级。用于形位精度要求较高、尺寸的标准公差等级为 IT8 及高于 IT8 的零件。5 级常用于机床主轴轴颈,计量仪器的测杆,涡轮机主轴,柱塞油泵转子,高精度滚动轴承外圈,一般精度滚动轴承内圈。7 级用于内燃机曲轴、凸轮轴、齿轮轴、水泵轴、汽车后轮输出轴,电机转子、印刷机传墨辊的轴颈,键槽
8,9	常用于形位精度一般、尺寸的标准公差等级为 IT9 至 IT11 的零件。8 级用于拖拉机发动机分配轴轴颈,与 9 级精度以下齿轮相配的轴,水泵叶轮,离心泵体,棉花精梳机前后滚子,键槽等。9 级用于内燃机气缸套配合面,自行车中轴

在确定几何公差值(公差等级)时,还要注意下列情况:

(1) 几何公差与尺寸公差及表面粗糙度参数之间的协调关系(一般情况下,尺寸公差值>形状公差值>表面粗糙度参数值)。

(2) 同一被测要素同时标注形状公差、方向公差和位置公差时,要注意它们之间的关系(位置公差值>方向公差值>形状公差值)。

(3) 位置度公差值一般与被测要素的类型、连接方式等有关,如带孔零件的连接方式不同,孔心线的位置度也不同。螺栓连接孔心线的位置度取其最小间隙数值的 1 倍,而螺钉连接则取其最小间隙数值的 0.5 倍,然后再进行优化确定。

(4) 对于下列情况:① 孔相对于轴;② 细长的孔或轴;③ 距离较大的孔或轴;④ 宽度较大(一般大于 1/2 长度)的零件表面;⑤ 线对线、线对面相对于面对面的平行度、垂直度。考虑到加工的难易程度和除主参数外其他因素的影响,在满足功能要求的情况下,可适当降低 1~2 级选用。

(5) 对于有关标准已对几何公差作出规定的,如与滚动轴承相配合的轴颈和外壳孔的圆柱度公差、机床导轨的直线度公差等,都按相应的标准确定。

　　3. 几何公差的未注公差值规定

为了简化图样,对一般机床加工就能保证而不需要检验的几何精度,图样上不再标注几何公差。要素的未注几何公差与尺寸公差的关系采用独立原则。对于未标注几何公差的要素,其几何精度应按下列规定(GB/T 1184—1996)执行。

（1）对未注直线度、平面度、垂直度、对称度和圆跳动各规定了 H、K、L 三个公差等级，如表 4-20～表 4-23 所示。采用规定的未注公差值时，应在技术要求中注出下述内容：如"GB/T 1184—K"。

表 4-20　直线度、平面度未注公差值　　　　　　　　　　　　（mm）

公差等级	基本长度范围					
	≤10	>10～30	>30～100	>100～300	>300～1 000	>1 000～3 000
H	0.02	0.05	0.1	0.2	0.3	0.4
K	0.05	0.1	0.2	0.4	0.6	0.8
L	0.1	0.2	0.4	0.8	1.2	1.6

注：一般情况下，平面度的未注公差值必然控制了直线度的误差。在考虑要素是否需遵守直线的未注公差值时，还应视该要素是否已由其他综合性未注公差值控制。

表 4-21　垂直度未注公差值　　　　　　　　　　　　（mm）

公差等级	基本长度范围			
	≤100	>100～300	>300～1 000	>1 000～3 000
H	0.2	0.3	0.4	0.5
K	0.4	0.6	0.8	1
L	0.6	1	1.5	2

注：一般取形成直角的两边中较长的一边作为基准，较短的一边作为被测要素。

表 4-22　对称度未注公差值　　　　　　　　　　　　（mm）

公差等级	基本长度范围			
	≤100	>100～300	>300～1 000	>1 000～3 000
H	0.5			
K	0.6		0.8	1
L	0.6	1	1.5	2

注：对称度未注公差值用于至少两个要素中的一个是中心平面，或两个要素的轴线相互垂直的情况。一般应取两要素中较长者作为基准，较短者作为被测要素。

表 4-23　圆跳动未注公差值　　　　　　　　　　　　（mm）

公差等级	圆跳动公差值
H	0.1
K	0.2
L	0.5

注：应以设计或工艺给出的支撑要素作为基准，否则应取两要素中较长的一个作为基准；若两要素的长度相等则可选任一要素为基准。本表适用于径向、端面和斜向圆跳动。

（2）圆度的未注公差值等于直径公差值，但不能大于表 4 - 23 中的径向圆跳动未注公差值。

（3）圆柱度的未注公差值不作规定，由要素的圆度公差、素线直线度和相对素线平行度的注出或未注出公差控制。

（4）平行度的未注公差值等于给出的尺寸公差值，或是直线度和平面度未注公差值中的相应公差值取较大者，并取两要素中较长者作为基准。

（5）同轴度的未注公差值未作规定。必要时，可取同轴度的未注公差值等于圆跳动的未注公差值（表 4 - 23）。

（6）线轮廓度、面轮廓度、倾斜度和位置度的未注公差值均由各要素的注出或未注出线性尺寸公差或角度公差控制。

（7）全跳动的未注公差值未作规定。轴向全跳动未注公差值等于端面对轴线的垂直度未注公差值；径向全跳动可由径向圆跳动和相对素线的平行度控制。

四、公差原则的选择

公差原则主要根据被测要素的功能要求、零件尺寸大小和检测方便与否来选择，并应考虑充分利用给出的尺寸公差带。

独立原则是处理几何公差与尺寸公差的基本原则，主要应用在以下场合：

（1）尺寸精度和几何精度都要求很严，且需要分别满足要求。

（2）尺寸精度和几何精度要求相差较大。

（3）为保证运动精度、密封性等特殊要求，单独提出与尺寸精度无关的几何公差要求。

（4）零件上的未注几何公差均遵循独立原则。

包容要求主要应用于需要严格保证配合性质的精密配合场合，用最大实体边界来控制零件的尺寸和几何误差的综合结果，以保证配合要求的最小间隙或最大过盈。选用包容要求时，可用光滑极限量规来检测实际尺寸和体外作用尺寸，检测比较方便。

最大实体要求主要用于保证可装配性的场合。选用最大实体要求时，其提取组成要素的局部尺寸用两点法测量，体外作用尺寸用功能量规进行检测，其检测方法简单易行。

最小实体要求主要用于需要保证零件的强度和最小壁厚等场合。选用最小实体要求时，其体外作用尺寸不能用量规检测，一般采用测量壁厚或要素间的实际距离等近似方法。

可逆要求与最大（最小）实体要求联用，能充分利用公差带，扩大了被测要素实际尺寸的范围，提高了经济效益。在不影响使用性能要求的前提下可以选用。

综上所述，独立原则、包容要求、最大实体要求、最小实体要求以及可逆要求是针对不同的设计要求而提出的。在保证功能要求的前提下，力求最大限度地提高工艺性和经济性，是正确选用公差原则和公差要求的关键。

五、几何公差选用标注示例

图 4 - 35 所示为减速器的输出轴，主要根据对该轴的功能要求而选用几何公差。另外，为了使测量方便，宜采用圆跳动公差来限制实际组成要素的形状、方向和位置公差。具体选用如下：

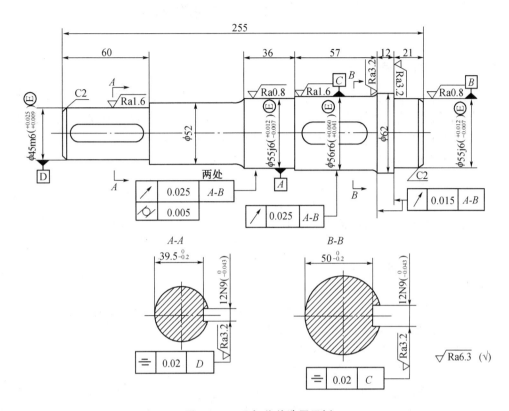

图 4 - 35　几何公差选用示例

（1）两 $\phi55j6$ 轴颈与滚动轴承内圈配合，为了保证配合性质，宜采用包容要求；按 GB/T 275—1993《滚动轴承与轴和外壳孔的配合》规定，与 P0 级轴承配合的轴颈，为保证轴承套圈的几何精度，在遵守包容要求的情况下进一步提出圆柱度公差为 0.005 mm 的要求；该两轴颈安装上滚动轴承后，将分别与减速箱体的两孔配合，需限制两轴颈的同轴度误差，以免影响轴承外圈和箱体孔的配合，同时考虑到检测的方便性，故又提出了两轴颈径向圆跳动公差 0.025 mm（相当于 7 级）的要求。

（2）$\phi62$ 处左、右两轴肩为齿轮、轴承的轴向定位基准面。为了使齿轮、轴承在轴向的正确定位，以便受载均匀，故对这两基准面规定了轴向圆跳动要求，规定两轴肩相对于基准轴线 $A-B$ 的轴向圆跳动公差 0.015 mm（相当于 6 级）。

（3）$\phi56r6$ 和 $\phi45m6$ 分别与齿轮和带轮配合，为保证其配合性质，也采用包容要求；为保证齿轮的正确啮合，对 $\phi56r6$ 圆柱还提出了对基准 $A-B$ 的径向圆跳动公差 0.025 mm 的要求。

（4）为了使键槽中的键受力均匀和便于拆装，必须规定键槽的对称度公差。键槽对称度公差常用 7～9 级，此处均按 8 级给出，公差值为 0.02 mm。

（5）图样上没有具体注明几何公差值的要素，由未注几何公差来控制。

§4.6 几何误差的检测

一、几何误差及其评定

几何误差是指被测提取要素对其拟合要素的变动量,几何误差的评定应遵循最小条件原则。所谓最小条件是指被测提取要素对其拟合要素的最大变动量为最小,即包容被测提取要素时,具有最小宽度 f 或直径 ϕf 的包容区域(简称为最小包容区域)。

1. 形状误差及其评定

形状误差值可用最小包容区域的宽度或直径表示。最小包容区域的形状与其相应的公差带的形状相同。以给定平面内的直线度为例来说明,如图 4-36 所示。被测提取要素的拟合要素为直线,其位置有多种情况,如图中的 A_1-B_1、A_2-B_2 和 A_3-B_3 等,相应的包容区域的宽度为 h_1、h_2、h_3($h_1 < h_2 < h_3$)。根据最小条件的要求,Ⅰ 位置时两平行直线之间的包容区域宽度为最小,故取 h_1 为直线度误差。这种评定形状误差的方法称为最小区域法。

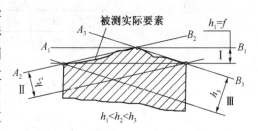

图 4-36　直线度误差的最小包容区域

按最小条件的要求,用最小包容区域来评定形状误差具有唯一性和准确性。但用最小区域法评定形状误差有时比较困难,在实际工作中也允许采用其他的方法,得出的形状误差值比用最小区域法评定的误差值稍大,只要误差值不大于图样上给出的公差值,就一定能满足要求,否则就应按最小区域法评定后进行合格性判断。

2. 方向误差及其评定

方向误差是指被测提取要素对一具有确定方向的拟合要素的变动量,拟合要素的方向由基准确定。方向误差包括平行度、垂直度和倾斜度三个项目。评定方向误差时,在拟合要素相对于基准的方向保持图样上给定的几何关系(平行、垂直或倾斜某一理论正确角度)的前提下,应使被测提取要素对拟合要素的最大变动量为最小。

方向误差值以方向最小包容区域的宽度或直径表示。方向最小包容区域的形状与方向公差带的形状相同。如图 4-37 所示,方向最小包容区域 S 的宽度或直径即为方向误差值 f。

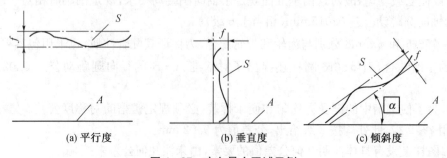

(a) 平行度　　　　　　　(b) 垂直度　　　　　　　(c) 倾斜度

图 4-37　方向最小区域示例

3. 位置误差及其评定

位置误差是指被测提取要素对一具有确定位置的拟合要素的变动量,拟合要素的位置由基准和理论正确尺寸确定。

位置误差值用位置最小包容区域(简称位置最小区域)的宽度或直径来表示。位置最小区域是指以拟合要素的位置为中心来包容被测提取要素时具有最小宽度或最小直径的包容区域。因此,被测提取要素与位置最小区域通常只有一个接触点。位置误差值等于这个接触点至拟合要素所在位置的距离的两倍。

如图 4-38(a),评定平面上一条线的位置度误差。位置最小区域 S 由两条平行直线构成。理想直线的位置由理论正确尺寸 $\boxed{L}$ 决定,实际线 F 上至少有一点与该两平行直线之一接触,其宽度为位置误差值 f。

图 4-38(b)为评定平面上一个点 P 的位置度误差,位置最小区域 S 由一个圆构成。该圆的圆心 O(被测点的理想位置)由基准 A、B 和理论正确尺寸 $\boxed{L_x}$、$\boxed{L_y}$ 确定,直径 ϕf 即为 P 的位置度误差值,$\phi f = 2 \times OP$。

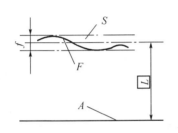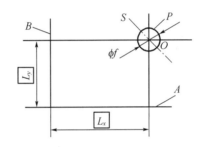

(a) 由两条平行直线构成的位置最小区域　　　　(b) 由一个圆构成的位置最小区域

图 4-38　位置最小区域示例

二、几何误差的检测原则

从检测原理上,国标规定了五种几何误差的检测原则,如表 4-24 所示。由于零件结构形式的多种多样,几何误差的特征项目及检测方法又较多,在检测几何误差时,应根据零件的特点和检测条件,选择合理的检测方案。

表 4-24　几何误差的检测原则

检测原则	检测原理	检测图例	说明
1. 与拟合要素比较原则	测量时将被测提取要素与其拟合要素作比较,从中获得测量数据,进而评定几何误差	(a) 刀口尺测直线度误差　　(b) 指示表测平行度误差 1—模拟的拟合要素;2—被测工件	运用该检测原则时,拟合要素用模拟方法获得。该检测原理在几何误差测量中的应用最为广泛

（续表）

检测原则	检测原理	检测图例	说明
2. 测量坐标值原则	用坐标测量装置（如三坐标测量机）测量被测提取要素上各测点的坐标值，并经数据处理获得几何误差值	通过测量直角坐标值获得位置度误差	该检测原则对轮廓度、位置度测量的应用比较广泛
3. 测量特征参数原则	测量被测提取要素上具有代表性的参数（即特征参数），用以表示几何误差值	用两点法测量圆度特征参数	应用该原则可以简化测量过程和设备，也不需要复杂的数据处理，所以在满足功能要求的情况下，采用该原则可以取得明显的经济效益。该检测原则在生产现场用得较多
4. 测量跳动原则	被测提取要素绕基准轴线回转过程中，沿给定方向测量其相对于某参考点或参考线的变动量。变动量为指示表最大与最小示值之差	测量圆跳动误差	该原则主要用于图样上标注了圆跳动或全跳动时误差的测量
5. 控制实效边界原则	检验被测提取要素是否超出实效边界，以判断合格性	用功能量规检验同轴度误差	功能量规是模拟最大实体实效边界的全形量规，若被测提取组成要素能被功能量规通过，则表示该项几何公差要求合格，否则不合格

三、典型几何误差的检测方法

1. 形状误差的检测

（1）直线度误差的检测。

直线度误差可用刀口形直尺或平尺测量，如图 4－39（a）所示。用刀口形直尺和被测提取要素（直线或平面）接触，使刀口形直尺和被测提取要素之间的最大间隙为最小，此最大间隙即为被测的直线度误差。间隙量可用塞尺测量或与标准间隙比较。

对于狭长的平面（如导轨）可用水平仪测量，如图 4－39（b）所示。将水平仪放在被测表面上，沿被测提取要素按节距逐段连续测量。对示值进行计算可求得直线度误差，也可采用作图法求得直线度的误差值。一般是在读数之前先将被测要素调成近似水平，以保证水平仪读数方便。测量时可在水平仪下面放入桥板，桥板长度可按被测提取要素的长度以及测量不确定度要求决定。

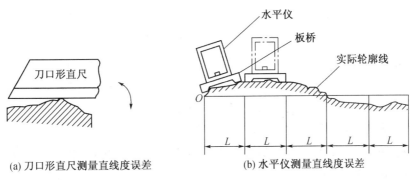

(a) 刀口形直尺测量直线度误差　　　　(b) 水平仪测量直线度误差

图 4－39　直线度误差的测量

此外，直线度误差的测量还可以用指示器测量法、钢丝法、自准直仪法以及综合量规进行检测。

（2）平面度误差的检测。

对于较小平面可用平面干涉法测量其平面度误差。对于较大的平面可用对角线法测量平面度误差，如图 4－40 所示。把被测平面 A 支撑在平板上，用平板工作面作为测量基面，调整支撑顶尖，使被测表面上两对角线的端点（1 与 2 或 3 与 4）分别等高，再用指示表在被测表面上移动，指示表最大与最小示值的差值近似地作为平面度误差，必要时可按最小条件求出其平面度误差。

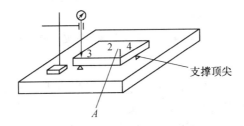

图 4－40　平面度误差的测量

此外，平面度误差还可用水平仪、准直仪、平面干涉仪等测量。

（3）圆度误差的检测。

圆度误差可用圆度仪测量，如图 4 - 41(a)所示。测量时传感器的测头始终接触被测零件，并绕其旋转一周，在坐标纸上自动描绘出放大的实际轮廓，一般用有机玻璃的同心圆板，按最小条件评定其圆度误差。

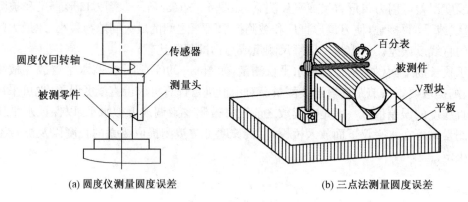

(a) 圆度仪测量圆度误差　　　　　　　　(b) 三点法测量圆度误差

图 4 - 41　圆度误差的测量

此外，还可采用近似测量方法。如：① 两点法。用千分尺等量出同一截面最大、最小直径，其差的一半即可作为该截面的圆度误差。② 三点法。将被测零件转一周，指示表最大、最小示值差的一半即可作为其圆度误差，如图 4 - 41(b)所示。

（4）圆柱度误差的检测。

圆柱度误差可采用三坐标测量机检测，也可采用近似测量方法，如在 V 型块上用三点法测量圆柱度误差，如图 4 - 42 所示。

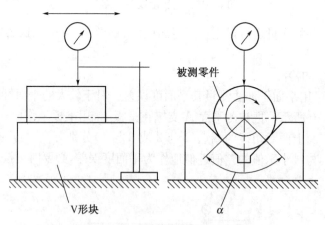

图 4 - 42　三点法测量圆柱度误差

2. 轮廓度误差的检测

线轮廓度误差一般用样板、投影仪检测。图 4 - 43(a)所示用样板测量，根据光隙大小估读出最大间隙作为该零件的线轮廓度误差。此外，还可用坐标测量装置或仿形测量装置测量。面轮廓度一般用截面样板测量，还可以用三坐标测量装置或仿形测量装置测量，如图4 -43(b)所示。有基准要求时，应以基准面作为测量基准。

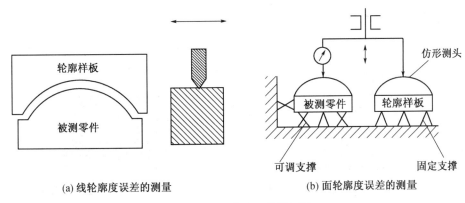

(a) 线轮廓度误差的测量　　　　　　(b) 面轮廓度误差的测量

图 4－43　轮廓度误差的测量

3. 方向误差的检测

(1) 平行度误差的检测。

线对面的平行度误差测量如图 4－44 所示，被测轴线由心轴模拟，被测轴线长度为 L_1，在测量距离为 L_2 的两个位置上测得的示值分别为 M_1、M_2，则平行度误差为

$$f = \frac{L_1}{L_2} \mid M_1 - M_2 \mid$$

面对线的平行度误差的测量如图 4－45 所示，基准轴线由心轴模拟，将被测零件放在等高支撑上，并转动零件，使 $L_1 = L_2$。然后测量整个表面，取指示表的最大与最小示值之差作为该零件的平行度误差。

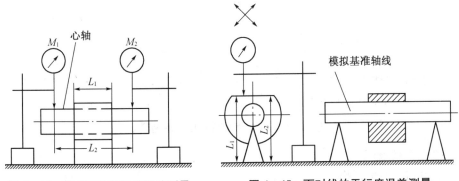

图 4－44　线对面的平行度误差测量　　　　**图 4－45　面对线的平行度误差测量**

(2) 垂直度误差的检测。

垂直度误差与平行度误差的检测方法类似，面对面的垂直度误差测量如图 4－46 所示，将被测零件的基准面放在直角座上，同时调整靠近基准的被测表面的示值差为最小值，取指示表在整个被测表面测得的最大与最小示值之差作为其垂直度误差。

面对线的垂直度误差测量如图 4－47 所示，基准轴线由导向套模拟，将被测零件放在导向套内，然后测量整个被测表面，取最大示值作为该零件的垂直度误差。

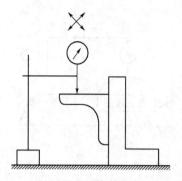

图 4 - 46　面对面的垂直度误差测量

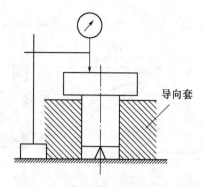

图 4 - 47　面对线的垂直度误差测量

线对面的垂直度误差测量如图 4 - 48(a)所示，被测轴线长度为 L_1，在给定方向上测量距离为 L_2 的两个位置，测得 M_1、M_2 及相应的轴径 d_1、d_2，则在该方向上的垂直度误差为

$$f = \frac{L_1}{L_2}\left| (M_1 - M_2) + \frac{d_1 - d_2}{2}\right|$$

此外，还可在转台上测量轴线在任意方向上的垂直度误差，如图 4 - 48(b)所示。将被测零件放在转台上，并使被测轴线与转台的回转轴线对齐。测量若干横截面内轮廓要素上各点的半径差，并记录在同一坐标图上，用图解法求出垂直度误差值。

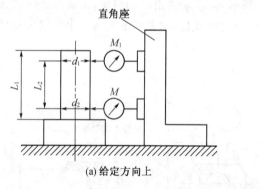

(a) 给定方向上　　　　　　　　　　(b) 任意方向上

图 4 - 48　线对面的垂直度误差测量

4. 位置误差的检测

(1) 同轴度误差的检测。

同轴度误差的测量如图 4 - 49 所示，基准轴线由 V 形块模拟。将两指示表分别在垂直轴线截面调零，先在轴线截面上测量，各对应点的示值差值中最大值为该截面上的同轴度误差。然后转动被测零件，测量若干截面，取各截面测得示值差中的最大值作为该零件的同轴度误差。此法适用于测量形状误差较小的零件。

此外，还可以用圆度仪或三坐标测量机按定义测量或用同轴度量规综合检测。

(2) 对称度误差的检测。

对称度误差的测量如图 4 - 50 所示，先测被测表面①上各点

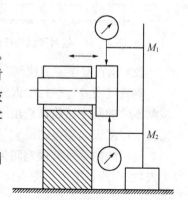

图 4 - 49　同轴度误差的测量

的高度,再将被测零件翻转,测另一被测表面②上各对应点的高度,取被测截面内对应两测量点的示值的最大差值作为其对称度误差。

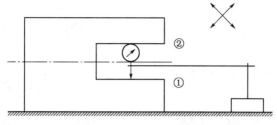

图 4 - 50　对称度误差的测量

此外,对称度误差还可以用对称度量规综合检测。

（3）位置度误差的检测。

测量位置度误差,一种方法是将测量出的要素实际位置尺寸与理论正确尺寸作比较;另一种方法是利用综合量规检验要素的合格性。图 4 - 51 要求在法兰盘上装螺钉用的 4 个孔具有以中心孔为基准的位置度。检验时,将量规的基准测销和固定测销插入零件中,再将活动测销插入其他孔中,如果都能插入零件和量规的对应孔中,就可以判断被测零件是合格的。

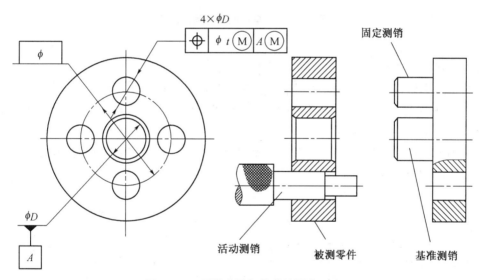

图 4 - 51　用综合量规检验位置度误差

5. 跳动误差的检测

（1）圆跳动误差的检测。

径向圆跳动的测量如图 4 - 52 所示,基准轴线由心轴的轴线模拟,当被测零件回转一周,指示表示值最大差值为单个测量平面上的径向圆跳动误差。以各个测量平面测得的跳动量中的最大值作为该零件的径向圆跳动误差。

轴向圆跳动误差的测量如图 4 - 53 所示,基准轴线由两顶尖模拟,被测零件回转一周,指示表示值的最大差值为单个测量圆柱面的轴向圆跳动。以各个测量圆柱面上测得的跳动量中的最大值作为该零件的轴向圆跳动误差。

斜向圆跳动误差的测量如图 4 - 54 所示,将被测零件固定在导向套筒内,同时在轴向定位。被测零件回转一周,指示表示值的最大差值为单个测量圆锥面的斜向圆跳动。以各个测量圆锥面上测得的跳动量中的最大值作为该零件的轴向圆跳动误差。

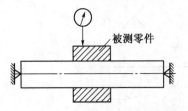

图 4-52　径向圆跳动误差的测量

图 4-53　轴向圆跳动误差的测量

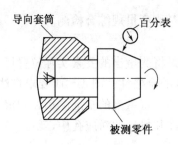

图 4-54　斜向圆跳动误差的测量

（2）全跳动误差的检测。

径向全跳动的测量如图 4-55 所示,将被测零件固定在两同轴导向套筒内,同时在轴向定位并调整该对套筒,使其与平板平行。在被测零件连续回转过程中,同时让指示表沿基准轴线方向作直线移动,指示表示值最大差值即为该零件的径向全跳动误差。

轴向全跳动误差的测量如图 4-56 所示,将被测零件固定在导向套筒内,同时在轴向定位。在被测零件连续回转过程中,同时让指示表沿其径向作直线移动,指示表示值的最大差值即为该零件的轴向全跳动误差。

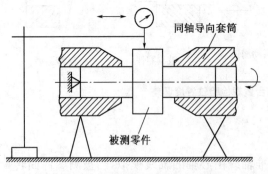

图 4-55　径向全跳动误差的测量

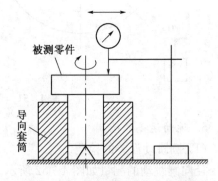

图 4-56　轴向全跳动误差的测量

思考题与习题

一、判断题

1. 几何公差的研究对象是零件的几何要素。　　　　　　　　　　　　　　　（　　）

2. 若某实际要素存在形状误差,则一定存在位置误差。　　　　　　　　　（　　）

3. 某平面对基准平面的平行度误差为 0.05 mm,则该平面的平面度误差一定不大于 0.05 mm。　　　　　　　　　　　　　　　　　　　　　　　　　　　　　　（　　）

4. 采用独立原则时,提取(零件)组成要素的局部尺寸和几何误差中有一项超差,则该零件不合格。　　　　　　　　　　　　　　　　　　　　　　　　　　　　　（　　）

5. 若某圆柱面的圆度误差值为 0.02 mm,则该圆柱面对其导出要素的径向圆跳动误差值亦不小于 0.02 mm。　　　　　　　　　　　　　　　　　　　　　　　　　　（　　）

6. 最大实体要求主要用于可装配性的场合,故此要求遵守最大实体边界。　　（　　）

7. 可逆要求应用于最大实体要求时,当其几何误差小于给定的几何公差时,允许提取要素的局部尺寸超出最大实体尺寸。　　　　　　　　　　　　　　　　　　（　　）

8. 最小条件是指提取被测要素相对于基准要素的最大变动量为最小。　　　　（　　）

9. 当图样上没有标注几何公差时,说明几何公差没有要求。　　　　　　　　（　　）

10. 跳动公差的被测要素是导出要素,基准是组成要素。　　　　　　　　　　（　　）

二、选择题

1. 在图样标注时,公差框格指引线的箭头需与尺寸线对齐的要素是_____。

A. 组成要素　　　　　　　　　　　　　B. 导出要素

C. 提取被测要素　　　　　　　　　　　D. 拟合要素

2. 在同一被测要素上,几何公差与尺寸公差之间的关系是_____。

A. $t_形 < t_位 < T_{尺寸}$　　　　　　　　B. $t_形 > t_位 < T_{尺寸}$

C. $t_形 > t_位 > T_{尺寸}$　　　　　　　　D. $t_形 < t_位 > T_{尺寸}$

3. 在几何公差标注中,公差值前能加"ϕ"的项目是_____。

A. 对称度　　　　B. 同轴度　　　　C. 圆柱度　　　　D. 径向圆跳动

4. 标注几何公差时,公差框格的指引线要与尺寸线对齐的项目是_____。

A. 圆度　　　　　B. 圆柱度　　　　C. 径向全跳动　　　D. 同轴度

5. 下列几何公差项目中属于位置公差的是_____。

A. 平行度　　　　B. 径向圆跳动　　　C. 对称度　　　　D. 圆度

6. 在公差原则中,包容要求主要用于需保证_____的场合。

A. 可装配性　　　B. 配合性质　　　C. 功能性　　　　D. 合格性

7. 下列公差带形状相同的是_____。

A. 轴线的直线度与面对面的平行度　　　B. 径向圆跳动与圆度

C. 同轴度与径向全跳动　　　　　　　　D. 圆柱度与圆度

8. 对于孔和轴,最大实体尺寸是指_____。

A. 孔和轴的上极限尺寸

B. 孔和轴的下极限尺寸

C. 孔的上极限尺寸和轴的下极限尺寸

D. 孔的下极限尺寸和轴的上极限尺寸

9. 几何公差项目标注中,需标明理论正确尺寸的项目是_____。

A. 圆度　　　　　B. 位置度　　　　C. 平行度　　　　D. 同轴度

10. 径向全跳动的公差带形状和_____的公差带形状相同。

    A. 圆度　　　　　　B. 圆柱度　　　　　　C. 同轴度　　　　　　D. 径向圆跳动

三、问答题

1. 什么是拟合要素、实际要素、提取要素和基准要素？

2. 形状、方向和位置公差各规定了哪些项目？它们的符号是什么？

3. 什么是作用尺寸？与实际尺寸和几何误差有什么关系？

4. 根据图 4-57 中几何公差的标注，回答下列问题：

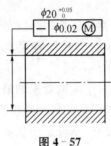

图 4-57

（1）被测孔轴线采用的公差项目为_____，其公差带形状是_____。

（2）该零件采用的公差原则为_____，遵守_____边界，边界尺寸是_____。

（3）内孔的最大实体尺寸为_____，此时允许的直线度公差为_____。

（4）当孔的提取局部尺寸处为 $\phi20.025$ mm，直线度误差为 0.035 mm 时，工件是否合格，为什么？

5. 试将图 4-58 按表列要求填入表 4-25 中。

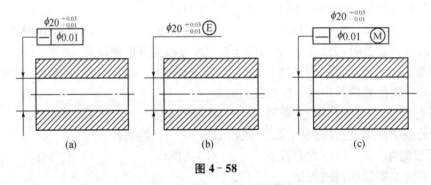

图 4-58

表 4-25

图样序号	采用公差原则或相关要求	遵守边界及边界尺寸	最大实体尺寸	可能允许的最大几何误差值	提取局部尺寸的范围
（a）					
（b）					
（c）					

四、标注题

1. 改正图 4－59 中各项几何公差标注上的错误(不得改变几何公差项目)。

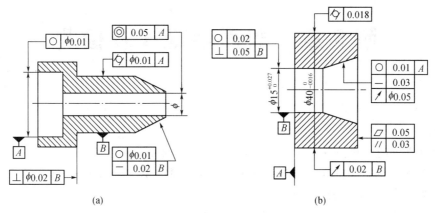

(a)　　　　　　　　　　　　　(b)

图 4－59

2. 试将下列技术要求标注在图 4－60 上：

(1) $\phi30H7$ 内孔表面圆度公差值为 0.06 mm，$\phi15H7$ 内孔表面圆柱度公差值为 0.08 mm。

(2) $\phi30H7$ 孔底端面对 $\phi15H7$ 孔心线的轴向圆跳动公差值为 0.05 mm。

(3) 圆锥面对 $\phi15H7$ 孔心线的斜向圆跳动公差值为 0.05 mm。

(4) $\phi35h6$ 的形状公差采用包容要求。

(5) $\phi30H7$ 孔心线对 $\phi15H7$ 孔心线的同轴度公差值为 $\phi0.05$ mm，并且提取被测要素采用最大实体要求。

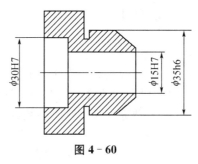

图 4－60

3. 试将下列技术要求标注在图 4－61 上：

(1) 两端圆柱尺寸标注为 $\phi15_{-0.018}^{0}$ mm，圆柱面的圆柱度公差值为 0.003 mm。

(2) 中间大圆柱尺寸为 $\phi20_{-0.020}^{-0.007}$ mm，圆柱面对两端小圆柱公共轴线的径向圆跳动公差为 0.01 mm。

(3) 圆锥面素线直线度公差值为 0.005 mm，圆度公差值为 0.004 mm。

(4) 端面 I 对两端小圆柱公共轴线的轴向圆跳动公差值为 0.01 mm。

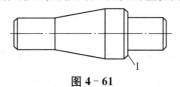

图 4－61

第 5 章 表面粗糙度及检测

本章要点：

1. 了解表面粗糙度的概念及其对机械零件使用性能的影响。

2. 熟悉表面粗糙度的国家标准，掌握表面粗糙度常用评定参数的含义、代号及标注方法，能正确理解图样上表面粗糙度代号的技术含义。

3. 初步掌握表面粗糙度的选用原则及选用方法。

4. 了解表面粗糙度的常用检测方法及其原理。

§5.1 概 述

一、表面结构及表面粗糙度的概念

在机械加工过程中，刀具或砂轮切削后遗留的刀痕、切削过程中切屑分离时表层金属材料的塑性变形以及工艺系统的高频振动等原因，会使零件的加工表面上产生许多微小的峰谷，这些微小峰谷的高低程度和间距状况构成了零件的微观几何形状特征。

零件表面的微观几何特征用表面结构参数表示。表面结构在轮廓法（一种表面地形学测量法，它生成一个表面不规则的二维图形或轮廓作为测量数据，这组数据可以用数学方法表示为高度函数）中是对原始轮廓、粗糙度轮廓和波纹度轮廓的总称（见图 5-1），表面结构参数是在这三个轮廓的基础上评定出来的，分别称为原始轮廓参数（P 参数）、粗糙度参数（R 参数）和波纹度参数（W 参数）。

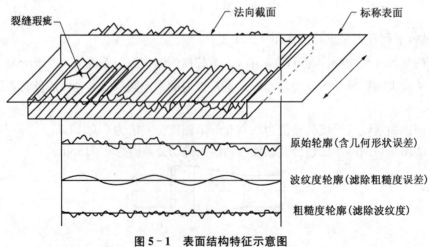

图 5-1 表面结构特征示意图

划分三种轮廓的基础是波长,每种轮廓都定义于一定的波长范围内,这个波长范围称为该轮廓的传输带。传输带用截止短波波长值和截止长波波长值表示,国家标准中规定粗糙度轮廓传输带的截止波长值为 λ_s(短波)和 λ_c(长波),波纹度轮廓传输带的截止波长值为 λ_c(短波)和 λ_f(长波),原始轮廓的截止波长值为 λ_s(短波),长波无限制($\lambda_s < \lambda_c < \lambda_f$)。粗糙度的默认传输带为 $0.0025 \sim 0.8$ mm。

现代研究表明在表面结构中对工件功能影响最大的是粗糙度轮廓,因此人们常说的表面结构参数不特别说明一般是指表面粗糙度参数。表面粗糙度数值的大小直接影响产品的质量。因此,在保证零件尺寸、形状和位置精度的同时,对表面粗糙度要有相应的要求,特别是对高速度、高精度和密封要求严的产品,更为重要。本章只介绍表面粗糙度的有关内容。

二、表面粗糙度对机械零件使用性能的影响

表面粗糙度对机械零件的耐磨性、配合性质、抗腐蚀性、疲劳强度及密封性都有很大影响,尤其对在高温、高速、高压条件下工作的机械零件影响更大。

1. 影响零件的耐磨性

表面越粗糙,则摩擦阻力越大,零件的磨损也越快;表面过于光滑,磨损下来的金属微粒的刻划作用以及润滑油被挤出和分子间的吸附作用,也会使摩擦阻力增加,表面磨损反而加剧。

2. 影响配合性质的稳定性

对于间隙配合,零件表面微观不平的峰顶在工作过程中很快被磨掉而使间隙增大;对于过盈配合,配合零件经过压装后,零件表面的峰顶会被挤平,使有效过盈减小,降低了连接强度;对于过渡配合,因多用压力及锤敲装配,表面粗糙度会使配合变松。

3. 影响零件的抗疲劳强度

零件在交变载荷、重载荷及高速工作条件下,其破坏多半是因为应力集中产生了疲劳裂纹。零件表面越粗糙,对应力集中越敏感,特别是在交变载荷作用下,零件表面凹谷处容易产生应力集中而引起零件的损坏。

4. 影响零件的抗腐蚀性

腐蚀性介质容易在零件表面凹谷聚集,不易清除,从而产生金属腐蚀。零件表面越粗糙,凹谷越深,谷底越尖,零件的耐腐蚀性越差。

5. 影响零件的密封性

粗糙不平的两个结合表面,仅在局部点上接触必然产生缝隙,气体或液体通过接触面间的缝隙渗漏,影响密封性。

此外,表面粗糙度还对零件的外观、测量精度、接触刚度、表面光学性能、导电导热性能等都有不同程度的影响。因此,为保证零件的使用性能和互换性,在零件精度设计时,必须提出合理的表面粗糙度要求。

§5.2 表面粗糙度的评定

一、基本术语和定义

1. 表面轮廓
表面轮廓是指定平面与实际表面相交所得的轮廓,如图 5-2 所示。

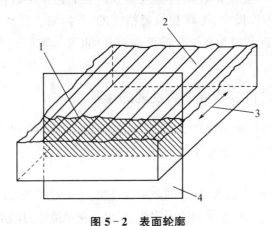

图 5-2 表面轮廓

1—表面轮廓;2—实际表面;3—加工纹理方向;4—平面

2. 取样长度(l_r)
取样长度是指用于判别被评定轮廓的不规则特征的一段长度,取样长度方向与轮廓走向一致,如图 5-3 所示。规定取样长度的目的是限制和减小其他几何形状误差,特别是表面波度对表面粗糙度测量结果的影响。

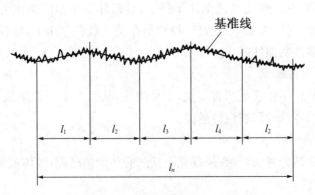

图 5-3 取样长度和评定长度

取样长度应与表面粗糙度的要求相适应,见表 5-1。取样长度过短,不能反映表面粗糙度的实际情况;取样长度过长,表面粗糙度的测量值又会把表面波度的成分包括进去。在取样长度范围内,一般应包含 5 个以上的轮廓峰和轮廓谷。

表 5 - 1　取样长度和评定长度的选用值(摘自 GB/T 1031—2009)

$Ra/\mu m$	$Rz/\mu m$	l_r/mm	l_n/mm
≥0.008～0.02	≥0.025～0.10	0.08	0.4
>0.02～0.1	>0.10～0.50	0.25	1.25
>0.1～2.0	>0.50～10.0	0.8	4.0
>2.0～10.0	>10.0～50.0	2.5	12.5
>10.0～80.0	>50.0～320	8.0	40.0

3. 评定长度(l_n)

评定长度是指评定表面粗糙度时所必需的一段长度,如图 5 - 3 所示。由于零件表面的表面粗糙度不一定很均匀,为了合理、客观地反映表面质量,通常取几个连续取样长度作为评定长度,一般取 $l_n = 5l_r$,见表 5 - 1。如果零件表面比较均匀,可取 $l_n < 5l_r$;反之,取 $l_n > 5l_r$。

4. 基准线

基准线是指用以评定表面粗糙度参数值大小的一条参考线,基准线通常有轮廓最小二乘中线和轮廓算术平均中线两种。

(1) 轮廓最小二乘中线。在取样长度范围内,实际被测轮廓线上的各点至一条假想线的距离的平方和为最小,即 $\sum_{i=1}^{n} z_i^2 = \min$,这条假想线就是最小二乘中线,如图 5 - 4(a)中的 O_1O_1' 和 O_2O_2'。

(2) 轮廓算术平均中线。在取样长度内,由一条假想线将实际轮廓分成上、下两部分,而且使上部分面积之和等于下部分面积之和,即 $\sum_{i=1}^{n} F_i = \sum_{i=1}^{n} F_i'$,这条假想线就是轮廓算术平均中线,如图 5 - 4(b) 中的 O_1O_1' 和 O_2O_2'。

注:在轮廓图形上确定最小二乘中线的位置比较困难,在实际生产中可用轮廓算术平均中线代替轮廓最小二乘中线。

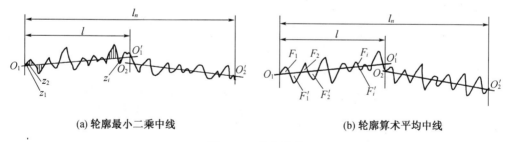

(a) 轮廓最小二乘中线　　　　　　　　　(b) 轮廓算术平均中线

图 5 - 4　轮廓中线

二、表面粗糙度的评定参数

国家标准 GB/T 3505—2009 规定的评定表面粗糙度的参数有幅度参数、间距参数、混合参数等,其中幅度参数是主要的评定参数。

1. 轮廓的幅度参数

(1) 轮廓的算术平均偏差 R_a。轮廓的算术平均偏差 R_a 是指在一个取样长度 l_r 内,被测表面轮廓上各点至基准线距离 z_i 的绝对值的算术平均值,如图 5-5 所示。

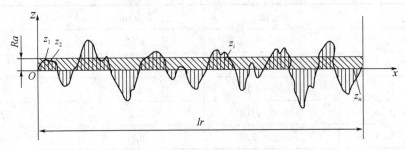

图 5-5 轮廓算术平均偏差 R_a

Ra 的数学表达式为

$$Ra = \frac{1}{l_r} \int_0^{lr} \mid z(x) \mid \mathrm{d}x \tag{5-1}$$

或近似为

$$Ra = \frac{1}{n} \sum_{i=1}^{n} \mid z_i \mid \tag{5-2}$$

Ra 参数能较全面客观地反映表面微观几何形状特征,其值越大,则表面越粗糙。Ra 一般可用电动轮廓仪进行测量,是普遍采用的评定参数。

(2) 轮廓的最大高度 Rz。轮廓的最大高度 Rz 是指在一个取样长度 l_r 内,最大轮廓峰高 Z_p 和最大轮廓谷深 Z_v 之和的高度,如图 5-6 所示。

Rz 的数学表达式为

$$Rz = Z_p + Z_v \tag{5-3}$$

Rz 值越大,表面加工的痕迹越深。由于 Rz 值是轮廓峰高和谷深垂直距离之和,所以它不能反映表面的全面几何特征。但对某些不允许出现较深加工痕迹,常在交变应力作用下的工作表面,如齿廓表面等,标注 Rz 参数。

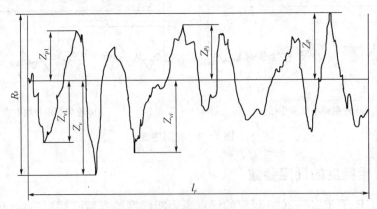

图 5-6 轮廓最大高度 Rz

注:旧国标 GB/T 3505—1983 中,符号 Rz 用于表示"微观不平度十点高度","轮廓的最大高度"用符号 Ry 表示。

幅度参数 Ra、Rz 是标准规定必须标注的参数(二者按需取其一或全部标注),故又称为基本参数。

2. 轮廓的间距参数

轮廓单元的平均宽度 RSm 是指在一个取样长度 l_r 内,轮廓单元宽度 X_s 的平均值,如图 5 - 7 所示。

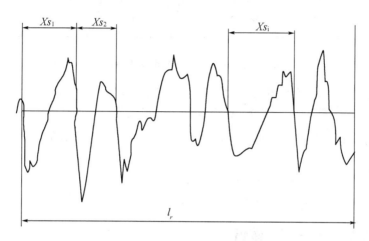

图 5 - 7　轮廓单元的平均宽度 RSm

注:粗糙度轮廓峰和轮廓谷的组合称为粗糙度轮廓单元,中线与粗糙度轮廓单元相交线段的长度称为轮廓单元的宽度,用符号 X_s 表示。

RSm 的数学表达式为

$$RSm = \frac{1}{m} \sum_{i=1}^{m} X_{s_i} \tag{5-4}$$

RSm 值越小,表示轮廓表面越细密,密封性越好。

3. 混合参数

轮廓的支承长度率 $Rmr(c)$ 是指在给定水平位置 c 上轮廓的实体材料长度 $Ml(c)$ 与评定长度的比率,如图 5 - 8 所示。

$Rmr(c)$ 的数学表达式为

$$Rmr(c) = \frac{Ml(c)}{l_n} \tag{5-5}$$

式中,$Ml(c) = Ml_1 + Ml_2 + \cdots + Ml_n$。

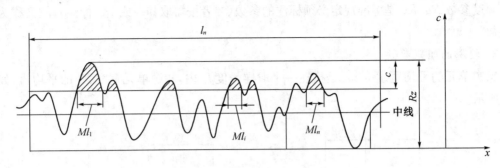

图 5-8　轮廓的支承长度率 $Rmr(c)$

注:水平位置 c 上轮廓的实体材料长度 $Ml(c)$ 是指评定长度内,在一水平位置 c 上,用一条平行于 x 轴的直线从峰顶向下移一水平截距 c 时,与轮廓单元相截所得的各段截线长度之和。

$Rmr(c)$ 是评定轮廓的曲线和相关参数,当 c 值一定时,$Rmr(c)$ 值越大,则零件表面的支承能力和耐磨性越好。

轮廓单元的平均宽度 RSm 和轮廓的支承长度率 $Rmr(c)$ 相对于幅度参数而言是附加参数,只有在零件表面有特殊要求时才选用。

三、表面粗糙度的评定参数值

表面粗糙度的评定参数值已经标准化,设计时应根据国家标准规定的参数值系列选取。国家标准 GB/T 1031—2009 对参数系列值的规定分为基本系列和补充系列,要求优先选用基本系列值,见表 5-2~表 5-5。

表 5-2　轮廓的算术平均偏差 R_a 的数值　　　　　　　　　　　　　(μm)

基本系列	补充系列	基本系列	补充系列	基本系列	补充系列	基本系列	补充系列
	0.008						
	0.010						
0.012			0.125		1.25	12.5	
	0.016		0.160	1.60			16.0
	0.020	0.20			2.0		20
0.025			0.25		2.5	25	
	0.032		0.32	3.2			32
	0.040	0.40			4.0		40
0.050			0.50		5.0	50	
	0.063		0.63	6.3			63
	0.080	0.80			8.0		80
0.100			1.00		10.0	100	

表 5-3　轮廓最大高度 Rz 的数值　　　　　　　　　　　　　　（μm）

基本系列	补充系列	基本系列	补充系列	基本系列	补充系列	基本系列	补充系列	基本系列	补充系列
0.025			0.25		2.5	25			250
	0.032		0.32	3.2			32		320
	0.040	0.40			4.0	40		400	
0.050			0.50		5.0	50			500
	0.063		0.63	6.3			63		630
	0.080	0.80			8.0	80		800	
0.100			1.0		10.0	100			1 000
	0.125		1.25	12.5			125		1 250
	0.160	1.60			16.0	160		1 600	
0.20			2.0		20	200			

表 5-4　轮廓单元的平均宽度 RSm 的数值　　　　　　　　　　（μm）

基本系列	补充系列	基本系列	补充系列	基本系列	补充系列	基本系列	补充系列
	0.002		0.023		0.25		2.5
	0.003	0.025			0.32	3.2	
	0.004		0.040	0.4			4.0
	0.005	0.05			0.5		5.0
0.006			0.063		0.63	6.3	
	0.008		0.080	0.8			8.0
	0.010	0.1			1.00		10.0
0.012 5			0.125		1.25	12.5	
	0.016		0.160	1.6			
	0.020	0.2			2.0		

表 5-5　轮廓的支承长度率 $Rmr(c)$ 的数值　　　　　　　　　　（μm）

$Rmr(c)$（%）	10	15	20	25	30	40	50	60	70	80	90

注:选用 $Rmr(c)$ 值时必须同时给出 c 值,c 值可用微米（μm）或其对 Rz 值的百分比表示,其系列如下:5%,10%,15%,20%,25%,30%,40%,50%,60%,70%,80%,90%。

§5.3　表面粗糙度的标注

国家标准 GB/T 131—2006 对表面粗糙度的符号、代号及其标注作了规定,简要介绍如下。

一、表面粗糙度符号

表面粗糙度的图形符号的画法及含义见表 5-6。若仅需要加工(采用去除材料的方法或不去除材料的方法)但对表面粗糙度的其他规定没有要求时,允许只注表面粗糙度符号。

表 5-6   表面粗糙度符号(摘自 GB/T 131—2006)

符号	意义及说明
	基本符号,表示表面可用任何方法获得。当不加注粗糙度参数值或有关说明(例如表面处理、局部热处理状况等)时,仅适用于简化代号标注
	基本符号加一短画,表示表面是用去除材料的方法获得的。例如车、铣、钻、磨、剪切、抛光、腐蚀、电火花加工、气割等
	基本符号加一小圆,表示表面是用不去除材料的方法获得的。例如铸、锻、冲压变形、热轧、冷轧、粉末冶金等。或者是用于保持供应状况的表面(包括保持上道工序的状况)
	在上述三个符号的长边上均可加一横线,用于标注有关参数和说明
	在上述三个符号上均可加一小圆,表示在图样的某个视图上构成封闭轮廓线的所有表面具有相同的表面粗糙度要求

二、表面粗糙度代号及其标注

为了明确表面粗糙度要求,除了标注参数代号及数值,必要时应标注补充要求。补充要求包括传输带,取样长度、加工工艺、表面纹理及方向、加工余量等。

表面粗糙度的代号、数值及补充要求在符号中注写的位置,如图 5-9 所示。

a——注写表面结构的单一要求;

b——和 a 处一起注写两个或多个表面结构要求;

c——注写加工方法,如"车"、"磨"、"镀"等;

d——注写表面纹理方向符号,见表 5-8;

e——注写加工余量数值(单位为 mm)。

其中,表面结构要求通过几个不同的控制元素建立,见图 5-10。

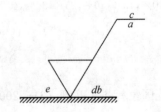

图 5-9   表面粗糙度代号及注法

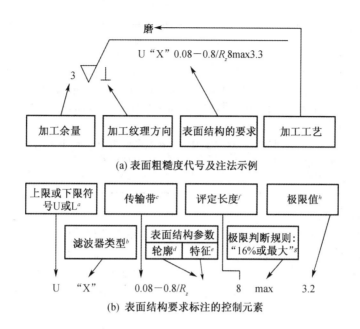

(a) 表面粗糙度代号及注法示例

(b) 表面结构要求标注的控制元素

图 5 - 10　表面粗糙度代号及注法示例及表面结构要求标注的控制元素

a—上限或下限符号 U 或 L;b—滤波器类型"X"。标准滤波器是高斯滤波器,代替了 2RC
滤波器。c—传输带标注为短波或长波滤波器;d—轮廓(R、W 或 P);e—特征/参数;f—评定长
度包含若干个取样长度;默认评定长度:$l_n = 5l_r$;g—极限判断规则("16%规则"或"最大规则");
h—以微米为单位的极限值。

表面粗糙度代号标注示例见表 5 - 7。

表 5 - 7　表面粗糙度代号标注示例(摘自 GB/T 131—2006)

代　号	意　义
$\sqrt{}$ $Rz\ 0.4$	表示不去除材料,单向上限值,默认传输带,Rz 上限值为 0.4 μm,评定长度为 5 个取样长度(默认),"16%规则"(默认)
$\sqrt{}$ $Rz\max\ 0.2$	表示去除材料,单向极限值,默认传输带,Rz 最大值为 0.2 μm,评定长度为 5 个取样长度(默认),"最大规则"
$\sqrt{}$ U $Ra\max\ 3.2$ L $Ra\ 0.8$	表示不允许去除材料,双向极限值,两极限值均使用默认传输带,Ra 最大值为 3.2 μm,评定长度为 5 个取样长度(默认),"最大规则";Ra 下限值为 0.8 μm,评定长度为 5 个取样长度(默认),"16%规则"(默认)
$\sqrt{}$ L $Ra\ 1.6$	表示任意加工方法,单项下限值,默认传输带,Ra 下限值为 1.6 μm,评定长度为 5 个取样长度(默认),"16%规则"(默认)
$\sqrt{}$ $0.008-0.8/Ra\ 3.2$	表示去除材料,单向上限值,传输带 0.008 - 0.8 mm(取样长度 0.8 mm),Ra 上限值为 3.2 μm,评定长度为 5 个取样长度(默认),"16%规则"(默认)
$\sqrt{}$ $-0.8/Ra\ 3\ 3.2$	表示去除材料,单向上限值,传输带 -0.8 mm(取样长度 0.8 mm),Ra 上限值为 3.2 μm,评定长度为 3 个取样长度,"16%规则"(默认)

(续表)

代　号	意　义
铣 $\sqrt{}$　$Ra\ 0.8$ $\perp\ -2.5/Rz\ 3.2$	表示去除材料,两个单向上限值:① 默认传输带和评定长度,Ra 上限值为 0.8 μm,"16%规则"(默认);② 传输带为 -2.5 mm,默认评定长度,Rz 上限值为 3.2 μm,"16%规则"(默认)。表面纹理垂直于视图所在的投影面。加工方法为铣削
$3\sqrt{}$　$0.008-4/Ra\ 50$ 　$0.008-4/Ra\ 63$	表示去除材料,双向极限值:Ra 上限值为 50 μm,下限值为 6.3 μm;两极限值传输带均为 $0.008\sim4$ mm(取样长度为 4 mm),默认的评定长度;"16%规则"(默认)。加工余量为 3 mm

标注时注意以下几点:

(1) 表面粗糙度的幅度参数 Ra 和 Rz 除标注数值外均需在数值前标出相应的代号。

(2) 当允许实测值中,超过规定值的个数少于总数的 16% 时,称为"16%规则";当所有实测值不允许超过规定值时,称为"最大化规则"(默认的极限判断规则为"16%规则")。

(3) 若按国家标准推荐值选取取样长度时,在图样上可以省略标注,否则应标注在长边的横线下方。

(4) 若某表面的表面粗糙度要求由指定的加工方法获得时,可用文字标注在符号长边的横线上面。

(5) 若需要标注加工余量,可在规定之处加注余量值。

(6) 若需控制表面加工纹理方向时,可在符号的右边加注加工纹理方向符号。常见的加工纹理方向符号见表 5-8。

表 5-8　常见的加工纹理方向符号(摘自 GB/T 131—1993)

符号	说明	示意图	符号	说明	示意图
=	纹理平行于标注代号的视图的投影面		C	纹理呈近似同心圆	
$\perp$	纹理垂直于标注代号的视图的投影面		R	纹理呈近似放射形	
×	纹理呈两相交的方向		P	纹理无方向或呈凸起的细粒状	
M	纹理呈多方向				

注:(1) 若表中所列符号不能清楚地表明所要求的纹理方向时,应在图样上用文字说明。

(2) 若没指定测量方向时,则默认测量方向垂直于被测表面加工纹理;对无方向的表面,测量截面的方向可以是任意的。

三、表面粗糙度在图样上的标注方法

　　表面粗糙度要求对每一表面一般只标注一次,并尽可能标注在相应的尺寸及其公差的同一视图上,除非另有说明,所标注的表面粗糙度要求是对完工零件的要求。

　　在图样上标注时,可将其代号标注在可见轮廓线、尺寸线及其延长线上,也可用指引线引出标注,符号的尖端必须从材料外指向并接触表面,表面粗糙度注写和读取方向与尺寸的注写和读取方向一致,见图 5 - 11、图 5 - 12、图 5 - 13。

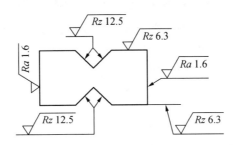

图 5 - 11　表面粗糙度要求在轮廓线上的标注

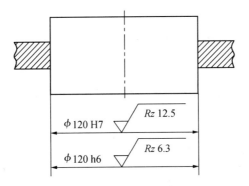

图 5 - 12　表面粗糙度标注在尺寸线上

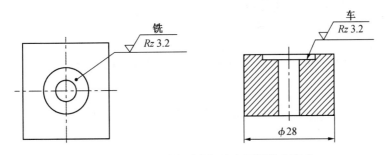

图 5 - 13　用指引线引出标注表面粗糙度要求

　　表面粗糙度还可以标注在几何公差框格上,如图 5 - 14。

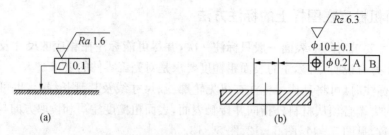

图 5‑14 表面粗糙度标注在几何公差框格的上方

如果在工件的多数(包括全部)表面有相同的表面粗糙度要求时,可以统一标注在标题栏附近。此时,表面粗糙度符号后面要有:(1) 在圆括号内给出无任何其他标注的基本符号;(2) 在圆括号内给出不同的表面粗糙度要求。而不同的表面粗糙度要求应直接标注在图形中。见图 5‑15、图 5‑16。

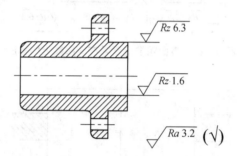

图 5‑15 大多数表面有相同表面结构要求的简化注法(一)

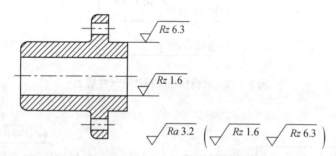

图 5‑16 大多数表面有相同表面结构要求的简化注法(二)

§5.4 表面粗糙度的选用

一、表面粗糙度评定参数的选用

在选用表面粗糙度评定参数时,应使其能够充分合理地反映表面微观几何特征的真实情况。对大多数表面来说,给出幅度参数即可反映被测表面粗糙度的特征。因此,国标中规定,表面粗糙度评定参数应从幅度参数(Ra 或 Rz)中选取,间距参数只在幅度参数不能满足表面功能要求时,才附加选用。

评定参数 Ra 能够较客观地反映表面微观几何形状特征,且用电动轮廓仪比较方便地连续测量,测量效率高。因此,国家标准推荐,在常用的参数值范围(Ra 为 $0.025\sim6.3\ \mu m$,Rz 为 $0.100\sim25\ \mu m$)内,应优先选用 Ra 参数。

评定参数 Rz 常用于测量部位小、峰谷少或有疲劳强度要求的零件表面的评定。Ra 与 Rz 也可以联合使用,可以评定某些不允许出现较大的加工痕迹和受交变应力作用的表面,特别是在对表面有抗疲劳强度要求时,宜选用 Ra、Rz 联合使用。

附加参数 RSm 主要在涂漆性能,冲压成形时防止引起裂纹、抗震、抗腐蚀、减小流体流动摩擦阻力等要求时附加选用。$Rmr(c)$ 主要在表面承受重载和耐磨性、接触刚度要求高等场合才附加选用。

二、表面粗糙度参数值的选用

选用表面粗糙度参数值的原则是:在满足使用要求的前提下,尽量选用较大的粗糙度参数值,放大粗糙度的允许值。这样有利于减小加工难度,降低制造成本。

表面粗糙度参数值可以按 GB/T 1031—2009《表面粗糙度参数及其数值》的规定选取。表面粗糙度基本参数的数值系列见表 5-2~表 5-5。选用时应优先选用第 1 系列中的数值。

选用表面粗糙度参数值时通常采用类比法。表 5-9 列出了孔和轴的表面粗糙度参数推荐值,表 5-10 给出不同表面粗糙度的表面特征、经济加工方法及应用举例,可供选用时参考。

表 5-9　轴和孔的表面粗糙度参数推荐值

应用场合			$Ra/\mu m$	
示例	公差等级	表面	公称尺寸/mm	
			≤50	>50~500
经常装拆零件的配合表面 (如挂、滚刀等)	IT5	轴	≤0.2	≤0.4
		孔	≤0.4	≤0.8
	IT6	轴	≤0.4	≤0.8
		孔	≤0.8	≤1.6
	IT7	轴	≤0.8	≤1.6
		孔		
	IT8	轴	≤0.8	≤1.6
		孔	≤1.6	≤3.2
过盈配合的配合表面 (1)用压力机装配	IT5	轴	≤0.2	≤0.4
		孔	≤0.4	≤0.8
	IT6	轴	≤0.4	≤0.8(>50~120)
	IT7	孔	≤0.8	≤1.6
	IT8	轴	≤0.8	≤1.6(>50~120)
		孔	≤1.6	≤3.2
过盈配合的配合表面 (2)用热孔法装配	—	轴	≤1.6	≤3.2
		孔	≤3.2	≤3.2

（续表）

应用场合			$Ra/\mu m$					
示例	公差等级	表面	公称尺寸/mm					
			≤50			>50～500		
滑动轴承的配合表面	IT6～IT9	轴	≤0.8					
		孔	≤1.6					
	IT10～IT12	轴	≤3.2					
		孔	≤3.2					
精密定心零件的配合表面	公差等级	表面	径向跳动/μm					
			2.5	4	6	10	16	25
	IT5～IT8	轴	≤0.05	≤0.1	≤0.1	≤0.2	≤0.4	≤0.8
		孔	≤0.1	≤0.2	≤0.2	≤0.4	≤0.8	≤1.6

表 5-10　表面粗糙度的表面特征、经济加工方法及应用举例

表面微观特性		$Ra/\mu m$	加工方法	应用举例
粗糙表面	微见刀痕	≤20	粗车、粗刨、粗铣、钻、毛锉、锯断	半成品粗加工过的表面,非配合的加工表面,如轴端面、倒角、钻孔、齿轮和皮带轮侧面、键槽地面、垫圈接触面
半光表面	微见加工痕迹	≤10	车、刨、铣、镗、钻、粗铰	轴上不安装轴承、齿轮处的非配合表面,紧固件的自由装配表面,轴和孔的退刀槽
	微见加工痕迹	≤5	车、刨、铣、镗、磨、拉、粗刮、滚压	半精加工表面,箱体、支架、盖面、套筒等和其他零件结合而无配合要求的表面,需要发蓝的表面等
	看不清加工痕迹	≤2.5	车、刨、铣、镗、磨、拉、刮、压、铣齿	接近于精加工表面,箱体上安装轴承的镗孔表面,齿轮的工作面
光表面	可辨加工痕迹方向	≤1.25	车、镗、磨、拉、刮、精铰、磨齿、滚压	圆柱销、圆锥销,与滚动轴承配合的表面,普通车床的导轨面,内外花键定心表面
	微辨加工痕迹方向	≤0.63	精铰、精镗、磨、刮、滚压	要求配合性质稳定的配合表面,工作时受交变应力的重要零件,较高精度车床的导轨面
	不可辨加工痕迹方向	≤0.32	精磨、磨、研磨、超精加工	精密机床主轴锥孔、顶尖圆锥面、发动机曲轴、凸轮轴工作表面,高精度齿轮齿面

（续表）

表面微观特性		$Ra/\mu m$	加工方法	应用举例
极光表面	暗光泽面	≤0.16	精磨、研磨、普通抛光	精密机床主轴轴颈表面,一般量规工作表面,气缸套内表面,活塞销表面
	亮光泽面	≤0.08	超精磨、精抛光、镜面磨削	精密机床主轴轴颈表面,滚动轴承的滚珠,高压油泵中柱塞和柱塞套配合表面
	镜状光泽面	≤0.04		
	镜面	≤0.01	镜面磨削、超精研	高精度量仪、量块的工作表面,光学仪器重金属镜面

根据类比法初步确定表面粗糙度参数值后,再对比工作条件应用以下原则作适当调整:

（1）同一零件上,工作表面的粗糙度参数值要比非工作表面要小。

（2）摩擦表面比非摩擦表面、滚动摩擦表面比滑动摩擦表面的粗糙度参数值应小些。

（3）运动速度高、压强大、受交变载荷的零件表面,以及容易产生应力集中的圆角、沟槽处,表面粗糙度参数值应小些。

（4）配合性质要求稳定,如小间隙配合表面、受重载荷作用的过盈配合表面应有较小的表面粗糙度参数值。

（5）有防腐蚀、密封性要求和外表美观的表面,应有较小的表面粗糙度参数值。

（6）在确定表面粗糙度参数值时,应注意与尺寸公差和形状公差协调。通常,尺寸和形状公差小,表面粗糙度也要小,参见表 5-11。

表 5-11　表面粗糙度与尺寸公差、形状公差的关系

形状公差 t 占尺寸公差 T 的百分比 $t/T(\%)$	表面粗糙度参数值占尺寸公差的百分比	
	$Ra/T(\%)$	$Rz/T(\%)$
≈60	≥5	≥20
≈40	≥2.5	≥10
≈20	≥1.2	≥5

需要说明的是,表面粗糙度的参数值和尺寸公差、形状公差之间并不存在必然的函数关系。如机器和仪器上的手轮、手柄、外壳等部位,其尺寸、形状精度要求并不高,但表面粗糙度要求高。

（7）凡已有专门标准对表面粗糙度作出了具体规定(如滚动轴承、齿轮等),则应按该标准确定表面粗糙度参数值。

§5.5　表面粗糙度的检测

目前,常用的表面粗糙度的检测方法主要有比较法、光切法、干涉法和针描法等。

一、比较法

比较法是将被测表面与表面粗糙度样板比较,通过视觉、触觉或其他方法进行比较,对被查表面的表面粗糙度作出判断的一种方法。表面粗糙度样板如图 5-17 所示。

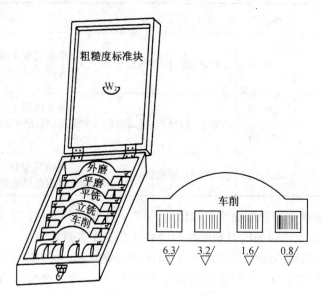

图 5-17　表面粗糙度样板

表面粗糙度样板的选择应使其与工件的材料、形状、加工方法、加工纹理方向等尽可能相同，否则将产生较大的误差。因此，最合理的办法是从一批加工零件中挑选出合乎要求的零件，作为比较检验的样板。

比较法简单实用，适合于车间生产检验。其缺点是不能精确地得出被测表面的粗糙度数值，评定结果的可靠性很大程度上取决于检验人员的经验，精度较低。

二、光切法

光切法是应用光切原理测量表面粗糙度的一种测量方法。常用的仪器是光切显微镜，又称双管显微镜，如图 5-18 所示。

光切显微镜的工作原理如图 5-19 所示。根据光切原理设计的光切显微镜由两个镜管组成，一个是投影照明镜管，另一个是观察镜管，两光管轴线互成 $90°$。在照明镜管中，光源发出

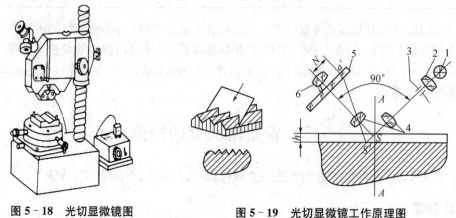

图 5-18　光切显微镜图　　　**图 5-19　光切显微镜工作原理图**

1—光源；2—聚光镜；3—狭缝；4—物镜；5—分划板；6—目镜

的光线经聚光镜 2、狭缝 3 及物镜 4 后,以 45°的倾斜角照射在具有微小峰谷的被测工件表面上,形成一束平行的光带,表面轮廓的波峰在 S 点处产生反射,波谷在 S' 点处产生反射。通过观察镜管的物镜,分别成像在分划板 5 上的 a 与 a' 点,从目镜中可以观察到一条与被测表面相似的齿状亮带,通过目镜分划板与测微器,可以测出 aa' 之间的距离 N,则被测表面的微观不平度的峰谷高度为

$$h = \frac{N}{V}\cos 45° = \frac{N}{\sqrt{2}V} \tag{5-6}$$

式中,V 为观察镜管的物镜放大倍数。

光切法主要用于测量 Rz 值,其测量范围范围一般为 $0.8 \sim 50\ \mu m$。这种仪器适宜测量用车、铣、刨等加工方法所加工的零件平面。

三、干涉法

干涉法是利用光波干涉原理测量表面粗糙度的一种测量方法。常用的仪器是干涉显微镜,如图 5-20 所示。干涉显微镜主要用于测量 Rz 值,其测量范围为 Rz $0.05 \sim 0.8\ \mu m$,适用于测量表面粗糙度要求较高的表面。

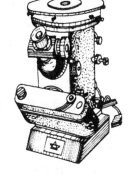

图 5-20　干涉显微镜

四、针描法

针描法是一种接触式测量表面粗糙度的方法。该方法测量快速可靠,操作简便,易于实现自动测量和微机数据处理,但被测表面易被触针划伤。

用针描法测量表面粗糙度时,常用的仪器是电动轮廓仪,如图 5-21 所示。电动轮廓仪可直接显示 Ra 值,测量精度高,适宜于测量 Ra 值的范围为 $0.02 \sim 5\ \mu m$。

图 5-22 是电感式轮廓仪的测量原理示意图。传感器侧杆上的触针与被测表面接触,当触针以一定的速度沿被测表面移动时,工件表面微观不平痕迹被传感器感受到并将其转化为电信号,电信号经过滤波处理,将表面轮廓上属于形状误差和波度的成分滤去,留下只属于表面粗糙度的轮廓曲线信号,经放大器、计算器处理后直接显示出 Ra 值,也可经过放大器驱动记录装置,画出被测的轮廓图形。仪器配有各种附件,以适应平面、内外圆柱面、圆锥面、球面以及小孔、沟槽等形状的工件表面测量。

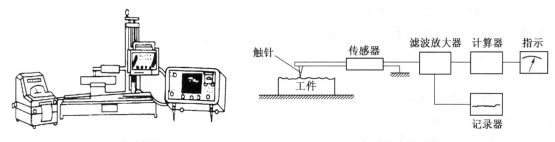

图 5-21　电动轮廓仪　　　　图 5-22　电动轮廓仪测量原理示意图

随着电子技术的进步,某些电动轮廓仪还可将表面粗糙度的凹凸不平作三维处理。测量时应在相互平行的多个截面上进行,通过模-数转换器,将模拟量转换为数字量,送入计算机进行数

据处理,记录其三维放大图形,并得出等高线图形,从而更加合理地评定被测面的表面粗糙度。

思考题与习题

一、判断题

1. Rz 参数由于测量点不多,因此在反映微观几何形状高度方面的特性不如 Ra 充分。

(　　)

2. Rz 参数对某些表面上不允许出现较深的加工痕迹和小零件的表面质量有实用意义。

(　　)

3. 选择表面粗糙度评定参数值时应尽量小好。　　　　　　　　　　　　　(　　)

4. 评定表面轮廓粗糙度所必需的一段长度称取样长度,它可以包含几个评定长度。(　　)

5. 零件的表面粗糙度值越小,则零件的尺寸精度应越高。　　　　　　　　(　　)

6. 受交变载荷的零件,其表面粗糙度值应小。　　　　　　　　　　　　　(　　)

二、选择题

1. 表面粗糙度的评定参数中,在常用数值范围内应优先选用_____。

A. Ra 　　　　　　　B. Rz 　　　　　　　C. RSm 　　　　　　　D. $Rmr(c)$

2. 表面粗糙度值越小,则零件的_____。

A. 耐磨性差 　　　　　　　　　　　　B. 配合精度低

C. 抗疲劳强度好 　　　　　　　　　　D. 密封性差

3. 选择表面粗糙度评定参数值时,下列论述正确的是_____。

A. 摩擦表面应比非摩擦表面的参数值大

B. 同一零件上工作表面应比非工作表面的参数值大

C. 要求配合稳定可靠时,参数值应小些

D. 尺寸精度要求较高时,参数值应大些

三、填空题

1. 表面粗糙度是指_____。

2. GB/T 3505—2009 规定的评定表面粗糙度的参数中,轮廓的幅度参数有_____和_____。(写出名称及代号)

3. 测量表面粗糙度时,规定取样长度的目的在于_____。

4. 表面粗糙度常用的检测方法有_____、_____、_____和_____。

四、将下列表面粗糙度的要求标注在图 5-23 上

(1) ϕD_1 孔的表面粗糙度参数 Ra 的最大值为 1.6 μm;

(2) ϕD_2 孔的表面粗糙度参数 Ra 的上、下限值应在 0.8~1.6 μm 的范围内;

(3) 凸缘右端面表面粗糙度参数 Rz 的上限值为 3.2 μm,加工纹理呈近似放射形;

(4) 其余表面的表面粗糙度参数 Ra 的上限值为 6.3 μm。

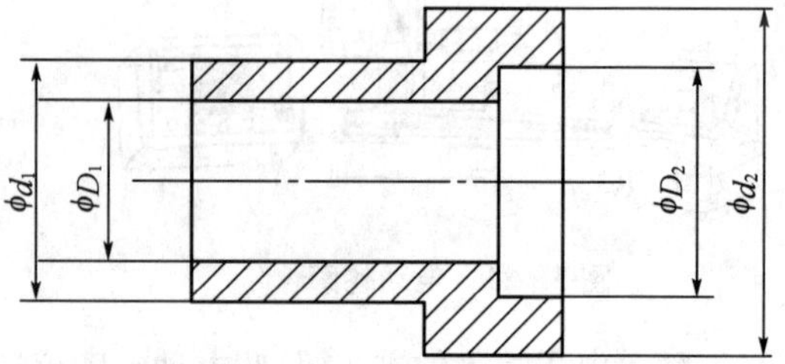

图 5-23　习题四图

第6章 光滑工件尺寸的检验与光滑极限量规

本章要点:

1. 掌握工件验收极限的确定方法。
2. 了解使用通用计量器具对工件进行测量和验收时,计量器具的选用方法。
3. 掌握光滑极限量规的用途、结构以及设计原则(公称尺寸、制造公差、结构形式及技术条件的确定)。

§6.1 光滑工件尺寸的检验

一、概述

工件尺寸的检测通常是使用普通计量器具来测量尺寸,并按规定的验收极限判断工件尺寸是否合格,是兼有测量和检验两种特性的综合鉴别过程。

按照设计要求,工件的真实尺寸必须处于规定的最大与下极限尺寸范围内。但是由于存在测量误差,测量工件所得到的尺寸并非真实尺寸。如果根据测得的尺寸是否超出极限尺寸来判断工件的合格性,即以工件的极限尺寸作为其尺寸的验收极限,则有可能把真实尺寸位于公差带上下两端外侧附近的不合格品误判为合格品而接收,造成误收;也有可能将真实尺寸处于公差带上下两端内侧附近的合格品判为废品,造成误废。误收会影响产品质量,误废会造成经济损失。因此,在测量工件尺寸时,必须正确确定验收极限。

为了保证产品质量,国家标准 GB/T 3177—2009《光滑工件尺寸的检验》对验收原则、验收极限、检验尺寸用的计量器具的选择等作出了规定,以保证验收合格的尺寸位于根据零件功能要求而确定的尺寸极限内。

二、验收极限

GB/T 3177—2009 规定的验收原则是:所有验收方法应只接收位于规定的尺寸极限之内的工件。即允许有误废而不允许有误收。为了保证零件既能满足互换性要求,又能将误废减至最少,国家标准规定了验收极限。

验收极限是指检验工件尺寸时判断其尺寸合格与否的尺寸界限。国家标准规定了两种验收极限方式,并明确了相应的计算公式。

1. 方式一:内缩的验收极限

内缩的验收极限是从规定的最大实体极限(MML)和最小实体极限(LML)分别向工件公

差带内移动一个安全裕度(A)来确定,如图 6-1 所示。

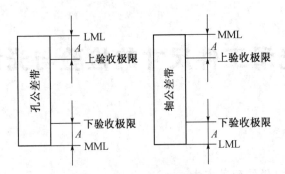

图 6-1　内缩的验收极限

$$工件上验收极限 = 上极限尺寸 - A$$
$$工件下验收极限 = 下极限尺寸 + A \qquad (6-1)$$

由于验收极限向工件的公差带内移动,为了保证验收时合格,在生产时工件不能按原来的极限尺寸加工,应按由验收极限所确定的范围生产,这个范围称为"生产公差"。

$$生产公差 = 上验收极限 - 下验收极限 \qquad (6-2)$$

A 值选择得大,易于保证产品质量,但生产公差减小过多,误废率相应增大,加工的经济性差。A 值选择得小,加工经济性好,但为了保证较小的误收率,就要提高对计量器具精度的要求,带来计量器具选择的困难。因此国家标准规定 A 值按工件尺寸公差(T)的 1/10 确定,其常用数值见表 6-1。

表 6-1　安全裕度 A 与计量器具的测量不确定度允许值 u_1　　　　　　　　(μm)

公差等级		IT6					IT7					IT8					IT9				
公称尺寸 /mm		T	A	u_1			T	A	u_1			T	A	u_1			T	A	u_1		
大于	至			I	II	III			I	II	III			I	II	III			I	II	III
—	3	6	0.6	0.54	0.9	1.4	10	1.0	0.9	1.5	2.3	14	1.4	1.3	2.1	3.2	25	2.5	2.3	3.8	5.6
3	6	8	0.8	0.72	1.2	1.8	12	1.2	1.1	1.8	2.7	18	1.8	1.6	2.7	4.1	30	3.0	2.7	4.5	6.8
6	10	9	0.9	0.81	1.4	2.0	15	1.5	1.4	2.3	3.4	22	2.2	2.0	3.3	5.0	36	3.6	3.3	5.4	8.1
10	18	11	1.1	1.0	1.7	2.5	18	1.8	1.7	2.7	4.1	27	2.7	2.4	4.1	6.1	43	4.3	3.9	6.5	9.7
18	30	13	1.3	1.2	2.0	2.9	21	2.1	1.9	3.2	4.7	33	3.3	3.0	5.0	7.4	52	5.2	4.7	7.8	12
30	50	16	1.6	1.4	2.4	3.6	25	2.5	2.3	3.8	5.6	39	3.9	3.5	5.9	8.8	62	6.2	5.6	9.3	14
50	80	19	1.9	1.7	2.9	4.3	30	3.0	2.7	4.5	6.8	46	4.6	4.1	6.9	10	74	7.4	6.7	11	17
80	120	22	2.2	2.0	3.3	5.0	35	3.5	3.2	5.3	7.9	54	5.4	4.9	8.1	12	87	8.7	7.8	13	20
120	180	25	2.5	2.3	3.8	5.6	40	4.0	3.6	6.0	9.0	63	6.3	5.7	9.5	14	100	10	9.0	15	23
180	250	29	2.9	2.6	4.4	6.5	46	4.6	4.1	6.9	10	72	7.2	6.5	11	16	115	12	10	17	26
250	315	32	3.2	2.9	4.8	7.2	52	5.2	4.7	7.8	12	81	8.1	7.3	12	18	130	13	12	19	29
315	400	36	3.6	3.2	5.4	8.1	57	5.7	5.1	8.5	13	89	8.9	8.0	13	20	140	14	13	21	32
400	500	40	4.0	3.6	6.0	9.0	63	6.3	5.7	9.5	14	97	9.7	8.7	15	22	155	16	14	23	35

（续表）

公差等级	IT10					IT11					IT12					IT13			
公称尺寸 /mm		T	A	u_1			T	A	u_1			T	A	u_1			T	A	u_1	
大于	至			Ⅰ	Ⅱ	Ⅲ			Ⅰ	Ⅱ	Ⅲ			Ⅰ	Ⅱ			Ⅰ	Ⅱ
—	3	6	0.6	0.54	0.9	1.4	10	1.0	0.9	1.5	2.3	14	1.4	1.3	2.1	140	14	13	21
3	6	40	4.0	3.6	6.0	9.0	60	6.0	5.4	9.0	14	100	10	9.0	15	180	18	16	27
6	10	48	4.8	4.3	7.2	11	75	7.5	6.8	11	17	120	12	11	18	220	22	20	33
10	18	58	5.8	5.2	8.7	13	90	9.0	8.1	14	20	150	15	14	23	270	27	24	41
18	30	70	7.0	6.3	11	16	110	11	10	17	25	180	18	16	27	330	33	30	50
30	50	84	8.4	7.6	3	19	130	13	12	20	29	210	21	19	32	390	39	35	59
50	80	100	10	9.0	15	23	160	16	14	24	36	250	25	23	38	460	46	41	69
80	120	140	14	13	21	32	220	22	20	33	50	350	35	32	53	540	54	49	81
120	180	160	16	15	24	36	250	25	23	38	56	400	40	36	60	630	63	57	95
180	250	185	18	17	28	42	290	29	26	44	65	460	46	41	69	720	72	65	110
250	315	210	21	19	32	47	320	32	29	48	72	520	52	47	78	810	81	73	120
315	400	230	23	21	35	52	360	36	32	54	81	570	57	51	80	890	89	80	130
400	500	250	25	23	38	56	400	40	36	60	90	630	63	57	95	970	97	87	150

　　为了正确地选择计量器具,合理地确定验收极限,国家标准规定:在车间条件下,使用普通计量器具(如游标卡尺、千分尺、指示表及分度值不小于 0.000 5 mm,放大倍数不大于 2 000 倍的比较仪),测量公差值在 0.009～3.2 mm,尺寸至 1 000 mm 有配合要求的光滑工件尺寸,应按照内缩方案确定验收极限,其检验条件如下:

　　(1) 在验收工件时,只测量几次,多数情况下,只测量一次,并按一次测量结果来判断工件合格与否。测量几次是指对工件不同部位进行测量,了解各次测量的尺寸是否超出验收极限。

　　(2) 在车间实际情况下,由于普通计量器具用两点法测量的特点,一般只用来测量尺寸,不用来测量工件上可能存在的形状误差。尽管工件的形状误差通常依靠工艺系统的精度来控制,但某些形状误差对测量结果仍有影响。因此,工件的完善检验应分别对尺寸和形状进行测量,并将两者结合起来进行评定。

　　(3) 对温度、测量力引起的误差以及计量器具和标准器具的系统误差,一般不予修正。

　　2. 方式二:不内缩的验收极限

　　不内缩的验收极限等于规定的最大实体极限(MML)和最小实体极限(LML),即 A 值等于零,如图 6-2 所示。

$$工件上验收极限 = 上极限尺寸$$
$$工件下验收极限 = 下极限尺寸 \qquad (6-3)$$

图 6-2 不内缩的验收极限

验收极限方式的选择要结合尺寸功能要求及其重要程度、尺寸公差等级、测量不确定度和工艺等因素综合考虑。基本原则如下：

（1）对遵守包容要求（见第 4 章）的尺寸、公差等级小的尺寸，其验收极限一般按方式一确定。

（2）当工艺能力指数 $C_P \geqslant 1$ 时，其验收极限尺寸可以按方式二确定。但遵守包容要求的尺寸，其最大实体极限一边的验收极限仍应按方式一确定。

工艺能力指数 C_P 是工件公差值 T 与加工设备工艺能力 $c\sigma$ 之比值。c 是常数，工件尺寸遵循正态分布时 $c = 6$；σ 是加工设备的标准偏差，$C_P = T/6\sigma$。

（3）对偏态分布的尺寸，其验收极限可以仅对尺寸偏向的一边按方式一确定。

（4）对非配合和一般公差的尺寸，其验收极限按方式二确定。

三、计量器具的选择

测量工件尺寸所用的通用计量器具种类较多，需要正确选用。

选用计量器具的首要要求是保证所需的测量精度，同时还要考虑被测工件结构、外形、尺寸大小、重量、材质软硬及批量大小等因素。具体考虑时应注意：

（1）选择计量器具应与被测工件的外形、位置、尺寸的大小及被测参数特性相适应，使所选计量器具的测量范围能满足工件要求。对尺寸大的工件，一般选用上置式计量器具（以小测大）；对硬度低、材质软、刚性差的工件，一般选用非接触测量，即选用光学投影放大、气动、光电等原理的量仪进行测量；对大批量生产的工件，一般用量规或自动检验机进行检查，以提高测量效率。另外，还要考虑检测成本，务求使检测的技术、经济综合效益最佳。

（2）选择计量器具应考虑被测工件的尺寸公差，使所选计量器具的测量不确定度数值既能保证测量精度要求，又能符合经济性要求。检验国家标准规定，应使所选用的计量器具的测量不确定度 u 等于或小于标准所规定的数值 u_1，即

$$u \leqslant u_1 \qquad (6-4)$$

由表 6-1 可见，当工件公差等级为 IT6～IT11 级时，国家标准对 u_1 规定了 Ⅰ、Ⅱ、Ⅲ 三档，对于 IT12～IT18 级，国家标准规定了 Ⅰ、Ⅱ 两档。选用时应优先选用 Ⅰ 档，Ⅰ 档 u_1 的数值为安全裕度的 0.9 倍。

车间常用的千分尺、游标卡尺、比较仪、指示表的测量不确定度见表 6-2～表 6-4。

表 6－2　千分尺和游标卡尺的测量不确定度　　　　　　　　　　（mm）

工件尺寸范围		计量器具类型			
		分度值为 0.01 的外径千分尺	分度值为 0.01 的内径千分尺	分度值为 0.02 游标卡尺	分度值为 0.05 游标卡尺
大于	至	测量不确定度			
0	50	0.004	0.008	0.020	0.050
50	100	0.005	0.008	0.020	0.050
100	150	0.006	0.008	0.020	0.050
150	200	0.007	0.013	0.020	0.100
200	250	0.008	0.013	0.020	0.100
250	300	0.009	0.013	0.020	0.100
300	350	0.010	0.020	0.020	0.100
350	400	0.011	0.020	0.020	0.100
400	450	0.012	0.020	0.020	0.100
450	500	0.013	0.025	0.020	0.100
500	600		0.030	0.020	0.100
600	700		0.030	0.020	0.100
700	1 000		0.030		0.150

表 6－3　指示表的测量不确定度　　　　　　　　　　（mm）

工件尺寸范围		计量器具类型			
		分度值为 0.001 的千分表（0 级在全程范围内，1 级在 0.2 mm 内）；分度值为 0.001 的千分表在 1 转范围内	分度值为 0.001、0.002、0.005 的千分表（1 级在全程范围内）；分度值为 0.01 的百分表（0 级在任意 1 mm 内）	分度值为 0.01 的百分表（0 级在全程范围内，1 级在任意 1 mm 内）	分度值为 0.01 的百分表（1 级在全程范围内）
大于	至	测量不确定度			
0	25	0.005	0.010	0.018	0.030
25	40	0.005	0.010	0.018	0.030
40	65	0.005	0.010	0.018	0.030
65	90	0.005	0.010	0.018	0.030
90	115	0.005	0.010	0.018	0.030
115	165	0.006	0.010	0.018	0.030
165	215	0.006	0.010	0.018	0.030
215	265	0.006	0.010	0.018	0.030
265	315	0.006	0.010	0.018	0.030

表 6-4　比较仪的测量不确定度　　　　　　　　　　　　　　　　　　（mm）

工件尺寸范围		计量器具类型			
		分度值为 0.000 5（相当于放大倍数位为 2 000 倍）的比较仪	分度值为 0.001（相当于放大倍数位为 1 000 倍）的比较仪	分度值为 0.002（相当于放大倍数位为 400 倍）的比较仪	分度值为 0.005（相当于放大倍数位为 250 倍）的比较仪
大于	至	测量不确定度			
0	25	0.000 6	0.001 0	0.001 7	0.003 0
25	40	0.000 7			
40	65	0.000 8	0.001 1	0.001 8	
65	90	0.000 8			
90	115	0.000 9	0.001 2	0.001 9	
115	165	0.001 0	0.001 3		
165	215	0.001 2	0.001 4	0.002 0	0.003 5
215	265	0.001 4	0.001 6	0.002 1	
265	315	0.001 6	0.001 7	0.002 2	

【例 6-1】　试确定测量 $\phi50f8(^{-0.025}_{-0.064})$Ⓔ轴时的验收极限并选择相应的计量器具。

解：（1）确定安全裕度 A。

查表 6-1，得 $A = 3.9~\mu m = 0.003~9$ mm。

（2）确定验收极限。

工件遵守包容要求，故其验收极限应按照内缩的验收极限来确定。

因被测工件为轴，所以其最大实体尺寸为上极限尺寸，最小实体尺寸为下极限尺寸。

上验收极限 = 上极限尺寸 − A = (50 − 0.025) − 0.003 9 = 49.971 1(mm)

下验收极限 = 下极限尺寸 + A = (50 − 0.064) + 0.003 9 = 49.939 9(mm)

（3）确定计量器具不确定度的允许值。

查表 6-1，优先选用 Ⅰ 挡数值，得计量器具不确定度的允许值 $u_1 = 3.5~\mu m = 0.003~5$ mm。

（4）选择计量器具。

所选计量器具的不确定度数值 u 应该满足 $u \leqslant u_1$。

查表 6-4，分度值为 0.005 mm 的比较仪的不确定度为 0.003 0 mm，是满足条件的最合适的数值。所以计量器具应该选用分度值为 0.005 mm 的比较仪。

§6.2　光滑极限量规

　　工件的尺寸通常使用普通计量器具进行测量，而工件尺寸和几何误差的综合结果则使用量规检验。量规是没有刻度、用以检验零件要素尺寸和几何误差综合结果的专用计量器具。量规结构简单，使用方便，在大批量生产时，为了提高产品质量和检验效率，量规得到了广泛使用。对于不同的被检验对象和不同的相关要求，应该使用与之对应的量规来检验。当单一要素孔和轴采用包容要求时，应使用光滑极限量规。

一、光滑极限量规的基本概念及分类

1. 基本概念

当图样上被测要素的尺寸公差和几何公差按独立原则标注时，一般使用通用计量器具分别测量；当单一要素的孔和轴采用包容要求标注时，则应使用光滑极限量规来进行检验。

光滑极限量规又有孔用光滑极限量规（塞规）和轴用光滑极限量规（卡规），如图 6-3 所示。可以看出，量规的形状与被测工件正好相反。

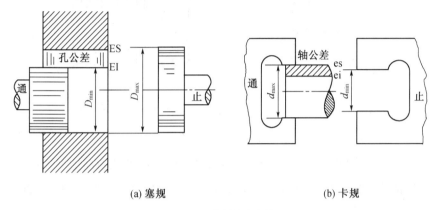

(a) 塞规　　　　　　　　　　　　(b) 卡规

图 6-3　光滑极限量规

量规通常成对使用，即有通规和止规。通规用来模拟最大实体边界，检验孔、轴的实际轮廓（尺寸和形状误差的综合结果）是否超出最大实体边界，即检验孔、轴的体外作用尺寸是否超出最大实体尺寸。止规用来检验孔、轴的提取要素的局部尺寸是否超出最小实体尺寸。检验时，通规通过，止规不能通过，工件合格；反之，工件不合格。

2. 光滑极限量规的分类

光滑极限量规按用途不同可分为：工作量规、验收量规和校对量规。

（1）工作量规。为制造工件的过程中操作者所使用的量规。

（2）验收量规。为检验部门和用户代表在验收产品时所用的量规。

（3）校对量规。为检验新制造的和校对使用中的轴用工作量规的量规（因为孔用工作量规便于用精密量仪测量，故国家标准未对其规定校对量规）。

为了避免矛盾，国家标准 GB/T 1957—2006《光滑极限量规》规定操作者应该使用新的或磨损较少的通规，检验部门应该使用与工作量规型式相同，且已磨损较多的通规；用户代表用量规验收工件时，所用通规应接近工件的最大实体尺寸，所用止规应接近工件的最小实体尺寸。

二、光滑极限量规的公差

量规的制造精度比工件高得多，但也不能制造得绝对准确。因此，对量规要规定制造公差。

1. 工作量规的公差

为了确保产品质量与互换性，防止产生误收，国标 GB/T 1957—2006 规定量规的公差带位于被测工件的公差带内。孔用和轴用工作量规公差带分别如图 6-4 所示。图中，T 为量规制造公差，Z 为通规尺寸公差带的中心到工件最大实体尺寸之间的距离，称为位置要素。通规在使用过程中会逐渐磨损，为了使它具有一定的寿命，需要留出适当的磨损量，即磨损极限，其磨损极限等于被检验工件的最大实体尺寸。因为止规不经常通过工件，磨损较少，所以在给定尺寸公差带内，不必留磨损量和另行规定磨损极限。

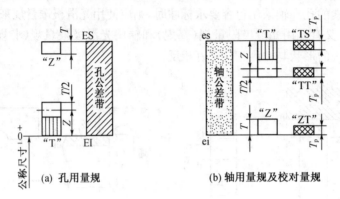

图 6-4　极限量规的公差带

由图 6-4 可知，量规公差 T 和位置要素 Z 的数值大，对工件的加工不利；T 小则量规制造困难，Z 小则量规使用寿命短。因此，国家标准规定了量规制造公差 T 和公差带位置要素 Z 的数值，见表 6-5。

表 6-5　量规制造公差 T 和位置要素 Z 值　（摘自 GB/T 1957—2006）　　　　（μm）

工件基本尺寸/mm	IT6			IT7			IT8			IT9			IT10		
	IT6	T	Z	IT7	T	Z	IT8	T	Z	IT9	T	Z	IT10	T	Z
>10~18	11	1.6	2	18	2	2.8	27	2.8	4	43	3.4	6	70	4	8
>18~30	13	2	2.4	21	2.4	3.4	33	3.4	5	52	4	7	84	5	9
>30~50	16	2.4	2.8	25	3	3.4	39	4	6	62	5	8	100	6	11
>50~80	19	2.8	3.4	30	3.6	4.6	46	4.6	7	74	6	9	120	7	13

2. 校对量规的公差

校对量规有以下三种：

（1）"校通—通"量规（代号 TT）。检验轴用量规"通规"的校对量规。其作用是防止通规尺寸过小，保证工件应有的公差。能被 TT 通过，则认为该通规制造合格。

（2）"校止—通"量规（代号 ZT）。检验轴用量规"止规"的校对量规。其作用是防止止规尺寸过小，保证工件质量。能被 ZT 通过，则认为该止规制造合格。

（3）"校通—损"量规（代号 TS）。检验轴用量规"通规磨损极限"的校对量规。在检验时，通规不应被 TS 通过；倘若被 TS 通过，则认为此通规已超过极限尺寸，应予以报废，否则会影响产品质量。

校对量规的尺寸公差均为被校对轴用量规尺寸公差的 50%，如图 6-4(b)所示。

三、光滑极限量规的设计

1. 设计原理（泰勒原则）

光滑极限量规的设计应遵守极限尺寸判断原则（泰勒原则），即工件的体外作用尺寸（D_{fe}、d_{fe}）不超越最大实体尺寸（MMS），工件的提取要素的局部尺寸（D_a、d_a）不超越最小实体尺寸（LMS）。

对于孔应满足　　$D_{fe} \geqslant D_M (D_M = D_{min})$，且 $D_a \leqslant D_L (D_L = D_{max})$

对于轴应满足　　$d_{fe} \leqslant d_M (d_M = d_{max})$，且 $d_a \geqslant d_L (d_L = d_{min})$

通规检验作用尺寸，其公称尺寸应该等于工件的最大实体尺寸；止规用于检验提取要素的局部尺寸，其公称尺寸应该等于工件的最小实体尺寸。

2. 量规形式的选择

按照泰勒原则，通规用来控制工件的作用尺寸，它的测量面应该是与孔或轴形状相对应的完整表面（即全形量规），且测量长度应等于配合长度。止规用于控制工件的提取要素的局部尺寸，止规表面与被测检工件应该是点接触，所以止规的测量面应该是点状的（即不全形量规），测量长度尽可能短些。

在实际工作中，完全符合泰勒原则要求的量规在某些场合下不可能使用，或制造困难。如大尺寸的孔因太重不便用全形塞规检验；小尺寸孔的球端杆规制造有困难等。因此，国标 GB/T 10920—2008 列出了推荐使用的量规形式和对应尺寸范围，如图 6 - 5 所示。进行量规设计时，要考虑量规尺寸的不同对量规选择的影响，按推荐的 1、2 选择量规形式。

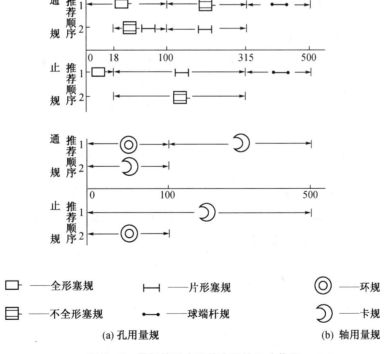

图 6 - 5　量规的形式及其应用的尺寸范围

3. 量规的技术要求

量规测量面的材料与硬度对量规的使用寿命有一定的影响,应选用耐磨材料制造,如合金工具钢、碳素工具钢、渗碳钢等。量规测量面硬度应达到 58~65HRC,并需要稳定性处理。

量规的几何公差一般为尺寸公差的一半,但当量规尺寸公差小于 0.002 mm 时,考虑到制造和测量的困难,几何公差仍取 0.001 mm。

量规的测量面不应该有锈迹、毛刺、黑斑、划痕等明显影响外观和使用质量的缺陷。量规测量面的表面粗糙度数值 R_a 一般取 0.025~0.4 μm。如表 6-6 所示。

表 6-6　量规测量面的表面粗糙度 R_a 数值

工作量规	工件公称尺寸/mm		
	≤120	>120~315	>315~500
	表面粗糙度 Ra/μm		
IT6 级孔用量规	>0.02~0.04	>0.04~0.08	>0.08~0.16
IT6 至 IT9 级轴用量规 IT7 至 IT9 级孔用量规	>0.04~0.08	>0.08~0.16	>0.16~0.32
IT10 至 IT12 级孔、轴用量规	>0.08~0.16	>0.16~0.32	>0.32~0.63
IT13 至 IT16 级孔、轴用量规	>0.16~0.32	>0.32~0.63	>0.32~0.63

4. 光滑极限量规的设计步骤及极限尺寸计算

光滑极限量规的设计步骤如下:

(1) 由国标《极限与配合》查出孔与轴的上下极限偏差;

(2) 由表 6-5 查出工作量规制造公差 T 和位置要素 Z 值;

(3) 画量规公差带图,计算各种量规的极限偏差和工作尺寸;

(4) 画极限量规工作图,确定量规的形状公差、表面粗糙度参数和其他技术要求并标注。

【例 6-2】　设计检验孔 ϕ30H8Ⓔ用的量规和检验轴 ϕ30g7Ⓔ用的工作量规。

解:(1) 查标准公差数值表(表 2-1)、孔轴基本偏差表(表 2-2、表 2-3)得

$$\phi 30H8(^{+0.033}_{0})\text{mm} \qquad \phi 30g7(^{-0.007}_{-0.028})\text{mm}$$

(2) 查表 6-5 得:检验 ϕ30H8Ⓔ孔用的工作量规制造公差数值 $T = 3.4\ \mu m,Z = 5\ \mu m$;检验 ϕ30g7Ⓔ轴用的工作量规制造公差数值 $T = 2.4\ \mu m,Z = 3.4\ \mu m$。

(3) 画出 ϕ30H8Ⓔ孔、ϕ30g7Ⓔ轴及其所用工作量规的公差带图,并计算其极限偏差值,如图 6-6 所示。以工件的公称尺寸为零线,计算量规的极限偏差和工作尺寸:

ϕ30H8Ⓔ的通规:上极限偏差=5+1.7=6.7(μm)

下极限偏差=5−1.7=3.3(μm)

则通规尺寸为 $\phi 30^{+0.0067}_{+0.0033}$mm,即 $\phi 30.0067^{0}_{-0.0034}$mm

ϕ30H8Ⓔ的止规:上极限偏差=33 μm

下极限偏差=33−3.4=29.6(μm)

则止规尺寸为 $\phi 30^{+0.033}_{+0.0296}$mm,即 $\phi 30.033^{0}_{-0.0034}$mm

ϕ30g7Ⓔ的通规:上极限偏差=−7−3.4+1.2=−9.2(μm)

下极限偏差=−7−3.4−1.2=−11.6(μm)

则通规尺寸为 $\phi 30^{-0.0092}_{-0.0116}$ mm，即 $\phi 29.9884^{+0.0024}_{0}$ mm

$\phi 30g7Ⓔ$ 的止规：上极限偏差＝$-28+2.4＝-25.6(\mu m)$

下极限偏差＝$-28\ \mu m$

止规尺寸为 $\phi 30^{-0.0256}_{-0.028}$ mm，即 $\phi 29.972^{+0.0024}_{0}$ mm

（4）绘制 $\phi 30H8Ⓔ$ 的塞规和 $\phi 30g7Ⓔ$ 的卡规工作图并标注各项技术要求，如图 6-7 和图 6-8 所示。

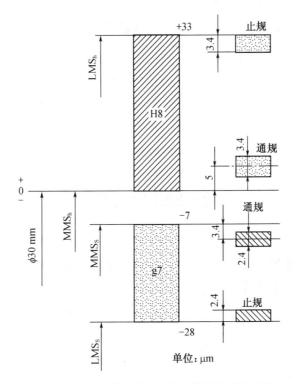

图 6-6　$\phi 30H8Ⓔ$ 和 $\phi 30g7Ⓔ$ 工作量规公差带图

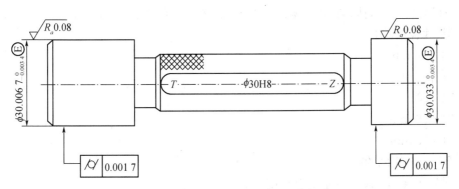

图 6-7　$\phi 30H8Ⓔ$ 塞规工作简图及标注

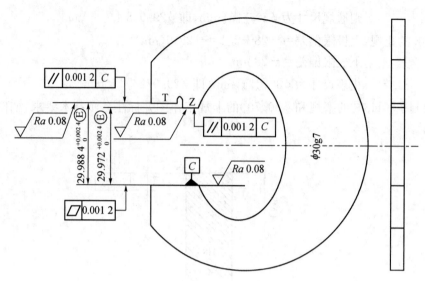

图 6‑8　φ30g7Ⓔ卡规工作简图及标注

思考题与习题

一、填空题

1. 通规的公称尺寸等于_____,止规的公称尺寸等于_____。

2. 光滑极限量规按用途可分为_____、_____、_____三种。

3. 根据泰勒原则,量规通规的工作面应是_____表面,止规的工作面应是_____表面。

4. 量规通规规定位置要素 Z 是为了_____。

5. 量规通规的磨损极限即为工件的_____尺寸。

6. 安全裕度由被检工件的_____确定,其作用是_____。

二、选择题

1. 按极限尺寸判断原则,某轴 $\phi 32^{-0.080}_{-0.240}$ mmⒺ实测直线度误差为 0.05 mm 时,其提取要素的局部尺寸合格的有_____。

A. 31.920 mm

B. 31.760 mm

C. 31.800 mm

D. 31.850 mm

E. 31.890 mm

2. 下列论述正确的有_____。

A. 量规通规的长度应等于配合长度

B. 量规止规的长度应比通规短

C. 量规的结构必须完全符合泰勒原则

D. 轴用量规做成环规或卡规都属于全形量规

E. 小直径孔用量规的止规允许做成全形量规

3. 对检验 $\phi 30 P7 Ⓔ$ 孔用量规,下列说法正确的有_____。

A. 该量规称通规

B. 该量规称卡规

C. 该量规属校对量规

D. 该量规属工作量规

E. 该量规包括通端和止端

三、简答与计算题

1. 光滑极限量规检验工件时,通规和止规分别用来检验什么尺寸? 被检测的工件的合格条件是什么?

2. 量规的公差带与工件尺寸公差带有何关系?

3. 试确定测量工件 $\phi 20 g8 Ⓔ$ 时的验收极限,并选择合适的计量器具。

4. $\phi 80 h9 Ⓔ$ 的终加工工序的工艺能力指数 $C_p = 1.2$,试确定测量该轴时的验收极限,并选择相应的计量器具。

5. 欲检验工件 $\phi 35 f8 Ⓔ$,试计算光滑极限量规的工作尺寸、磨损极限尺寸,并绘制公差带图。

第7章 滚动轴承的互换性

本章要点：

1. 掌握滚动轴承的公差等级代号及应用。
2. 了解滚动轴承内径、外径公差带的特点。
3. 掌握与滚动轴承配合的轴与外壳孔的精度设计（尺寸公差、几何公差及表面粗糙度的选择）。

　　滚动轴承是一种机械制造业中应用极为广泛的高精度标准化部件。滚动轴承工作时，要求运转平稳、旋转精度高、噪音小，其工作性能和使用寿命不仅取决于本身的制造精度，还和与它相配合的轴颈和外壳孔的尺寸精度、形位精度和表面粗糙度等因素有关。本章仅讨论滚动轴承公差与配合的有关内容，如滚动轴承的精度等级及应用，滚动轴承与轴颈、外壳孔的配合的选择以及轴颈、外壳孔的几何精度设计。

§7.1 滚动轴承的公差等级及应用

一、滚动轴承的结构与分类

　　滚动轴承由外圈、内圈、滚动体和保持架组成，如图7-1(a)所示，其外圈和内圈分别与外壳孔及轴颈相配合，如图7-1(b)所示。通常情况下，滚动轴承工作时，内圈与轴颈一起旋转，外圈与外壳孔固定不动。但有些机器的部分结构中要求外圈与外壳孔一起旋转，而内圈与轴颈固定不动。

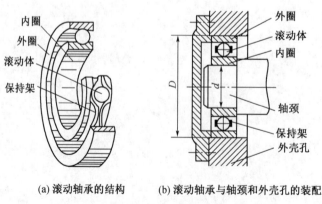

(a) 滚动轴承的结构　　　　(b) 滚动轴承与轴颈和外壳孔的装配

图7-1　滚动轴承与轴、外壳孔的装配结构

滚动轴承按滚动体形状可分为球轴承、圆柱(圆锥)滚子轴承和滚针轴承;按承载负荷方向又可分为向心轴承(承受径向力)、向心推力轴承(同时承受径向力和轴向力)和推力轴承(承受轴向力)。

二、滚动轴承的公差等级及其应用

1. 滚动轴承的公差等级

滚动轴承的公差等级由尺寸精度和旋转精度决定。滚动轴承的尺寸精度是指轴承内径、外径和宽度等尺寸公差;滚动轴承旋转精度是指轴承内、外圈的径向圆跳动、端面跳动及滚道的侧向摆动等。

在国家标准 GB 307.1—2005 中,向心轴承(圆锥滚子轴承除外)分为 P0、P6、P5、P4、P2 五级;圆锥滚子轴承分为 P0、P6$_x$、P5、P4 四级;推力轴承分为 P0、P6、P5、P4 四级;精度从 P0 到 P2 级依次增高。P0 级为普通级,P6~P2 级轴承均称为高精度轴承。轴承公差代号见表 7-1。P0 与公差等级 IT6(IT5)相对应,P2 与公差等级 IT3(IT2)相对应。

表 7-1　轴承新旧公差代号对照表

新代号	含　义	示　例	旧代号	示　例
P0	公差等级为符合标准规定的 0 级, 代号中省略不表示	6203	G	203
P6	公差等级为符合标准规定的 6 级	6203/P6	E	E203
P6$_x$	公差等级为符合标准规定的 6$_x$级	30210/P6$_x$	E$_x$	E$_x$7210
P5	公差等级为符合标准规定的 5 级	6203/P5	D	D203
P4	公差等级为符合标准规定的 4 级	6203/P4	C	C203
P2	公差等级为符合标准规定的 2 级	6203/P2	B	B203

注:普通级不标注

2. 滚动轴承各公差等级的应用

P0 级轴承是普通级轴承,在机械制造中应用最广。通常用于对旋转精度和运动平稳性要求不高、中等负荷、中等转速的一般旋转机构中,例如,减速器的旋转机构;汽车、拖拉机的变速机构;普通机床的进给机构、变速机构;普通电机、泵、压缩机、汽轮机等旋转机构中的轴承。

P6、P6$_x$、P5 级轴承用于旋转精度和运动平稳性要求较高或转速较高的旋转机构中。例如,普通机床主轴的前轴承多采用 P5 级轴承,后轴承多采用 P6 级轴承。精密机床的变速机构中轴承通常采用 P6 级精度。

P4 级轴承多用于旋转精度高和转速高的旋转机构中,如精密磨床和车床的主轴轴承多采用 P4 级轴承。

P2 级轴承用于旋转精度和转速特别高的旋转机构中,如高精度齿轮磨床的主轴轴承、精密坐标镗床的主轴轴承。

§7.2　滚动轴承内径与外径的公差带及特点

一、滚动轴承内外径公差带

由于轴承内、外圈均是薄壁零件,制造和存放中极易变形,若相配零件的形状精度高,则当轴承与轴和外壳孔装配后这种微量变形又能得到矫正,在一般情况下也不影响工作性能。为此,滚动轴承标准对轴承内径和外径尺寸公差分别作了两种规定。

一是规定了内、外径尺寸的最大值和最小值所允许的极限偏差(即单一内、外径偏差),其主要目的是限制变形量。

二是规定了单一平面平均内、外径偏差(Δd_{mp}、ΔD_{mp}),即轴承套圈任意横截面内测得的最大直径与最小直径的平均值与公称直径之差,目的是保证轴承的配合。

对于高精度的P4,P2级轴承,上述两个公差项目都作了规定,而对于一般公差等级的轴承,只要单一平面平均内、外径偏差在内、外径公差带内,就认为合格。

表7-2列出了部分向心轴承 Δd_{mp} 和 ΔD_{mp} 的极限值。

表7-2　向心轴承 Δd_{mp} 和 ΔD_{mp} 的极限值(摘自 GB/T 307.1—2005)

精度等级		P0		P6		P5		P4		P2	
基本直径/mm		极限偏差/μm									
大于	到	上极限偏差	下极限偏差	上极限偏差	下极限偏差	上极限偏差	下极限偏差	上极限偏差	下极限偏差	上极限偏差	下极限偏差
内圈 18	30	0	−10	0	−8	0	−6	0	−5	0	−2.5
30	50	0	−12	0	−10	0	−8	0	−6	0	−2.5
外圈 50	80	0	−13	0	−11	0	−9	0	−7	0	−4
80	120	0	−15	0	−13	0	−10	0	−8	0	−5

二、滚动轴承内外径公差带的特点

轴承装配后起作用的尺寸是单一平面内的平均内径和平均外径,因此,内、外径公差带位置是指平均内、外径的公差带位置。滚动轴承是标准件,内圈与轴颈的配合应采用基孔制,外圈和外壳孔的配合应采用基轴制。

国家标准规定,轴承内外径公差带的特点是采用单向制,所有公差等级的公差带都单向配置在零线的下方,如图7-2。

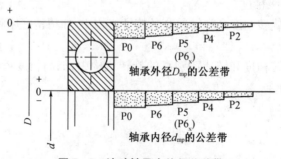

图7-2　滚动轴承内外径公差带

　　内圈基准孔公差带位于以公称内径为零线的下方,它与一般基准孔相反。这样规定主要是考虑到轴承配合的特殊要求。因为在多数情况下,轴承的内圈随轴一起转动,为了防止在它们之间发生相对滑动而导致结合面磨损,则两者的配合应该具有一定的过盈。但由于内圈是薄壁零件,容易产生变形,且一定时间后又需要拆换,因此配合的过盈不宜过大,假如轴承内孔的公差带与一般基准孔一样分布在零线上侧,当采用《极限与配合》标准中的过盈配合时,所得的过盈往往太大;如果改用过渡配合,又可能产生间隙,出现轴孔结合不可靠的情况;若采用非标准配合,又违反了标准化和互换性原则。为此,滚动轴承国家标准将轴承内径的公差带分布在零线下侧,此时,当它与《极限与配合》标准中推荐的一般过渡配合的轴相配合时,不但能保证获得不大的过盈,而且还不会出现间隙,从而满足了轴承内孔与轴配合的要求,同时又可按标准偏差来加工轴。

　　国家标准规定轴承外圈外径公差带位于以公称外径为零线的下方,它与一般基准轴的公差带相类似,其上极限偏差为零,下极限偏差为负值,但公差值不同,见图7-2。这是因为滚动轴承的外径与外壳孔的配合应按基轴制,且通常两者之间的配合一般不要求太紧,轴承外圈与外壳孔的配合基本上保持了《极限与配合》中同名配合的配合性质,但是松紧略有变化。

§7.3　滚动轴承与轴和外壳孔的配合及选用

　　滚动轴承为标准部件,所以在设计轴承与轴颈、轴承与外壳孔的配合时,只需按照轴承的内外径的配合尺寸来确定轴颈和外壳孔的公差带。

一、轴和外壳孔公差带的种类

　　国标 GB/T 275—1993《滚动轴承与轴和外壳的配合》对与 P0 级和 P6 级轴承配合的轴颈规定了 17 种公差带,对外壳孔规定了 16 种公差带,如图7-3所示。

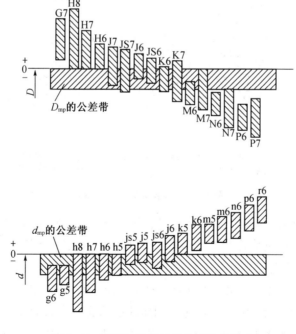

图7-3　滚动轴承与轴和外壳孔的配合

注:本标准规定的配合适用于下列情况:① 轴承外形尺寸符合 GB 273.3—1999《滚动轴承向心轴承外形尺寸方案》的规定;② 轴承的精度等级为 P0 级和 P6(P6$_x$)级;③ 轴承的游隙符合 GB/T 4604—2006《滚动轴承径向游隙》中 0 组;④ 轴为实心或厚壁钢制轴;⑤ 外壳为铸钢或铸铁。本标准不适用于无内(外)圈轴承和特殊用途轴承(如飞机机架轴承、仪器轴承)。

二、滚动轴承配合的选择

1. 轴和外壳孔公差等级的选择

与轴承配合的轴和外壳孔公差等级与轴承精度有关。对于常用的轴承公差等级(P0 级、P6(P6$_x$)级),一般情况下,与之相配合的轴取 IT6,外壳孔取 IT7。

对旋转精度和运转平稳性有较高要求的场合,在提高轴承公差等级的同时,与轴承配合的轴颈与外壳孔应按相应精度提高。

2. 配合的选择

滚动轴承配合的选择应根据轴承的工作条件来选择。考虑的主要因素有:轴承套圈承受负荷的类型和大小、轴承的尺寸大小、轴承游隙、轴和轴承座的材料、工作环境以及装拆等。

(1) 轴承套圈的负荷类型。机器在运转时,作用在轴承套圈上的径向负荷,一般由定向负荷(如皮带的拉力)和旋转负荷(如机件的惯性离心力)合成。滚动轴承内、外套圈可能承受以下三种负荷:

① 定向负荷。轴承套圈与负荷方向相对固定,即该负荷始终不变地作用在套圈的局部滚道上,套圈承受的这种负荷称为定向负荷。例如轴承承受一个方向不变的径向负荷(P_r),此时固定不转的套圈所承受的负荷即为定向负荷,见图 7-4(a)、(b)。

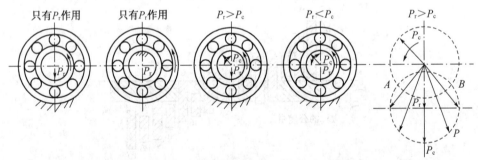

(a) 内圈—旋转负荷 (b) 内圈—定向负荷 (c) 内圈—旋转负荷 (d) 内圈—摆动负荷 (e) 摆动负荷
　　外圈—定向负荷　　外圈—旋转负荷　　外圈—摆动负荷　　外圈—旋转负荷

图 7-4 轴承套圈的负荷状况

② 旋转负荷。轴承套圈与负荷方向相对旋转,即径向负荷顺次地作用在套圈的整个圆周滚道上,套圈承受的这种负荷称为旋转负荷。例如轴承承受一个方向不变的径向负荷(P_r),此时旋转套圈所承受的负荷即为旋转负荷,见图 7-4(a)、(b)。

③ 摆动负荷。轴承套圈与负荷方向相对摆动,即该负荷连续摆动地作用在套圈的局部滚道上,套圈承受的这种负荷称为摆动负荷。例如轴承承受一个方向不变的径向负荷以及一个较小的旋转负荷(P_c),两者的合成径向负荷(P)的大小与方向都在变动。当 $P_r > P_c$ 时,合成

负荷在轴承下方 AB 区域内摆动,见图 7-4(e);如果外圈静止,则外圈部分滚道轮流受到变动负荷的作用,此时外圈受摆动负荷。内圈因与循环负荷同步旋转,内圈滚道的整个圆周都受到变动负荷的作用,此时内圈受旋转负荷,见图 7-4(c)。当 $P_r < P_c$ 时,合成负荷沿整个圆周滚道变动,见图 7-4(d),如果外圈静止,则外圈滚道的整个圆周受到变动负荷的作用,此时外圈受旋转负荷;内圈因与旋转负荷同步旋转,内圈只有部分滚道受变动负荷的作用,此时内圈受摆动负荷。

承受定向负荷的套圈,应选择较松的过渡配合或较小的间隙配合,以便使套圈滚道间的摩擦力矩带动套圈偶尔转位、受力均匀、延长使用寿命。承受旋转负荷的套圈应选择过盈配合或较紧的过渡配合,过盈量的大小以其转动时与轴或壳体孔间不产生爬行现象为原则。承受摆动负荷的套圈其配合要求与旋转负荷相同或略松一点。

当以不可分离型轴承作游动支承时,则应以相对于负荷方向固定的套圈作为游动套圈,其与配合件之间应选择间隙配合或过渡配合。

(2) 负荷的大小。对向心轴承负荷的大小用径向当量动负荷(P)与径向额定动负荷(C)的比值来区分。$P \leqslant 0.07C$ 时称为轻负荷;$0.07C < P \leqslant 0.15C$ 时称为正常负荷;$P > 0.15C$ 时称为重负荷。

选用配合与轴承所受的负荷类型和大小有关,因为在负荷作用下,轴承套圈会变形,使配合面间的实际过盈量减小和轴承内部游隙增大。所以当受冲击负荷或重负荷时,一般应选择比正常、轻负荷时更紧的配合。负荷越大配合过盈量应选得越大。

(3) 轴承尺寸大小。滚动轴承的尺寸越大,选取的配合应越紧。随着轴承的尺寸增大,选取过盈配合时过盈应适当大,选取间隙配合时间隙应适当减小。

(4) 轴承游隙。采用过盈配合会导致轴承游隙的减小,应检验安装后轴承的游隙是否满足使用要求,以便正确选择配合及轴承游隙。

(5) 其他因素。轴和轴承座的材料、强度和导热性能、从外部进入支承的以及在轴承中产生的热的导热途径和热量、支承安装和调整性能等都影响公差带的选择。

对于负荷较大,有较高旋转精度要求的轴承,为了消除弹性变形和振动的影响,应避免采用间隙配合。

空心轴颈比实心轴颈、薄壁外壳比厚壁外壳、轻合金外壳比钢铁外壳所采用的配合要紧些;而剖分式外壳比整体式外壳所采用的配合要松些,以免过盈将轴承外圈夹扁,甚至将轴卡住。

轴承工作时,由于摩擦发热和其他热源的影响,套圈的温度会高于相配合零件的温度。因此,轴承内圈与轴颈配合可能变松;外圈与外壳孔的配合可能变紧,所以轴承配合时温度较高(高于 100℃)时,应对选用的配合进行适当的修正。

总之,滚动轴承配合的选用应综合考虑以上因素用类比法选取。选用可参考表 7-3、表 7-4。

表 7-3　向心轴承和轴的配合　轴公差带代号（摘自 GB/T 275—1993）

			圆柱孔轴承			
运转状态		负荷状态	深沟球轴承 调心球轴承 角接触球轴承	圆柱滚子轴承 圆锥滚子轴承	调心滚子轴承	公差带
说明	举例		轴承公称内径/mm			
旋转的内圈负荷及摆动负荷	一般通用机械、电动机、机床主轴、泵、内燃机、直齿轮传动装置、铁路机车车辆轴箱、破碎机等	轻负荷	≤18	—	—	h5
			>18~100	≤40	≤40	j6①
			>100~200	>40~140	>40~100	k6①
			—	>140~200	>100~200	m6①
		正常负荷	≤18	—	—	j5、js5
			>18~100	≤40	≤40	k5②
			>100~140	>40~100	>40~65	m5②
			>140~200	>100~140	>65~100	m6
			>200~280	>140~200	>100~140	n6
			—	>200~400	>140~280	p6
			—	—	>280~500	r6
		重负荷		>50~140	>50~100	n6
				>140~200	>100~140	p6③
				>200	>140~200	r6
				—	>200	r7
固定的内圈负荷	静止轴上的各种轮子、张紧轮、绳轮、振动筛、惯性振动器	所有负荷	所有尺寸			f6
						g6①
						h6
						j6
仅有轴向负荷			所有尺寸			j6、js6
			圆锥孔轴承			
所有负荷	铁路机车的车辆轴箱		装在退卸套上的所有尺寸			h8(IT6)⑤④
	一般机械传动		装在紧定套上的所有尺寸			h9(IT7)⑤④

注：① 凡对精度有较高要求的场合，应用 j5、k5 代替 j6、k6；
　　② 圆锥滚子轴承、角接触轴承配合对游隙影响不大，可用 k6、m6 代替 k5、m5；
　　③ 重负荷下轴承游隙应选大于 0 组；
　　④ 凡有较高精度或转速要求的场合，应选用 h7(IT5)代替 h8(IT6)等；
　　⑤ IT6、IT7 表示圆柱度公差数值。

表 7-4　向心轴承和外壳孔的配合　孔公差带代号(摘自 GB/T 275—1993)

运转状态		负荷状态	其他状态	公差带①	
说明	举例			球轴承	滚子轴承
固定的外圈负荷	一般机械、铁路机车车辆轴箱、电动机、泵、曲轴主轴承	轻、正常、重	轴向易移动,可采用剖分式外壳	H7、G7②	
		冲击	轴向能移动,采用整体式或剖分式外壳	J7、JS7	
摆动负荷		轻、正常		J7、JS7	
		正常、重		K7	
		冲击		M7	
旋转的外圈负荷	张紧滑轮、轮毂轴承	轻	轴向不移动,采用整体式外壳	J7	K7
		正常		K7、M7	M7、N7
		重		—	N7、P7

注:① 并列公差带随尺寸的增大从左至右选择,对旋转精度有较高要求时,可相应提高一个公差等级;
　　② 不适用于剖分式外壳。

三、内、外圈配合表面的几何公差和表面粗糙度要求

由于轴承套圈为薄壁件,装配后靠轴颈和外壳孔来矫正,故套圈工作时的形状与轴颈及外壳孔表面形状密切相关,应对轴颈和外壳孔表面提出圆柱度公差要求。另外,为了保证轴承工作时有较高的旋转精度,应限制与套圈端面接触的轴肩及外壳孔肩的倾斜,以避免轴承装配后滚道位置不正而使旋转不平稳,因此规定了轴肩和外壳孔肩的轴向圆跳动公差。轴和外壳孔的几何公差值见表 7-5。

表 7-5　轴和外壳孔的几何公差(摘自 GB/T 275—1993)

公称尺寸/mm	圆柱度公差值				轴向圆跳动公差值			
	轴 颈		外壳孔		轴 肩		外壳孔肩	
	轴承公差等级							
	P0	P6(P6x)	P0	P6(P6x)	P0	P6(P6x)	P0	P6(P6x)
	公　差　值/μm							
≤6	2.5	1.5	4	2.5	5	3	8	5
>6~10	2.5	1.5	4	2.5	6	4	10	6
>10~18	3.0	2.0	5	3.0	8	5	12	8
>18~30	4.0	2.5	6	4.0	10	6	15	10
>30~50	4.0	2.5	7	4.0	12	8	20	12
>50~80	5.0	3.0	8	5.0	15	10	25	15
>80~120	6.0	4.0	10	6.0	15	10	25	15
>120~180	8.0	5.0	12	8.0	20	12	30	20
>180~250	10.0	7.0	14	10.0	20	12	30	20

（续表）

公称尺寸 /mm	圆柱度公差值				轴向圆跳动公差值			
	轴颈		外壳孔		轴肩		外壳孔肩	
	轴承公差等级							
	P0	P6(P6$_x$)	P0	P6(P6$_x$)	P0	P6(P6$_x$)	P0	P6(P6$_x$)
	公差值/μm							
>250～315	12.0	8.0	16	12.0	25	15	40	25
>315～400	13.0	9.0	18	13.0	25	15	40	25
>400～500	15.0	10.0	20	15.0	25	15	40	25

表面粗糙度的大小直接影响配合性质和连接强度,因此,对与轴承内外圈配合的轴颈和外壳孔配合的表面提出较高的表面粗糙度要求,如表 7-6 所示。

表 7-6 轴颈和外壳孔配合表面的表面粗糙度(摘自 GB/T 275—1993)

轴颈或外壳孔的直径/mm	轴颈或外壳孔配合表面直径公差等级								
	IT7			IT6			IT5		
	表面粗糙度参数值/μm								
	R_z	R_a		R_z	R_a		R_z	R_a	
		磨	车		磨	车		磨	车
≤80	10	1.6	3.2	6.3	0.8	1.6	4	0.4	0.8
>80～500	16	1.6	3.2	10	1.6	3.2	6.3	0.8	1.6
端面	25	3.2	6.3	25	3.2	6.3	10	1.6	3.2

四、轴承的配合公差和技术要求在图样上的标注

因为轴承为标准部件,因此在装配图上标注滚动轴承与轴和外壳孔的配合时,只需标注配合尺寸及与轴承配合的轴和外壳孔的公差带代号。而零件图上除了标注出轴颈或外壳孔的尺寸公差带,还应标注出几何公差和表面粗糙度数值。几何公差包括轴颈或外壳孔的圆柱度、轴向定位面的端面圆跳动等。为了保证滚动轴承与轴颈和外壳孔的配合性质,轴颈和外壳孔都应采用包容要求。

【例 7-1】 有一圆柱齿轮减速器,小齿轮轴要求较高的旋转精度,装有 P0 级单列深沟球轴承,轴承尺寸为 $d \times D \times B = (50 \times 110 \times 27)$mm,额定动负荷 $C_r = 32\,000$ N,轴承承受的径向负荷 $F_r = 4\,000$ N。试用类比法确定轴颈和外壳孔的公差带代号、几何公差值和表面粗糙度,并将它们分别标注在装配图和零件图上。

解:(1)按给定条件,可算得 $F_r = 0.125C_r$,属于正常负荷。齿轮传动时,内圈相对于负荷方向旋转,外圈相对于负荷方向固定。参考表 7-3、表 7-4,查轴颈公差带为 k5,但考虑轴承精度较低,故选 k6;外壳孔公差带为 G7 或 H7,但由于该轴承旋转精度要求较高,故选更紧一些的配合 J7 较为恰当。

(2)查表 7-5,轴颈圆柱度公差为 0.004 mm,轴肩轴向圆跳动公差为 0.012 mm;外壳孔

圆柱度公差为 0.010 mm,外壳孔肩轴向圆跳动公差为 0.025 mm。

（3）查表 7-6,轴颈和外壳孔表面粗糙度参数值:磨削轴颈 R_a 取 0.8 μm;轴肩端面 R_a 取 3.2 μm;外壳孔 R_a 取 1.6 μm,外壳孔肩 R_a 取 3.2 μm。

（4）将确定好的上述公差标注在图样上,因滚动轴承是标准件,在装配图上只需注出轴颈和外壳孔的公差带代号,见图 7-5 标注。

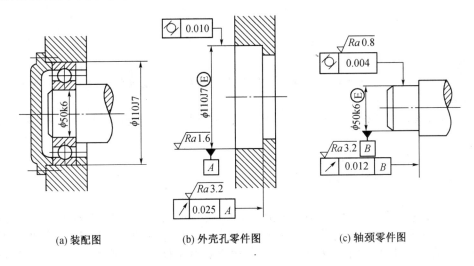

(a) 装配图　　　　　(b) 外壳孔零件图　　　　　(c) 轴颈零件图

图 7-5　滚动轴承标注示例

思考题与习题

一、填空题

1. 滚动轴承的五个精度等级分别为＿＿＿＿、＿＿＿＿、＿＿＿＿、＿＿＿＿和＿＿＿＿。应用最广的是＿＿＿＿级,精度最高的是＿＿＿＿级。

2. 滚动轴承内圈与轴的配合采用基＿＿＿＿制;外圈与外壳孔的配合采用基＿＿＿＿制。

3. 轴承内、外径公差带的特点是都配置在零线的＿＿＿＿,上极限偏差为＿＿＿＿,下极限偏差为＿＿＿＿。

4. 滚动轴承套圈承受负荷的类型分为＿＿＿＿负荷、＿＿＿＿负荷和＿＿＿＿负荷三种。

二、综合题

在 C6163 车床主轴后支承上,装有两个单列向心球轴承,如图 7-6,其外形尺寸为 $d \times D \times B = 50\,\text{mm} \times 90\,\text{mm} \times 20\,\text{mm}$,试选定轴承的精度等级,轴承与轴和外壳孔的配合。

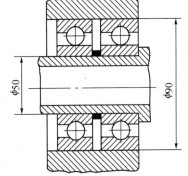

图 7-6　C6163 车床主轴后轴承结构

第8章　键与花键联接的互换性及检测

本章要点：

1. 掌握平键的主要配合尺寸以及轴和轮毂上键槽的精度设计（尺寸公差、几何公差、表面粗糙度的确定）。

2. 掌握矩形花键的定心方式以及内外花键的精度设计（尺寸公差、几何公差、表面粗糙度的确定）。

3. 掌握内外花键和花键副的标注方法。

4. 了解键与花键的常用检测方法。

键联接和花键联接是机械产品中普遍应用的结合方式之一，它用作轴和轴上传动件（如齿轮、皮带轮、手轮和联轴器等）之间的可拆连接，用以传递扭矩，有时也用作轴上传动件的导向。根据键联接的功能，其使用要求如下：(1) 键和键槽侧面应有足够的接触面积，以承受负荷，保证键联接的可靠性和寿命；(2) 键嵌入键槽要牢固可靠，防止松动脱落，并便于拆装；(3) 对导向键，键与键槽间应有一定的间隙，以保证相对运动和导向精度要求。

§8.1　单键联接的互换性及检测

键又称单键，分为平键、半圆键、切向键和楔形键等。单键联接中平键和半圆键应用最广。这里仅介绍平键的公差与配合。其结构及尺寸参数如图 8-1 所示。

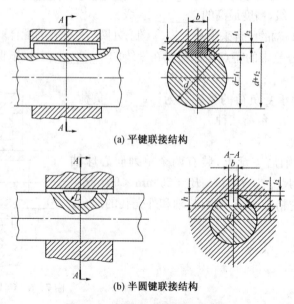

(a) 平键联接结构

(b) 半圆键联接结构

图 8-1　平键和半圆键联接结构

一、平键联接的公差与配合

1. 配合尺寸的公差与配合

平键联接包括键、轴和轮毂三个零件,有键与轴键槽、键与轮毂键槽两个配合,其中键为标准件,配合采用基轴制。

平键联接所传递的扭矩是通过键的侧面同时与轴键槽和轮毂键槽的侧面相配合来实现的,因此其宽度 b 是配合尺寸。国家标准对键宽 b 只规定了一种公差带,即 h8。键联接的具体配合分为松联接、正常联接和紧密联接三类,其公差带从国标 GB/T 1801—2009《极限与配合》中选取,平键联接配合公差带图,参见图 8 - 2。各种配合的配合性质和适用场合见表8 -1。

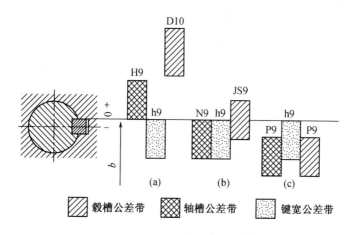

图 8 - 2　普通平键联接配合公差带图

表 8 - 1　键与键槽的配合

配合	尺寸 b 的公差带			配合性质及适用场合
	键	轴槽	轮毂槽	
松	h8	H9	D10	用于导向平键,导向平键装在轴上,借螺钉固定,轮毂可在轴上滑动,也用于薄型平键
正常		N9	JS9	普通平键或半圆键压在轴槽中固定,轮毂顺着键侧套到轴上固定。用于传递一般载荷,也用于薄型平键、楔键的轴槽和轮毂槽
紧密		P9	P9	普通平键或半圆键压在轴槽和轮毂槽中,均固定。用于传递重载和冲击载荷或双向传递扭矩,也用于薄型平键

2. 非配合尺寸的公差与配合

平键联接的非配合尺寸中,轴键槽深 t_1 和轮毂键槽深 t_2 及槽底面与侧面交角半径 r 的极限尺寸由 GB/T 1095—2003《平键键槽的剖面尺寸》规定,见表 8 - 2。键高 h 的公差带取 h11,键长 L 的公差带取 h14,轴键槽长的公差带取 H14。

表 8-2　普通平键键槽的尺寸与公差（摘自 GB/T 1095—2003）　　　　　（mm）

键尺寸 b×h	键槽											
	宽度 b						深度				半径 r	
	公称尺寸	极限偏差					轴 t₁		毂 t₂			
		正常联接		紧密联接	松联接		公称尺寸	极限偏差	公称尺寸	极限偏差	min	max
		轴 N9	毂 JS9	轴和毂 P9	轴 H9	毂 D10						
2×2	2	−0.004 −0.029	±0.0125	−0.006 −0.031	+0.025 0	+0.060 +0.020	1.2	+0.10	1.0	+0.10	0.08	0.16
3×3	3						1.8		1.4			
4×4	4	0 −0.030	±0.015	−0.012 −0.042	+0.030 0	+0.078 +0.030	2.5		1.8		0.16	0.25
5×5	5						3.0		2.3			
6×6	6						3.5		2.8			
8×7	8	0 −0.036	±0.018	−0.015 −0.051	+0.036 0	+0.098 +0.040	4.0		3.3		0.25	0.40
10×8	10						5.0		3.3			
12×8	12	0 −0.043	±0.0215	−0.018 −0.061	+0.043 0	+0.120 +0.050	5.0	+0.20	3.3	+0.20		
14×9	14						5.5		3.8			
16×10	16						6.0		4.3			
18×11	18						7.0		4.4			
20×12	20	0 −0.052	±0.025	−0.022 −0.074	+0.052 0	+0.149 +0.065	7.5		4.9		0.40	0.60
22×14	22						9.0		5.4			
25×14	25						9.0		5.4			
28×16	28						10.0		6.4			
32×18	32	0 −0.062	±0.031	−0.026 −0.088	+0.062 0	+0.180 +0.080	11.0		7.4		0.70	1.00
36×20	36						12.0		8.4			
40×22	40						13.0		9.4			
45×25	45						15.0		10.4			
50×28	50						17.0		11.4			
56×32	56	0 −0.074	±0.037	−0.032 −0.106	+0.074 0	+0.220 +0.100	20.0	+0.30	12.4	+0.30	1.20	1.60
63×32	63						20.0		12.4			
70×36	70						22.0		14.4			
80×40	80						25.0		15.4			
90×45	90	0 −0.087	±0.0435	−0.037 −0.124	+0.087 0	+0.260 +0.120	28.0		17.4		2.00	2.50
100×50	100						31.0		19.0			

3. 键和键槽的几何公差

键槽的位置公差主要指轴键槽的实际中心平面相对于基准轴线的对称度公差。如果超差,键将不能装入键槽,或者键与键槽不能保证足够的接触面来传递扭矩。因此,对称度公差等级按 GB/T 1184—1996,一般取 7～9 级。键和键槽配合面的表面粗糙度一般取 $R_a1.6$～$6.3\ \mu m$,非配合面取 $R_a6.3$～$12.5\ \mu m$。

轴键槽和轮毂键槽剖面尺寸及其尺寸公差、几何公差和表面粗糙度的标注如图 8-3 所示。考虑到检测方便,在零件图中,轴槽键深 t_1 用 $(d-t_1)$ 标注,其极限偏差与 t_1 相反;轮毂槽深 t_2 用 $(D+t_2)$ 标注,其极限偏差与 t_2 相同。

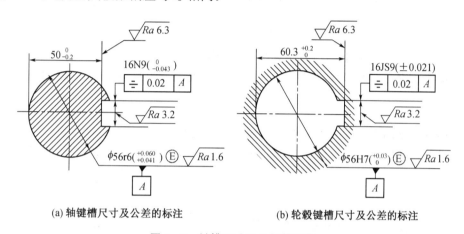

(a) 轴键槽尺寸及公差的标注　　　　　　(b) 轮毂键槽尺寸及公差的标注

图 8-3　键槽尺寸及公差的标注

二、键槽检测

1. 尺寸检验

键槽的尺寸检测比较简单,检测的项目主要有键槽宽度、键槽深度。在单件小批量生产时,通常采用游标卡尺、千分尺等通用量具;在大批量生产时,一般采用专用量具,如图 8-4 所示。图 8-4(a)、(b)、(c) 三种量规为检验尺寸误差的极限量规,具有通端和止端,检验时通端能通过而止端不能通过为合格。

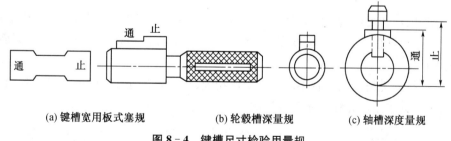

(a) 键槽宽用板式塞规　　　　(b) 轮毂槽深量规　　　　(c) 轴槽深度量规

图 8-4　键槽尺寸检验用量规

2. 对称度误差检测

在单件小批量生产中,键槽对轴线的对称度误差用通用量仪检测,检测方法如图 8-5 所示。在槽中塞入量块组,用指示表将量块上表面校平,记下指示表读数 δ_{x_1};将工件旋转180°,在同一横截面方向,再将量块校平,记下读数 δ_{x_2},两次读数差为 a,则该截面的对称度误差为

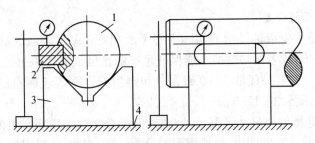

图 8-5 轴上键槽对称度误差检测

1—工件；2—量块；3—V 形架；4—平板

$$f_{截} = at/[2(R - t_1/2)] = at/(d - t_1) \qquad (8-1)$$

式中，R 为轴的半径；d 为轴的直径；t_1 为轴上键槽深度。

再沿键槽长度方向测量，取长度方向两点的最大读数差为长度方向对称度误差

$$f_长 = a_高 - a_低 \qquad (8-2)$$

取截面和长度两个方向测得的误差的最大值为该零件键槽的对称度误差。

在大批量生产中，键槽尺寸及其对轴线的对称度误差采用专用量规检测，如图 8-6 所示。

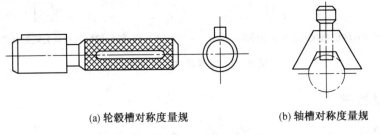

(a) 轮毂槽对称度量规　　　　　(b) 轴槽对称度量规

图 8-6 键槽对称度检验用量规

图 8-6(a)、(b)为两种检验几何误差的综合量规，只有通端，通过为合格。

§8.2 花键联接的互换性及检测

花键联接由内花键（花键孔）和外花键（花键轴）组成。它可作固定联接，也可作滑动联接。与单键相比，花键联接具有定心精度高、导向性好、承载能力强和联接可靠的优点，因而在机械结构中应用较多。

花键联接按其键齿截面形状不同分为矩形花键、渐开线花键和三角形花键三种，其结构如图 8-7 所示。其中矩形花键应用最为广泛。

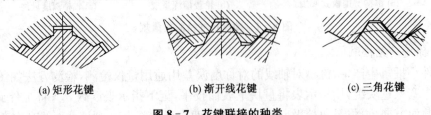

(a) 矩形花键　　　　　(b) 渐开线花键　　　　　(c) 三角花键

图 8-7 花键联接的种类

一、矩形花键的定心方式

矩形花键联接的功能要求是保证内外花键联接后具有较高的同轴度和传递较大的扭矩。矩形花键联接的公称尺寸有小径(d)、大径(D)和键宽(B),如图 8-8 所示。若要求这三个尺寸加工很精确是非常困难的,而且也无必要。因此三个尺寸中只需选择一个尺寸作为主要配合尺寸,用高精度制造来保证内、外花键的配合性质,而另外两个尺寸只需用较低精度制造。确定配合性质的结合面称为定心表面。但键宽 B 这一配合尺寸起传递扭矩和导向作用,无论是否作为定心表面,都应要求足够的配合精度。

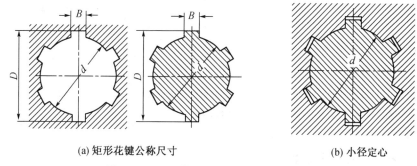

(a) 矩形花键公称尺寸   (b) 小径定心

图 8-8 矩形花键的公称尺寸及小径定心

根据定心要求的不同,花键联接可分为三种定心方式:按小径 d 定心;按大径 D 定心;按键宽 B 定心。在国家标准 GB/T 1144—2001《矩形花键尺寸公差和检验》中明确规定了以小径作为定心方式,如图 8-8 所示。其原因是采用小径定心,热处理后的变形可用内圆磨床修复,因而定心精度高,定心稳定性好,使用寿命长,利于提高产品质量,简化加工工艺,降低生产成本。

二、矩形花键的公差与配合

矩形花键联接采用基孔制配合,小径处采用包容要求,其公差与配合分为两种情况:

(1)一般用途用矩形花键。国家标准规定不论配合性质如何,花键孔定心小径的公差带均取 H7。

(2)精密传动用矩形花键。国家标准推荐花键孔定心小径使用公差带 H5。实现不同配合性质主要由花键小径选取不同公差带来实现。

内外花键的尺寸公差带应符合 GB/T 1801—2009 的规定,并按表 8-3 取值。

表 8-3 矩形内、外花键的尺寸公差带(摘自 GB/T 1144—2001)

内花键				外花键			装配形式
d	D	B		d	D	B	
		拉削后不热处理	拉削后热处理				
一 般 用							
H7	H10	H9	H11	f7	a11	d10	滑 动
				g7		f9	紧滑动
				h7		h10	固 定

（续表）

内花键				外花键			装配形式
d	D	B		d	D	B	
		拉削后不热处理	拉削后热处理				
精 密 传 动 用							
H5	H10	H7、H9		f5	d8		滑 动
				g5	f7		紧滑动
				h5	a11	h8	固 定
H6				f6		d8	滑 动
				g6		f7	紧滑动
				h6		h8	固 定

注：精密传动用的内花键，当需要控制键侧配合间隙时，槽宽可选 H7，一般情况下可选 H9；
　　d 为 H6 和 H7 的内花键，允许与高一级的外花键配合。

三、矩形花键的几何公差

除尺寸公差对花键配合性质有影响外，花键的几何公差对花键配合的性质也会产生影响，必须加以控制。国家标准 GB/T 1144—2001《矩形花键尺寸公差和检验》规定，对小径表面所对应的轴线采用包容要求，即用小径的尺寸公差控制小径表面的形状误差；对花键的位置度公差采用最大实体要求；对键和键槽的对称度公差采用独立原则。

标准中所规定的位置度公差适用于大批量生产，公差值见表 8-4，其标注如图 8-9 所示；对称度公差适用于单件小批量生产，公差值见表 8-5，其标注如图 8-10 所示。

表 8-4　矩形花键位置度公差（摘自 GB 1144—2001）　　　　　　（mm）

键槽宽或键宽 B		3	3.5～6	7～10	12～18
		t_1			
键槽宽		0.010	0.015	0.020	0.025
键宽	滑动、固定	0.010	0.015	0.020	0.025
	紧滑动	0.005	0.010	0.013	0.016

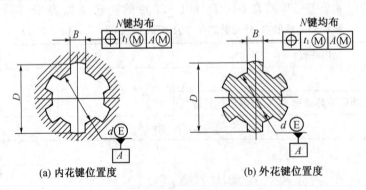

(a) 内花键位置度　　　　　　(b) 外花键位置度

图 8-9　花键位置度公差标注

表 8 - 5　矩形花键的对称度公差(摘自 GB 1144—2001)　　　　　　(mm)

键槽宽或键宽 B	3	3.5～6	7～10	12～18
	t_2			
一　般　用	0.010	0.012	0.015	0.018
精密传动用	0.006	0.008	0.009	0.011

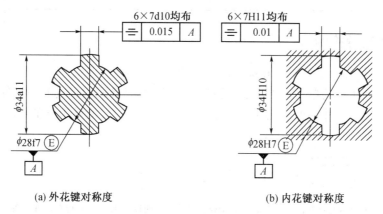

(a) 外花键对称度　　　　　　　　　(b) 内花键对称度

图 8 - 10　花键对称度公差标注

四、矩形花键的图样标注

图样上矩形花键的标注代号按顺序依次表示为键数 N、小径 d、大径 D、键(键槽)宽 B、其各自的公差带代号或配合代号标注于各公称尺寸之后。例如:某矩形花键联接,花键的 $N=6$,$d=23$ mm,配合为 H7/f7;$D=26$ mm,配合为 H10/a11;$B=6$,配合为 H11/d10,标注如下:

花键规格:$N \times d \times D \times B$　　　　　$6 \times 23 \times 26 \times 6$

装配图上标注为:6×23H7/f7$\times 26$H10/a11$\times 6$H11/d10　　　GB/T 1144—2001

零件图上标注为:6×23H7$\times 26$H10$\times 6$H11　　GB/T 1144—2001(内花键)

　　　　　　　　6×23f7$\times 26$a11$\times 6$d10　　　　GB/T 1144—2001(外花键)

矩形花键标注如图 8 - 11 所示。

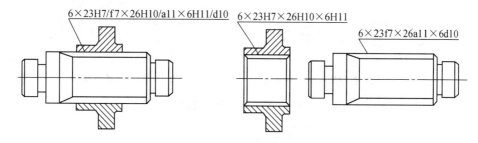

图 8 - 11　矩形花键标注示例

以小径定心时,花键各表面的表面粗糙度参数值见表 8 - 6。

表 8 - 6　花键表面粗糙度参数 R_a　　　　　　　　　　　　（μm）

项目	加工表面	
	内花键	外花键
小径	≤1.6	≤0.8
大径	≤6.3	≤3.2
键侧	≤6.3	≤1.6

五、矩形花键检测

矩形花键的检测分单项检测和综合检测两种。

单件、小批量生产的单项检测主要用游标卡尺、千分尺等通用量具分别对各尺寸和几何误差进行测量，以保证尺寸偏差及几何误差在其公差范围内。大批量生产的单项检测常用专用量具，如图 8 - 12 所示。

(a) 检查花键孔小径的光滑塞规　(b) 检查花键孔大径的板塞规　(c) 检查花键槽塞规

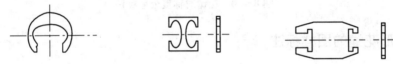

(d) 检查花键轴大径的光滑卡规　(e) 检查花键轴小径的卡规　　(f) 检查花键轴键宽的卡规

图 8 - 12　花键专用塞规和卡规

综合检测适用于大批量生产，所用量具是花键综合量规，如图 8 - 13 所示。综合量规用于控制被测花键的最大实体边界，即综合检验小径、大径及键（槽）宽的关联作用尺寸，使其控制在最大实体边界内。然后用单项止端量规分别检验尺寸小径、大径及键（槽）宽的最小实体尺寸。检验时，综合量规应能通过工件，单项止规通不过工件，则工件合格。

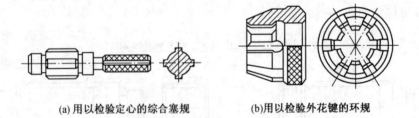

(a) 用以检验定心的综合塞规　　　　(b)用以检验外花键的环规

图 8 - 13　花键综合量规

思考题与习题

一、填空题

1. 普通平键的主要配合尺寸是_____，配合采用基_____制配合，平键联接的三种配合是_____、_____和_____。

2. 平键联接中,应对键槽提出的位置公差是_____,基准应为_____。

3. 花键联接中采用的定心方式有三种,国标中规定一般应采用_____定心方式,可以获得更高的定心精度要求,定心稳定性好,使用寿命长。

4. 内、外花键的配合分为_____、_____和_____三种。

5. 内、外花键定心小径表面的形状公差和尺寸公差的关系应遵守_____。

6. 对于大批量生产的内、外花键产品,检验所用量具为_____。

二、综合题

1. 某汽车用矩形花键副,规格为 $6 \times 26 \times 30 \times 6$,定心精度要求不高但传递扭矩较大,试确定其公差与配合。

2. 试按 GB/T 1144—2001 确定矩形花键 $6 \times 23(H7/g7) \times 26(H10/a11) \times 6(H11/f9)$ 中内外花键的小径、大径、键宽、键槽宽的极限偏差和位置度公差,并指出各自应遵守的公差原则。

第9章 螺纹的互换性及检测

本章要点：

1. 了解螺纹的作用、分类及使用要求，熟悉普通螺纹的主要几何参数。
2. 了解普通螺纹的几何参数对螺纹互换性的影响，掌握保证螺纹互换性的条件。
3. 初步掌握普通螺纹公差与配合的选用和正确标注。
4. 了解传动螺纹精度和标注。
5. 了解螺纹常用的检测方法。

螺纹结合在机械制造业中应用广泛，它由相互结合的内、外螺纹组成，通过旋合后牙侧面的接触作用来实现零部件间的连接、紧固和相对位移等功能。本章主要从互换性的角度介绍普通螺纹及其国家标准，并简要介绍丝杠螺母公差。

§9.1 概 述

一、螺纹的分类

螺纹的种类很多，按其功能要求一般可以分为三类：

1. 连接螺纹

连接螺纹又称紧固螺纹。其作用是将零件连接紧固成一体，如螺栓连接、螺钉连接等，这是使用最广泛的一种螺纹结合，其牙型一般为三角形。对此类螺纹的要求主要是具有良好的旋合性和连接的可靠性。

2. 传动螺纹

传动螺纹用于传递运动、动力和位移。如机床的传动丝杠和螺母、螺纹千斤顶的起重螺杆等。其牙型一般为梯形或矩形。对此类螺纹的要求主要是传递动力的可靠性和传递位移的准确性。

3. 紧密螺纹

紧密螺纹的作用是实现两个零件紧密连接而无泄漏的结合，如用于连接管道的螺纹。其牙型一般为三角形，有直管和锥管之分。此类螺纹的主要要求是结合应具有一定的过盈，以防止漏水、漏气或漏油。

二、普通螺纹的基本几何参数

普通螺纹是最常用的连接螺纹。根据 GB/T 192—2003《普通螺纹基本牙型》，普通螺纹的基本牙型如图 9-1 所示,它是在高为 H 的等边三角形(即原始三角形)上截去其顶部和底部而形成的。内、外螺纹的大径、中径、小径的公称尺寸都定义在基本牙型上。

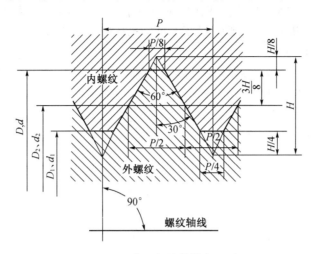

图 9-1　普通螺纹的基本牙型

普通螺纹的主要几何参数有:

1. 大径(D、d)

大径是指与外螺纹牙顶或内螺纹牙底相重合的假想圆柱的直径。D 表示内螺纹的大径,d 表示外螺纹的大径。国家标准规定,普通螺纹的公称直径是指螺纹大径的公称尺寸。

2. 小径(D_1、d_1)

小径是指与外螺纹牙底或内螺纹牙顶相重合的假想圆柱的直径。

为方便起见,与外螺纹或内螺纹牙顶相重合的假想圆柱的直径(即外螺纹的大径 d 或内螺纹的小径 D_1)又称为顶径。与外螺纹或内螺纹牙底相重合的假想圆柱的直径(即外螺纹的小径 d_1 或内螺纹的大径 D)又称为底径。

3. 中径(D_2、d_2)

中径是一个假想圆柱的直径,该圆柱的母线所通过的牙型上沟槽和凸起宽度相等。

4. 单一中径(D_{2s}、d_{2s})

单一中径是一个假想圆柱的直径,该圆柱的母线通过牙型上沟槽宽度等于基本螺距一半 $P/2$ 的地方,它与牙体宽度无关。当螺距无误差时,中径就是单一中径;当螺距有误差时,则两者不相等,如图 9-2 所示。单一中径检测简便,可用三针法测得,通常把单一中径近似看作实际中径(D_{2a} 或 d_{2a})。

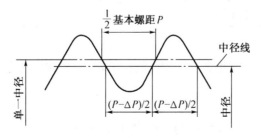

图 9-2　单一中径

5. 螺距(P)

螺距是指相邻两牙在中径线上对应两点间的轴向距离。螺距有粗牙和细牙两种,相互结合的内外螺纹的螺距必须相同。国家标准中规定了普通螺纹的直径与螺距系列,见表9-1。

表 9-1　普通螺纹的公称尺寸(摘自 GB/T 192—2003)　　　　　　　　　(mm)

公称直径 D、d			螺距 P	中径 D_2 或 d_2	小径 D_1 或 d_1
第一系列	第二系列	第三系列			
10			**1.5**	9.026	8.376
			1.25	9.188	8.647
			1	9.350	8.917
			0.75	9.513	9.188
12			**1.75**	10.863	10.106
			1.5	11.026	10.376
			1.25	11.188	10.647
			1	11.350	10.917
	14		**2**	12.701	11.835
			1.5	13.026	12.376
			1	13.350	12.917
16			**2**	14.701	13.835
			1.5	15.026	14.376
			1	15.350	14.917
20			**2.5**	18.376	17.294
			2	18.701	17.835
			1.5	19.026	18.376
			1	19.350	18.917
24			**3**	22.051	20.752
			2	22.701	21.835
			1.5	23.026	22.376
			1	23.350	22.917
		25	2	23.701	22.835
			1.5	24.026	23.376

注:1. 优先选用第 1 系列,其次第 2 系列,第 3 系列尽可能不用;
　　2. 粗体字表示的螺距为粗牙螺距。

6. 牙型角(α)

牙型角是指在螺纹牙型上相邻两牙侧间的夹角,普通螺纹的牙型角 $\alpha = 60°$,参见图 9-1。牙型角的一半为牙型半角。

7. 牙侧角(α_1、α_2)

牙侧角是指在螺纹牙型上,牙侧与螺纹轴线垂线间的夹角。左、右牙侧角分别用 α_1、α_2 表示。

8. 原始三角形高度(H)

原始三角形高度为原始三角形顶点沿垂直于螺纹的轴线方向到底边的距离,由图 9-1 可知,H 与螺纹螺距 P 的几何关系为: $H = \dfrac{\sqrt{3}P}{2}$。

9. 螺纹接触高度

螺纹接触高度是指在两个相互旋合螺纹的牙型上,牙侧重合部分在垂直于螺纹轴线方向上的距离,如图 9-3 所示。

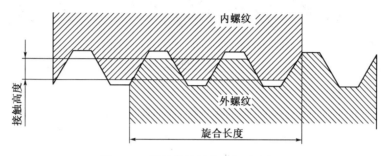

图 9-3　螺纹的接触高度与旋合长度

10. 螺纹旋合长度

螺纹旋合长度是指两个相互配合的螺纹沿螺纹轴线方向相互旋合部分的长度,见图 9-3。

实际工作中,已知螺纹公称直径(即大径)和螺距,且无资料可查,但需要得到螺纹小径、中径尺寸时,可根据基本牙型按下列公式计算:

$$D_1(d_1) = D(d) - 2 \times \frac{5}{8}H = D(d) - 1.082\,5P \tag{9-1}$$

$$D_2(d_2) = D(d) - 2 \times \frac{3}{8}H = D(d) - 0.649\,5P \tag{9-2}$$

§9.2　普通螺纹的几何参数误差对互换性的影响

影响螺纹互换性的几何参数有:大径、中径、小径、螺距和牙侧角等。一般螺纹的大径和小径处有间隙,不会影响螺纹的配合性质和旋合性,而内、外螺纹连接是依靠旋合后的牙侧面接触的均匀性来实现的。因此影响螺纹互换性的主要因素是螺距误差、牙侧角偏差和中径误差。为保证有足够的连接强度,对顶径也提出了一定的精度要求。

一、螺距误差的影响

螺距误差包括局部误差(ΔP)和与旋合长度有关的累积误差(ΔP_Σ),其中螺距累积误差是影响螺纹可旋合性的主要因素。

如图 9-4 所示,假设内螺纹具有基本牙型,外螺纹的中径及牙型半角均无误差,仅存在螺距误差,并假设在旋合长度内,外螺纹有螺距累积误差 ΔP_Σ。因此内、外螺纹旋合时,牙侧面会发生干涉(图中阴影重叠部分),且随着旋进牙数的增加,牙侧的干涉量会增大,最后无法再旋合进去,从而影响螺纹的可旋合性。为了让一个实际有螺距累积误差的外螺纹仍能在所要求的旋合长度内全部与内螺纹自由旋合,需将外螺纹的中径减小一个数值 f_p。同理,当内螺纹仅存在螺距累积误差时,为了使其可旋入具有理想牙型的外螺纹,应把内螺纹的中径加大一个数值 F_p。这个 $f_p(F_p)$ 就是为补偿螺距误差而折算到中径上的数值,称为螺距误差的中径当量。

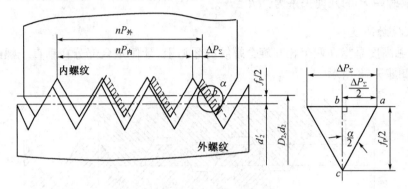

图 9-4　螺距误差对互换性的影响

由图 9-4 中 $\triangle abc$ 关系可知:

$$f_p(F_p) = 1.732 \mid \Delta P_\Sigma \mid \tag{9-3}$$

二、牙侧角偏差的影响

牙侧角偏差包括螺纹牙侧的形状误差和相对于螺纹轴线的垂线的位置误差。牙侧角偏差是指实际牙侧角与理论牙型半角的代数差。牙侧角偏差可使内、外螺纹结合时发生干涉,影响旋合性,并使螺纹接触面积减少,磨损加快,降低连接的可靠性,应加以限制。

如图 9-5 所示,假定内螺纹是理想牙型,外螺纹仅有牙侧角偏差,在小径或大径牙侧处会产生干涉不能旋合。为了消除干涉区,可将外螺纹中径减少一个数值 f_a。同理,当内螺纹有牙侧角偏差时,为了保证可旋合性,应把内螺纹中径加大一个数值 F_a,这个 $f_a(F_a)$ 就是补偿牙侧角偏差而折算到中径上的数值,称为牙侧角偏差的中径当量。

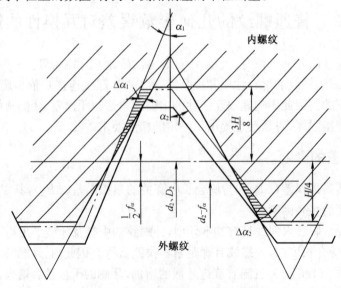

图 9-5　牙侧角偏差对互换性的影响

根据三角形的正弦定理可推导出：

$$f_a(F_a) = 0.073P(K_1 \mid \Delta\alpha_1 \mid + K_2 \mid \Delta\alpha_2 \mid)(\mu m) \qquad (9-4)$$

式中，P 为螺距公称值（mm）；$\Delta\alpha_1$、$\Delta\alpha_2$ 分别为左、右牙侧角偏差，单位为（'）；K_1、K_2 分别为左、右牙侧角偏差补偿系数，其选值列于表 9-2。

表 9-2　K_1、K_2 值的取法

内螺纹				外螺纹			
$\Delta\alpha_1>0$	$\Delta\alpha_1<0$	$\Delta\alpha_2>0$	$\Delta\alpha_2<0$	$\Delta\alpha_1>0$	$\Delta\alpha_1<0$	$\Delta\alpha_2>0$	$\Delta\alpha_2<0$
K_1		K_2		K_1		K_2	
3	2	3	2	2	3	2	3

三、中径误差的影响

螺纹的单一中径误差将直接影响螺纹的旋合性和结合强度。假设其他参数处于理想状态，当外螺纹的中径大于内螺纹的中径时，会影响旋合性，反之，外螺纹中径比内螺纹中径小得多，则配合太松，难以使牙侧间接触良好，影响连接可靠性。因此，为保证螺纹的互换性，必须限制螺纹的中径误差。

四、保证普通螺纹互换性的条件

1. 作用中径（D_{2m}、d_{2m}）

作用中径是指螺纹配合中实际起作用的中径。当有螺距累积误差、牙侧角偏差的外螺纹与具有理想牙型的内螺纹旋合时，旋合变紧，只能与一个中径较大的内螺纹旋合，其效果好像外螺纹的中径增大了，这个增大了的假想中径是与内螺纹旋合时起作用的中径，称为外螺纹的作用中径，以 d_{2m} 表示。它等于外螺纹的单一中径与螺距累积误差、牙侧角偏差中径当量之和，即

$$d_{2m} = d_{2a} + f_p + f_\alpha \qquad (9-5)$$

同理，当有螺距累积误差和牙侧角偏差的内螺纹与具有理想牙型的外螺纹旋合时，旋合也变紧了，只能与一个中径较小的外螺纹旋合，其效果好像内螺纹中径减小了。这个减小的假想中径是与外螺纹旋合时起作用的中径，称为内螺纹的作用中径，以 D_{2m} 表示。它等于内螺纹的单一中径与螺距累积误差、牙侧角偏差中径当量之差，即

$$D_{2m} = D_{2a} - F_p - F_\alpha \qquad (9-6)$$

因此，螺纹在旋合时起作用的中径（作用中径）是由实际中径（单一中径）、螺距累积误差、牙型半角误差三者综合作用结果而形成的。

2. 保证普通螺纹互换性的条件

螺距累积误差和牙侧角偏差的影响均可折算为中径当量值，因此要实现螺纹结合的互换性，螺纹中径必须合格。

保证普通螺纹的互换性，螺纹中径也应遵循极限尺寸判断原则，即泰勒原则：螺纹的作用

中径不能超过螺纹的最大实体牙型中径,任何位置上的单一中径(实际中径)不能超过螺纹的最小实体牙型中径。所谓最大与最小实体牙型是指在螺纹中径公差范围内,分别具有材料量最多和最少且与基本牙型形状一致的螺纹牙型。

用公式表示如下:

对外螺纹　　　　　　　　　　　　　$d_{2m} \leqslant d_{2max}, d_{2a} \geqslant d_{2min}$

对内螺纹　　　　　　　　　　　　　$D_{2m} \geqslant D_{2min}, D_{2a} \leqslant D_{2max}$

图 9-6 显示在应用螺纹中径合格性判断原则时,作用中径与螺距累积误差、牙侧角偏差、单一中径以及中径最大(最小)极限尺寸之间的关系。

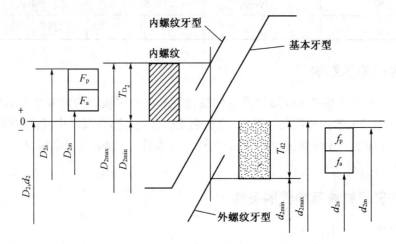

图 9-6　螺纹中径合格性判断原则

五、螺纹大小径的影响

在螺纹制造时,为防止在大小径处出现干涉而影响螺纹的旋合性,常令内螺纹的大小径的实际尺寸分别大于外螺纹的大小径的实际尺寸。但若内螺纹的小径过大或外螺纹的大径过小,则会减小螺纹的接触面积,从而影响螺纹连接的可靠性,因此标准中对内螺纹的小径和外螺纹的大径(螺纹顶径)规定有公差(参见表 9-5)。

§9.3　普通螺纹的公差与配合

一、普通螺纹的公差带

螺纹公差带与尺寸公差带一样,也是由其大小(公差等级)和相对于基本牙型的位置(基本偏差)所组成的。国家标准 GB/T 197—2003 对普通螺纹的公差等级和基本偏差作了规定。

螺纹公差带是牙型公差带,以基本牙型的轮廓为零线,沿着螺纹牙型的牙侧、牙顶和牙底分布,并从垂直于螺纹轴线方向来计量大、中、小径的偏差和公差,如图 9-7 所示。

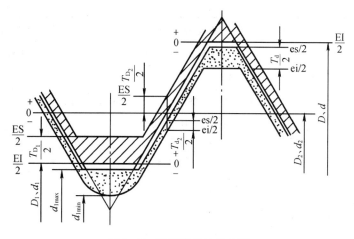

图 9-7　普通螺纹的公差带

1. 公差等级

螺纹公差带的大小由公差值确定,并按公差值大小分为若干等级,见表 9-3。其中,6 级是基本级,3 级精度最高,9 级精度最低。因为内螺纹加工较困难,所以在同一公差等级中,内螺纹中径公差值比外螺纹公差值大 30% 左右,以满足"工艺等价"原则。普通螺纹的中径和顶径公差数值见表 9-4 和表 9-5。

表 9-3　螺纹公差等级

螺纹直径		公差等级
内螺纹	中径 D_2	4,5,6,7,8
	小径 D_1	4,5,6,7,8
外螺纹	中径 d_2	3,4,5,6,7,8,9
	大径 d	4,6,8

表 9-4　普通螺纹中径公差(摘自 GB/T 197—2003)　　　　　　　　　　(μm)

公称直径 d/mm		螺距 P/mm	内螺纹中径公差 T_{D_2}				外螺纹中径公差 T_{d_2}				
			公差等级				公差等级				
>	≤		5	6	7	8	5	6	7	8	9
11.2	22.4	1	125	160	200	250	95	118	150	190	236
		1.25	140	180	224	280	106	132	170	212	265
		1.5	150	190	236	300	112	140	180	224	280
		1.75	160	200	250	315	118	150	190	236	300
		2	170	212	265	335	125	160	200	250	315
		2.5	180	224	280	355	132	170	212	265	335

（续表）

公称直径 d/mm		螺距 P/mm	内螺纹中径公差 T_{D_2}				外螺纹中径公差 T_{d_2}				
			公差等级				公差等级				
$>$	$\leqslant$		5	6	7	8	5	6	7	8	9
22.4	45	1.5	160	200	250	315	118	150	190	236	300
		2	180	224	280	355	132	170	212	265	335
		3	212	265	335	425	160	200	250	315	400
		3.5	224	280	355	450	170	212	265	335	425
		4	236	300	375	475	180	224	280	355	450
		4.5	250	315	400	500	190	236	300	375	475

表 9-5　普通螺纹顶径公差（摘自 GB/T 197—2003）　　　　　　　　　　（μm）

螺距 P/mm	内螺纹小径公差 T_{D_1}				外螺纹大径公差 T_d		
	公差等级				公差等级		
	5	6	7	8	4	6	8
0.75	150	190	236	—	90	140	—
0.8	160	200	250	315	95	150	236
1	190	236	300	375	112	180	280
1.25	212	265	335	425	132	212	335
1.5	236	300	375	475	150	236	375
1.75	265	335	425	530	170	265	425
2	300	375	475	600	180	280	450
2.5	355	450	560	710	212	335	530
3	400	500	630	800	236	375	600

2. 基本偏差

基本偏差是指公差带两极限偏差中靠近零线的那个偏差。它确定了公差带相对基本牙型的位置。内螺纹的基本偏差是下极限偏差（EI），外螺纹的基本偏差是上极限偏差（es）。

国家标准对内螺纹规定了两种基本偏差，其代号为 G、H，如图 9-8 所示。

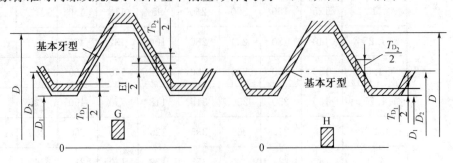

图 9-8　内螺纹的基本偏差

国家标准对外螺纹规定了四种基本偏差,其代号为 e,f,g,h。对小径只规定了上极限尺寸,如图 9-9 所示。具体基本偏差数值参见表 9-6。

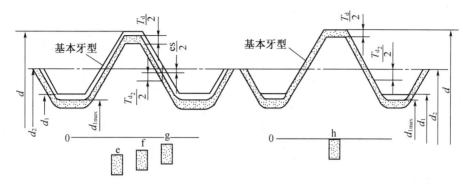

图 9-9 外螺纹的基本偏差

表 9-6 普通螺纹的基本偏差(摘自 GB/T 197—2003) (μm)

螺距 P/mm	内螺纹基本偏差 EI		外螺纹基本偏差 es			
	G	H	e	f	g	h
0.75	+22	0	−56	−38	−22	0
0.8	+24		−60	−38	−24	
1	+26		−60	−40	−26	
1.25	+28		−63	−42	−28	
1.5	+32		−67	−45	−32	
1.75	+34		−71	−48	−34	
2	+38		−71	−52	−38	
2.5	+42		−80	−58	−42	
3	+48		−85	−63	−48	

二、螺纹的旋合长度与精度

1. 螺纹的旋合长度

为了满足普通螺纹不同使用性能的要求,国家标准规定了不同公称直径和螺距对应的旋合长度,它分为短、中和长三种,分别用代号 S、N 和 L 表示,具体数值参见表 9-7。

表 9-7 螺纹的旋合长度(摘自 GB/T 197—2003) (mm)

公称直径 d		螺距 P	旋合长度组			
>	⩽		S	N		L
			⩽	>	⩽	>
5.6	11.2	0.75	2.4	2.4	7.1	7.1
		1	3	3	9	9
		1.25	4	4	12	12
		1.5	5	5	15	15

（续表）

公称直径 d		螺距 P	旋合长度组			
>	≤		S	N		L
			≤	>	≤	>
11.2	22.4	1 1.25 1.5 1.75 2 2.5	3.8 4.5 5.6 6 8 10	3.8 4.5 5.6 6 8 10	11 13 16 18 24 30	11 13 16 18 24 30

2. 螺纹精度

螺纹精度是由螺纹公差带和螺纹的旋合长度两个因素决定的,如图 9-10 所示。标准将螺纹的精度等级分为精密级、中等级和粗糙级三种。一般以中等旋合长度下的 6 级公差等级作为中等精度。一般用途的螺纹选用中等精度;要求配合性质变动比较小的螺纹选用精密等级;对要求不高或者制造比较困难的螺纹选用粗糙等级。

注:螺纹精度与公差等级在概念上是不同的。同一公差等级的螺纹,若它们的旋合长度不同,则螺纹的精度不同。

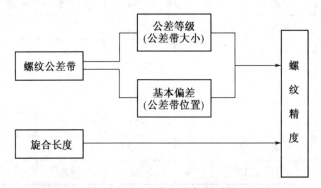

图 9-10　螺纹公差、旋合长度与螺纹精度的关系

三、螺纹的公差带及其选用

在选用螺纹的公差与配合时,根据使用要求,将螺纹的公差等级和基本偏差相结合,可得到各种不同的螺纹公差带。内、外螺纹的各种公差带可以组成各种不同的配合。在生产中,为了减少螺纹刀具和螺纹量规的规格和数量,国家标准规定了内、外螺纹的选用公差带,如表 9-8 和表 9-9 所示。

表 9-8　内螺纹的推荐公差带(摘自 GB/T 197—2003)

精　度	公差带位置 G			公差带位置 H		
	S	N	L	S	N	L
精　密				4H	5H	6H
中　等	(5G)	*6G	(7G)	*5H	*6H	*7H

（续表）

精　度	公差带位置 G			公差带位置 H		
	S	N	L	S	N	L
粗　糙		(7G)	(8G)		7H	8H

注：1. 公差带优先选用顺序为：带 * 的公差带、一般字体公差带、括号内公差带；
　　2. 大批量生产的紧固件螺纹推荐采用带下画线的公差带。

表 9-9　外螺纹的推荐公差带（摘自 GB/T 197—2003）

精　度	公差带位置 f			公差带位置 g			公差带位置 h		
	S	N	L	S	N	L	S	N	L
精　密					(4g)	(5g4g)	(3h4h)	* 4h	(5h4h)
中　等		* 6f		(5g6g)	* 6g	(7g6g)	(5h6h)	* 6h	(7h6h)
粗　糙					8g	(9g8g)			

注：1. 公差带优先选用顺序为：带 * 的公差带、一般字体公差带、括号内公差带；
　　2. 大批量生产的紧固件螺纹推荐采用带下画线的公差带。

　　表中列出了 13 种内螺纹公差带和 14 种外螺纹公差带，按照配合组成的规律，它们可以任意组合成各种配合。为了保证连接强度、接触高度和装拆方便，国标推荐优先采用 H/g、H/h 或 G/h 的配合。选择时主要考虑以下几种情况：

　　（1）为了保证旋合性，内、外螺纹应具有较高的同轴度，并有足够的接触高度和结合强度，通常采用最小间隙为零的配合（H/h）。

　　（2）需要拆卸容易的螺纹，可选用较小间隙的配合（H/g 或 G/h）。

　　（3）需要镀层的螺纹，其基本偏差按所需镀层厚度确定。需要涂镀的外螺纹，当镀层厚度为 10 μm 时可采用 g，当镀层厚度为 20 μm 时可采用 f，当镀层厚度为 30μm 时可采用 e。当内、外螺纹均需要涂镀时，则采用 G/e 或 G/f 的配合。

　　（4）在高温条件下工作的螺纹，可根据装配时和工作时的温度来确定适当的间隙和相应的基本偏差，留有间隙以防螺纹卡死。一般常用基本偏差 e。如汽车上用的 M14×1.25 规格的火花塞。温度相对较低时，可用基本偏差 g。

四、螺纹的表面粗糙度

　　螺纹牙型表面粗糙度主要根据中径公差等级来确定。表 9-10 列出了螺纹牙侧表面粗糙度参数 Ra 的推荐值。对于连接强度要求较高的螺纹牙侧表面，Ra 不应大于 0.4 μm。

表 9-10　螺纹表面粗糙度 Ra 　　　　　　　　　　（μm）

工　件	螺纹中径公差等级		
	4,5	6,7	7～9
	Ra 不大于		
螺栓、螺钉、螺母	1.6	3.2	3.2～6.3
轴及套上的螺纹	0.8～1.6	1.6	3.2

五、螺纹的标注

完整的螺纹标注由螺纹代号、尺寸代号、公差带代号和其他有关信息四部分组成,各部分之间用"—"隔开。

普通螺纹特征代号用字母"M"表示。尺寸代号为"公称直径×螺距",单位为毫米。对粗牙螺纹,可以省略标注其螺距。螺纹公差带代号包括中径公差带代号和顶径公差带代号。若二者不同,应分别注出,前者为中径公差带代号,后者为顶径公差带代号。若二者相同,则只标注一个。其他有关信息包括螺纹的旋合长度和旋向,旋合长度代号除"N"不注出外,对于短或长旋合长度,应注出代号"S"或"L",新标准中旋合长度不允许标注具体数值。右旋螺纹不必标注旋向,而左旋螺纹用"LH"标注。

标注内外螺纹配合时,内螺纹公差带代号在前,外螺纹公差带代号在后,中间用斜线分开。

1. 零件图上标注示例

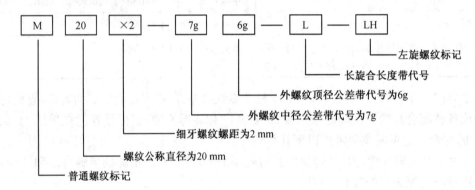

2. 装配图上标注示例

如:M20—6H/5g6g 表示互相配合的普通粗牙内、外螺纹,公称直径为 20 mm,内螺纹的中径和顶径公差带代号为 6 H,外螺纹中径公差带代号为 5 g,顶径公差带代号为 6 g,中等旋合长度,右旋。

【例 9 - 1】 加工一 M24—6h 的螺栓,加工后测得的结果为:$d_{2a} = 21.900$ mm,$\Delta P_\Sigma = 40\ \mu m$,$\Delta \alpha_1 = -70'$,$\Delta \alpha_2 = -30'$。试问此螺纹中径是否合格?

解: 查表 9 - 1,M24—6h 的螺距 $P = 3$ mm,中径 $d_2 = 22.051$ mm

查表 9 - 4,中径公差 $T_{d_2} = 200\ \mu m$,查表 9 - 6,中径上极限偏差 es = 0

中径的极限尺寸:$d_{2max} = 22.051$ mm,$d_{2min} = 21.851$ mm

外螺纹的作用中径:$d_{2m} = d_{2a} + f_p + f_\alpha$

$f_P = 1.732 \mid \Delta P_\Sigma \mid = 1.732 \times 40$

　　 $= 69.28\ \mu m = 0.069\ 28$ mm

$f_\alpha = 0.073P(K_1 \mid \Delta \alpha_1 \mid + K_2 \mid \Delta \alpha_2 \mid)$

　　 $= 0.073 \times 3 \times (3 \times 70 + 3 \times 30)$

　　 $= 65.7\ \mu m \approx 0.066$ mm

$d_{2m} = 21.900 + (0.069\ 28 + 0.065\ 7) = 22.035$ mm

根据中径合格性的判断原则:

因为 $d_{2a} = 21.900$ mm,$d_{2max} = 22.051$ mm,$d_{2m} = 22.035$ mm,$d_{2min} = 21.851$ mm,

所以 $d_{2a} > d_{2min}, d_{2m} < d_{2max}$。

故此外螺纹中径合格。

§9.4　传动螺纹的公差与配合

一、概述

机床中梯形螺纹丝杠和螺母的应用较为广泛,其特点是丝杠和螺母在中径和小径上的公称直径不相同,两者结合后,在大径及小径上均有间隙。梯形螺纹基本牙型与公称尺寸见图 9 - 11 和表 9 - 11。

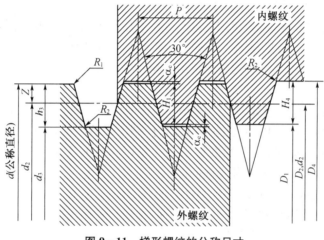

图 9 - 11　梯形螺纹的公称尺寸

表 9 - 11　梯形螺纹的几何参数

名称	代号	关系式	名称	代号	关系式
外螺纹大径	d		内螺纹大径	D_4	$D_4 = d + \alpha_c$
外螺纹小径	d_3	$d_3 = d - 2h_3$	内螺纹小径	D_1	$D_1 = d - 2H_1 = d - P$
外螺纹中径	d_2	$d_2 = d - 2Z = d - 0.5P$	内螺纹中径	D_2	$D_2 = d - 2Z = d - 0.5P$
基本牙型高度	H_1	$H_1 = 0.5P$	牙顶高	Z	$Z = 0.25P = H_1/2$
外螺纹牙高	h_3	$h_3 = H_1 + \alpha_c = 0.5P + \alpha_c$	内螺纹牙高	H_4	$H_4 = H_1 + \alpha_c = 0.5P + \alpha_c$
螺　距	P		牙顶间隙	α_c	

梯形螺纹不仅可以用来传递一般的运动和动力,而且还要精确地传递位移,故而精度要求高。机床用的梯形螺纹有关精度要求在行业标准 JB 2886—1992《机床梯形螺纹丝杠和螺母技术条件》中给出了详细规定。该标准适用于机床传动及定位用,牙型角为 30°的单线梯形螺纹丝杠和螺母。

二、对机床丝杠、螺母工作精度的要求

根据丝杠的功用,提出了轴向的传动精度要求,即对螺旋线(或螺距)提出了公差要求。又

因丝杠、螺母有相互间的运动,为保证其传动精度,要求螺纹牙侧表面接触均匀,并使牙侧面的磨损小,故对丝杠提出了牙型半角的极限偏差要求、中径尺寸的一致性等要求,以保证牙侧面的接触均匀性。

三、丝杠、螺母公差（JB 2886—1992）

1. 精度等级

机床丝杠和螺母的精度等级各分为 7 级:3,4,5,…,9 级。其中 3 级精度最高,其余精度依次降低,9 级精度最低。各级精度主要应用的情况如下:

3 级、4 级主要用于超高精度的坐标镗床和坐标磨床的传动定位丝杠和螺母。

5 级、6 级用于高精度坐标镗床、高精度丝杠车床、螺纹磨床、齿轮磨床的传动丝杠,不带校正装置的分度机构和计量仪器上的测微丝杠。

7 级用于精密螺纹车床、齿轮机床、镗床、外圆磨床和平面磨床的精确传动丝杠和螺母。

8 级用于一般的传动,如普通车床、普通铣床、螺纹铣床用的丝杠。

9 级用于低精度的地方,如普通机床进给机构用的丝杠。

2. 螺母精度的确定

对于与丝杠配合的螺母规定了大、中、小径的极限偏差。因螺母这一内螺纹的螺距累积误差和半角误差难以测量,故用中径公差加以综合控制。高精度的螺母通常按先加工好的丝杠来配作。与丝杠配作的螺母,其中径的极限尺寸是以丝杠的实际中径为基值,按 JB 2886—1992 规定的螺母与丝杠配作的中径径向间隙来确定。

3. 丝杠和螺母螺纹的表面粗糙度

JB 2886—1992 标准对丝杠和螺母的牙侧面、顶径和底径提出了相应的表面粗糙度要求,以满足和保证丝杠和螺母的使用质量。

4. 丝杠和螺母螺纹的标注

符合 JB 2886—1992 标准的机床丝杠和螺母产品由产品代号、尺寸规格及精度等级组成。产品代号用 T 表示。尺寸规格用"公称直径×螺距"表示。当螺纹为左旋时,需在尺寸规格之后标注"LH",右旋不注出。精度等级标注在旋向之后,用短横符号"—"分开。

例如:公称直径为 55 mm,螺距为 12 mm,6 级精度的右旋螺纹标注为 T55×12—6。

§9.5　螺纹的检测

螺纹几何参数的检测方法可分为两种:综合检验与单项测量。

一、综合检验

综合检验是指一次同时检验螺纹的几个参数,以几个参数的综合误差来判断螺纹的合格性。对螺纹进行综合检验时使用的是螺纹量规和光滑极限量规,它们都由通规(通端)和止规(止端)组成。光滑极限量规用于检验内、外螺纹顶径尺寸的合格性,螺纹量规的通规用于检验内、外螺纹的作用中径及底径的合格性,螺纹量规的止规用于检验内、外螺纹单一中径的合格性。

螺纹量规是按极限尺寸判断原则而设计的,螺纹通规体现的是最大实体牙型边界,具有完整的牙型,并且其长度应等于被检螺纹的旋合长度,以用于正确的检验作用中径。若被检螺纹的作用中径未超过螺纹的最大实体牙型中径,且被检螺纹的底径也合格,那么螺纹通规就会在旋合长度内与被检螺纹顺利旋合。

螺纹量规的止规用于检验被检螺纹的单一中径。为了避免牙型半角误差及螺距累积误差对检验的影响,止规的牙型常做成截短型牙型,以使止端只在单一中径处与被检螺纹的牙侧接触,并且止端的牙扣只做出几牙。

图 9‑12 表示检验外螺纹的示意图,先用卡规检验外螺纹顶径的合格性,再用螺纹量规(检验外螺纹的称为螺纹环规)的通端检验,若外螺纹的作用中径合格,且底径(外螺纹小径)没有大于其上极限尺寸,通端应能在旋合长度内与被检螺纹旋合。若被检螺纹的单一中径合格,螺纹环规的止端不应通过被检螺纹,但最多允许旋进 2～3 牙。

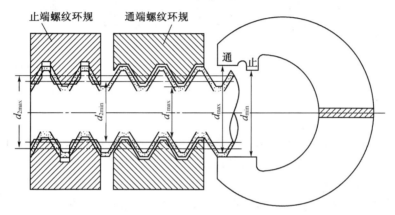

图 9‑12 外螺纹的综合检验

图 9‑13 为检验内螺纹的示意图。用光滑极限量规(塞规)检验内螺纹顶径的合格性。再用螺纹量规(螺纹塞规)的通端检验内螺纹的作用中径和底径,若作用中径合格且内螺纹的大径不小于其下极限尺寸,通规应在旋合长度内与内螺纹旋合。若内螺纹的单一中径合格,螺纹塞规的止端就不通过,但最多允许旋进 2～3 牙。

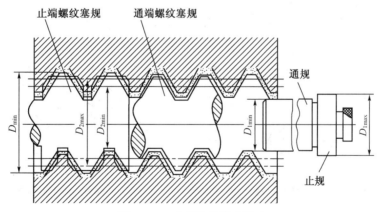

图 9‑13 内螺纹的综合检验

二、单项测量

单项测量是每次只测量螺纹的一项几何参数,用测得的实际值判断螺纹的合格性。单项测量主要用于高精度螺纹、螺纹类刀具、螺纹量规的检测，以及分析及调整螺纹加工工艺。

1. 用螺纹千分尺测量

用螺纹千分尺测量外螺纹中径是生产车间测量低精度螺纹的常用量具。它的构造与一般外径千分尺相似，只是在测量杆上安装了适用于各种不同牙型和不同螺距的、成对配套的测量头，如图 9-14 所示。

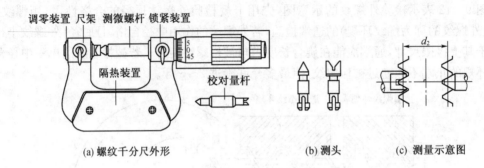

(a) 螺纹千分尺外形　　　　　　(b) 测头　　　(c) 测量示意图

图 9-14　螺纹千分尺

2. 用量针测量

用量针测量螺纹中径，分单针法和三针法测量。单针法常用于大直径螺纹的中径测量，这里主要介绍三针法测量。量针测量具有精度高、方法简单的特点。

三针法测量螺纹中径的示意图 9-15。它是根据被测螺纹的螺距，选择合适的量针直径，按图示位置放在被测螺纹的牙槽内，夹在两测头之间。合适直径的量针，是量针与牙槽接触点的轴间距离正好在基本螺距一半处，即三针法测量的是螺纹的单一中径。从仪器上读得 M 值后，再根据螺纹的螺距 P、牙型半角 $\alpha/2$ 及量针的直径 d，按式 9-7 算出所测出的单一中径 d_{2s}：

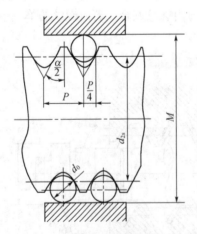

图 9-15　三针法测量外螺纹单一中径

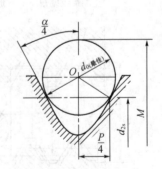

图 9-16　最佳量针

$$d_{2s} = M - d_0 \left(1 + \frac{1}{\sin \dfrac{\alpha}{2}} \right) + \frac{P}{2} \cot \frac{\alpha}{2} \tag{9-7}$$

对于公制普通螺纹牙型半角 $\alpha/2 = 30°$：

$$d_{2s} = M - 3d_0 + \frac{\sqrt{3}}{2}P \qquad\qquad (9-8)$$

为了消除牙侧角偏差对测量结果的影响,量针直径应按照螺距选择,使量针与牙侧的接触点落在中径线上,此值的量针直径称为量针的最佳直径,如图 9-16(b)所示。

$$d_{0最佳} = \frac{1}{\sqrt{3}}P \qquad\qquad (9-9)$$

3. 影像法

影像法测量螺纹是用工具显微镜将被测螺纹的牙型轮廓放大成像,按被测螺纹的影像测量其螺距、牙型侧角和中径等几何参数。各种精密螺纹,如螺纹量规、丝杠等,均可在工具显微镜上测量。图 9-17 为采用工具显微镜测量外螺纹单一中径的示意图。

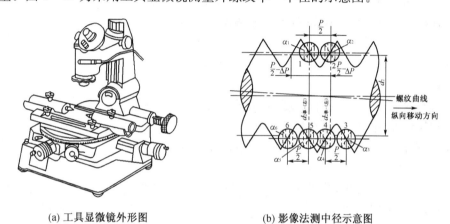

　　　(a) 工具显微镜外形图　　　　　　　　(b) 影像法测中径示意图

图 9-17　工具显微镜测量外螺纹单一中径

思考题与习题

一、单选题

1. 在普通螺纹的公差配合中,为保证旋合性,主要限制_____。

A. 中径误差　　　　　　　　　　B. 大径误差

C. 小径误差　　　　　　　　　　D. 顶径误差

2. 螺纹中径是_____。

A. 等于大径

B. 等于小径

C. 等于大径和小径的平均值

D. 牙型上沟槽和凸起宽度相等假想圆柱面直径

3. 在螺纹公差配合中,外螺纹的作用中径等于_____。

A. $d_{2m} = d_{2a} + f_p + f_\alpha$　　　　　　B. $d_{2m} = d_{2a} - f_p + f_\alpha$

C. $D_{2m} = D_{2a} - F_p - F_\alpha$　　　　　　D. $D_{2m} = D_{2a} - F_p + F_\alpha$

4. 在螺纹图样标注 M10—5g6g 中,5g 表示_____。

A. 大径公差带　　　　　　　　　　　　B. 小径公差带

C. 中径公差带　　　　　　　　　　　　D. 顶径公差带

5. 在螺纹的旋合长度中,符号 N 表示_____。

A. 最大旋合长度　　　　　　　　　　　B. 最小旋合长度

C. 中等旋合长度　　　　　　　　　　　D. 短旋合长度

6. 普通螺纹的配合精度与其_____。

A. 公差等级有关　　　　　　　　　　　B. 旋合长度有关

C. 公差等级和旋合长度有关　　　　　　D. 公差等级和基本偏差无关

7. 螺纹的公称直径是指_____。

A. 中径公称尺寸　　　　　　　　　　　B. 大径公称尺寸

C. 小径公称尺寸　　　　　　　　　　　D. 顶径公称尺寸

8. 在螺纹标注 M8×1—6H 中,8 代表螺纹的_____。

A. 大径　　　　　　　　　　　　　　　B. 小径

C. 中径　　　　　　　　　　　　　　　D. 顶径

二、填空题

1. 普通螺纹规定了三种旋合长度,它们的符号是_____、_____、_____。

2. 影响螺纹互换性的主要参数误差有_____、_____、_____。

3. 螺纹图样标注 M24×2—5H6H—L 中,5H 表示_____,6H 表示_____。

4. M20×2—5H/6g 中,分子为_____公差带代号,分母是_____公差带代号。

5. 螺纹中径的合格条件是_____。

三、简答题

1. 以外螺纹为例,试比较螺纹的中径、单一中径、作用中径之间的异同点。如何判断中径的合格性?

2. 为什么螺纹精度由公差带和旋和长度共同决定?

3. 简述螺纹 M10—7H—L—LH 标注的含义。

4. 查表确定螺纹配合代号 M24—6H/6h 中内外螺纹的大径、小径、中径的公称尺寸、极限偏差和极限尺寸。

四、计算题

有一内螺纹 M20—7H,测得其实际中径为 $D_{2a} = 18.61$ mm,螺距累积误差为 $\Delta P_\Sigma = 40$ μm,左、右牙侧角偏差分别为 $\Delta\alpha_1 = -10'$,$\Delta\alpha_2 = +30'$。试计算该内螺纹的作用中径,并判断此螺纹是否合格。

第 10 章　圆锥的互换性及检测

本章要点：

1. 了解圆锥公差配合的术语及圆锥配合的形成、种类、特点。
2. 掌握圆锥配合的公差与配合标准中规定的四个公差项目及选用、标注。
3. 了解圆锥工件的常用测量方法。

　　圆锥结合是机器、仪表和工具中常用的典型结合，其结合要素为内、外圆锥表面。与圆柱配合相比较，圆锥配合具有同轴度精度高、自锁性和密封性好、配合间隙或过盈可以调整、易于实现快速装拆等优点。但圆锥结合在结构上比较复杂，影响其互换性的参数较多，加工和检测也较困难。圆锥结合常用于对中性或密封性要求较高的场合。

§10.1　概述

一、圆锥的主要几何参数及术语

　　一条与轴向相交的直线段围绕轴线旋转一周所形成的回转面称为圆锥。圆锥配合中的基本参数如图 10 - 1 所示。

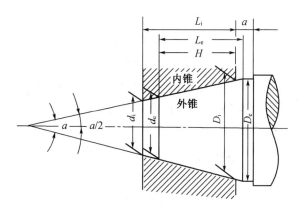

图 10 - 1　圆锥配合的基本参数

1. **圆锥角与圆锥素线角**

圆锥角是指在通过圆锥轴线的截面内，两条素线之间的夹角，用 α 表示。

圆锥素线角是指圆锥素线与其轴线间的夹角，它等于圆锥角之半，即 $\alpha/2$。

2. 圆锥直径

圆锥直径是指与圆锥轴线垂直的截面内的直径。圆锥直径有内、外圆锥的最大直径 D_i、D_e，内、外圆锥的最小直径 d_i、d_e，任意给定截面圆锥直径 d_x（距端面有一定距离）。设计时，一般选用内圆锥的最大直径或外圆锥的最小直径作为基本直径。

3. 圆锥长度

圆锥长度是指圆锥的最大直径与其最小直径之间的轴向距离。内、外圆锥长度分别用 L_i、L_e 表示。

4. 锥度

锥度是指圆锥最大直径与最小直径之差与圆锥长度之比，用符号 C 表示。即 $C=(D-d)/L=2\tan\dfrac{\alpha}{2}$。锥度关系式反映了圆锥直径、圆锥长度和圆锥角之间的相互关系，是圆锥的基本公式。锥度常用比例或分数形式表示，例如 $C=1:10$ 或 $C=1/10$ 等。

为了尽可能减小加工圆锥工件所用的专用刀具和量具的品种规格，满足生产需要，国家标准（GB/T 15754—1995）规定了一般用途圆锥的锥度与锥角系列和特殊用途圆锥的锥度和锥角系列，在设计时应按标准选用规定的锥度与锥角。

5. 圆锥配合长度

圆锥配合长度是指内、外圆锥面的轴向距离，用符号 H 表示。

6. 基面距

基面距是指相互配合的内、外圆锥基准面之间的距离，用符号 a 表示，如图 10-2 所示。

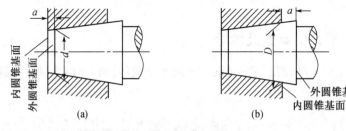

图 10-2　圆锥的基面距 a

7. 轴向位移

轴向位移是指相互结合的内、外圆锥，从实际初始位置到终止位置移动的距离，用符号 E_a 表示，如图 10-3 所示。用轴向位移可实现圆锥的各种不同配合。

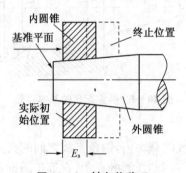

图 10-3　轴向位移 E_a

8. 公称圆锥

旧国标中称公称圆锥为基本圆锥。公称圆锥是指设计给定的具有理想形状的圆锥。由一个公称圆锥直径、公称圆锥角(或公称锥度)和公称圆锥长度三个基本要素确定。

9. 极限圆锥

极限圆锥是指与公称圆锥共轴且圆锥角相等,直径分别为上极限尺寸和下极限尺寸的两个圆锥。垂直于圆锥轴线的截面上直径称为极限圆锥直径。

二、圆锥配合

圆锥配合是指公称尺寸(圆锥直径、圆锥角或锥度)相同的内外圆锥直径之间,由于结合不同所形成的相互关系。

1. 圆锥配合的种类

根据内、外圆锥直径之间结合的不同,圆锥配合可分为三类:间隙配合、过渡配合和过盈配合。

(1) 间隙配合。间隙配合具有间隙,间隙的大小在装配使用过程中可以通过内、外圆锥的轴向相对位移来调整。间隙配合主要用于有相对转动的机构中,如机床顶尖、车床主轴的圆锥轴颈与滑动轴承的配合。

(2) 过渡配合。过渡配合很紧密,间隙为零或有略小过盈。主要用于定心或密封的场合,例如内燃机中阀门与阀门座的配合。然而,为了使配合的圆锥面有良好的密封性,内、外圆锥面要成对研磨,故这类配合一般没有互换性。

(3) 过盈配合。过盈配合具有过盈,它能借助于相互配合的圆锥面间的自锁,产生较大的摩擦力来传递转矩。例如铣床主轴锥孔与铣刀锥柄的配合。

2. 圆锥配合的形成

圆锥配合的间隙或过盈可由内、外圆锥间的轴向相对位置进行调整,得到不同的配合性质。因此,内、外圆锥的轴向相对位置是圆锥配合的重要特征,按照确定内、外圆锥轴向位置的不同方法,圆锥配合的形成有以下两大类、四种方式:

(1) 结构型圆锥配合。结构型圆锥配合有两种形成方式。第一种由内、外圆锥的结构确定装配的最终位置而形成配合。这种方式可以得到间隙配合、过渡配合和过盈配合。图 10 - 4(a)为由轴肩接触得到间隙配合的示例。通过外圆锥的轴肩 1 与内圆锥的端面 2 相接触,使两者轴向位置确定,形成所需的间隙配合。

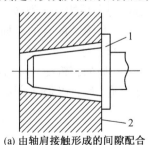
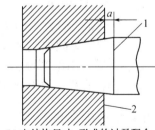

(a) 由轴肩接触形成的间隙配合　　　　(b) 由结构尺寸 a 形成的过盈配合

1—外圆锥轴肩;2—内圆锥端面　　　　1—外圆锥基准平面;2—内圆锥基准平面

图 10 - 4　结构型圆锥配合

第二种由内、外圆锥基准面平面之间的尺寸确定装配的最终位置而形成配合。这种方式可以得到间隙配合、过渡配合和过盈配合。图 10-4(b)为由结构尺寸 a(基面距)得到过盈配合的示例。

（2）位移型圆锥配合。位移型圆锥配合有两种形成方式：第一种由内、外圆锥实际初始位置（P_a）开始，作一定的相对轴向位移（E_a）而形成配合。这种方式可以得到间隙配合和过盈配合。图 10-5(a)为间隙配合的示例；第二种由内、外圆锥实际初始位置（P_a）开始，施加一定的装配力产生轴向位移而形成配合。这种方式只能得到过盈配合，如图 10-5(b)所示。

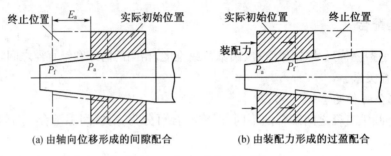

（a）由轴向位移形成的间隙配合　　　　（b）由装配力形成的过盈配合

图 10-5　位移型圆锥配合

3. 圆锥配合的基本要求

（1）圆锥配合应根据使用要求有适当的间隙或过盈。间隙或过盈是在垂直于圆锥表面方向起作用，但按垂直于圆锥轴线方向给定并测量，对于锥度小于或等于 1∶3 的圆锥，两个方向的数值差异很小，可忽略不计。

（2）间隙或过盈应均匀，即接触均匀性。为此应控制内、外圆锥角偏差和形状误差。

（3）有些圆锥配合要求实际基面距控制在一定范围内。因为当内、外圆锥长度一定时，基面距过大，会使配合长度减小，影响结合的稳定性和传递转矩；若基面距过小，则使补偿磨损的轴向调节范围减小。影响基面距的主要因素是内、外圆锥的直径偏差和圆锥斜角偏差。

§10.2　圆锥几何参数误差对其配合的影响

圆锥的直径误差、圆锥角误差和形状误差都会对圆锥配合产生影响。

一、直径误差对配合的影响

圆锥配合的形成方式有结构型圆锥配合和位移型圆锥配合两种。

用适当的结构，使内、外圆锥保持固定的相对轴向位置，配合性质完全取决于内、外圆锥直径公差带的相对位置的圆锥配合称为结构型圆锥配合。结构型圆锥配合的基面距是一定的，直径误差影响圆锥配合的实际间隙或过盈的大小，影响情况和圆柱配合一样。

用调整内、外圆锥相对轴向位置的方法，获得要求的配合性质的圆锥配合称为位移型圆锥配合。对于位移型圆锥配合，直径误差影响圆锥配合的实际初始位置，所以影响装配后的基面距。

二、圆锥角误差对配合的影响

不管对哪种类型的圆锥配合，圆锥角有误差（特别是内、外圆锥误差不相等时）都会影响接触均匀性。对于位移型圆锥配合，圆锥角误差有时还会影响基面距。

设以内圆锥最大直径为基本直径，基面距位置在大端，内、外圆锥直径和形状均无误差，只有圆锥角误差（$\Delta\alpha_i$、$\Delta\alpha_e$），且 $\Delta\alpha_i\neq\Delta\alpha_e$，如图 10 - 6 所示。现分两种情况进行讨论：

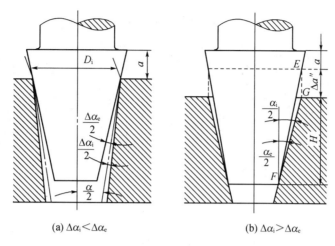

(a) $\Delta\alpha_i<\Delta\alpha_e$　　　　(b) $\Delta\alpha_i>\Delta\alpha_e$

图 10 - 6　圆锥角误差对配合的影响

　　(1) 当 $\Delta\alpha_i<\Delta\alpha_e$，即 $\alpha_i<\alpha_e$ 时，内圆锥的最小圆锥直径增大，外圆锥的最小直径减小，如图 10 - 6(a)所示。于是内、外圆锥在大端接触，由此引起的基面距变化很小，可以忽略不计。但由于内、外圆锥在大端局部接触，接触面积小，将使磨损加剧，且其变化能导致内、外圆锥相对倾斜，影响其使用性能。

　　(2) 若 $\Delta\alpha_i>\Delta\alpha_e$，即 $\alpha_i>\alpha_e$ 时，内、外圆锥将在小端接触，不但影响接触均匀性，而且影响位移型圆锥配合的基面距，由此产生的基面距变化量为 $\Delta a''$，如图 10 - 6(b)所示。

三、圆锥形状误差对其配合的影响

　　圆锥的形状误差是指在任一轴向截面内圆锥素线直线度误差和任一横向截面内的圆度误差，它们主要影响圆锥配合表面的接触精度。对于间隙配合，使其配合间隙大小不均匀；对于过盈配合，由于接触面积减小，使传递扭矩减小，联接不可靠；对于过渡配合，影响其密封性。

　　综上所述，圆锥直径、圆锥角和形状误差对圆锥配合都将产生影响，因此在设计时应对其规定适当的公差或极限偏差。

§10.3　圆锥的公差与配合

一、圆锥公差项目

　　GB/T 11334—2005《产品几何量技术规范（GPS）　圆锥公差》中规定了四个圆锥公差项目，分别为圆锥直径公差、圆锥角公差、圆锥的形状公差及给定截面圆锥直径公差。该标准适用于锥度 C 从 1：3 至 1：500、圆锥长度 $L=6\sim630$ mm 的光滑圆锥。

　　1. **圆锥直径公差（T_D）**

　　圆锥直径公差 T_D 是指圆锥直径的允许变动量，即允许的最大极限圆锥直径 D_{max}（或 d_{max}）与最小极限圆锥直径 D_{min}（或 d_{min}）之差。它适用于圆锥的全长 L。在圆锥轴向截面内两个极限圆锥所限定的区域就是圆锥直径公差带，如图 10 - 7 所示。

　　圆锥直径公差带的标准公差和基本偏差没有专门制定标准，从光滑圆柱体的《极限与配合》标准中选取。

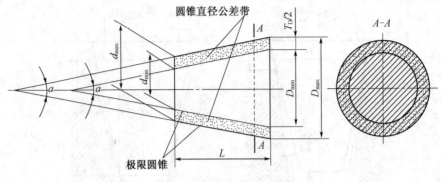

图 10-7 圆锥直径公差带

2. 圆锥角公差(AT)

圆锥角公差 AT 是指圆锥角允许的变动量,即最大圆锥角 α_{max} 与最小圆锥角 α_{min} 之差。以弧度或角度为单位时用 AT_α 表示;以长度为单位时用 AT_D 表示。在圆锥轴向截面内,由最大和最小极限圆锥角所限定的区域即圆锥直径公差带,如图 10-8 所示。

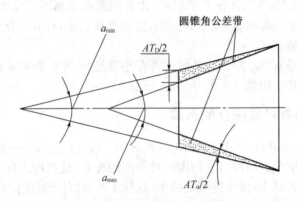

图 10-8 圆锥角公差带

GB/T 11334—2005 对圆锥角公差规定了 12 个公差等级,分别用符号 $AT1$, $AT2$, $\cdots$, $AT12$ 表示,其中 $AT1$ 精度最高,其余依次降低。

表 10-1 列出了 $AT4$~$AT9$ 级圆锥角公差数值。

表 10-1 圆锥角公差值(摘自 GB/T 11334—2005)

基本圆锥长度 L/mm	圆锥角公差等级					
	$AT4$			$AT5$		
	AT_α		AT_D	AT_α		AT_D
	/μrad	/(″)	/μm	/μrad	/(′)(″)	/μm
>25~40	100	21	>2.5~4.0	160	33″	>4.0~6.3
>40~63	80	16	>3.2~5.0	125	26″	>5.0~8.0
>63~100	63	13	>4.0~6.3	100	21″	>6.3~10.0
>100~160	50	10	>5.0~8.0	80	16″	>8.0~12.5
>160~250	40	8	>6.3~10.0	63	13″	>10.0~16.0

（续表）

基本圆锥长度 L/mm	圆锥角公差等级					
	AT6			AT7		
	AT_α		AT_D	AT_α		AT_D
	/μrad	/(′)(″)	/μm	/μrad	/(′)(″)	/μm
>25～40	250	52″	>6.3～10.0	400	1′22″	>10.0～16.0
>40～63	200	41″	>8.0～12.5	315	1′05″	>12.5～20.0
>63～100	160	33″	>10.0～16.0	250	52″	>16.0～25.0
>100～160	125	26″	>12.5～20.0	200	41″	>20.0～32.0
>160～250	100	21″	>16.0～25.0	160	33″	>25.0～40.0

基本圆锥长度 L/mm	圆锥角公差等级					
	AT8			AT9		
	AT_α		AT_D	AT_α		AT_D
	/μrad	/(′)(″)	/μm	/μrad	/(′)(″)	/μm
>25～40	630	2′10″	>16.0～20.5	1 000	3′26″	>10.0～16.0
>40～63	500	1′43″	>20.0～32.0	800	2′45″	>12.5～20.0
>63～100	400	1′22″	>25.0～40.0	630	2′10″	>16.0～25.0
>100～160	315	1′05″	>32.0～50.0	500	1′43″	>20.0～32.0
>160～250	250	52″	>40.0～63.0	400	1′22″	>25.0～40.0

注：1 μrad 等于半径为 1 m，弧长为 1 μm 所对应的圆心角。5 μrad≈1″，300 μrad≈1′。

常用的圆锥角公差等级应用范围如下：

AT4～AT6：用于高精度的圆锥量规和角度样板；

AT7～AT9：用于工具圆锥、圆锥销、传递大扭矩的摩擦圆锥；

AT10～AT11：用于圆锥套、圆锥齿轮等中等精度的零件；

AT12：用于低精度零件。

3. 圆锥的形状公差（T_F）

圆锥的形状公差包括圆锥素线直线度公差和任意正截面上的圆度公差等。对于要求不高的圆锥工件，其形状误差一般可用直径公差 T_D 控制；对于要求较高的圆锥工件，应单独按要求给定形状公差 T_F，T_F 的数值从形状和位置公差的国家标准中选取。

4. 给定截面圆锥直径公差（T_{DS}）

给定截面圆锥直径公差是指在垂直圆锥轴线的给定截面内圆锥直径的允许变动量。它仅适用于该给定截面的圆锥直径。其公差带是在给定的截面内两同心圆所限定的区域，如图 10-9 所示。

二、圆锥公差的给定方法

对于一个具体的圆锥工件，并不都

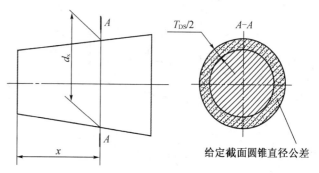

图 10-9　给定截面圆锥直径公差带

需要给定上述四项公差,而是根据工件使用要求来提出公差项目。按 GB/T 11334—2005 规定,圆锥公差的给定方法有两种。

(1) 给出圆锥的理论正确圆锥角 α(或锥度 C)和圆锥直径公差 T_D。此时,圆锥角误差和圆锥形状误差均应在极限圆锥所限定的区域内。当对圆锥角公差、圆锥的形状公差有更高要求时,可再给出圆锥角公差 AT、圆锥的形状公差 T_F。此时,AT 和 T_F 仅占 T_D 的一部分。这种给定圆锥公差的方法通常用于有配合要求的内、外圆锥。

(2) 给出给定截面圆锥直径公差 T_{DS} 和圆锥角公差 AT。此时,T_{DS} 和 AT 是独立的,应分别满足这两项公差要求。

当对圆锥形状公差有更高要求时,可再给出圆锥的形状公差 T_F。

这种方法通常用于对给定圆锥截面直径有较高要求的情况。如某些阀类零件中,在两个相互配合的圆锥给定截面上要求接触良好,以保证密封性。

三、圆锥公差的标注

圆锥的公差标注有以下三种方法:

1. 面轮廓度法

通常情况下,圆锥公差应按面轮廓度法标注,如图 10-10 所示。

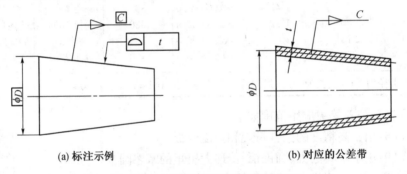

(a) 标注示例　　　　　　　　　　　(b) 对应的公差带

图 10-10　面轮廓度法标注圆锥公差

2. 基本锥度法

有配合要求的结构型内外圆锥,也可采用基本锥度法标注,如图 10-11 所示。

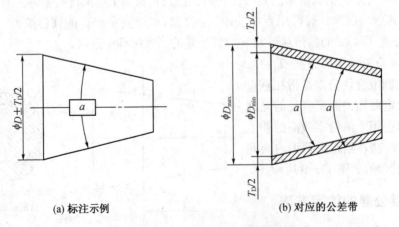

(a) 标注示例　　　　　　　　　　　(b) 对应的公差带

图 10-11　基本锥度法标注圆锥公差

3. 公差锥度法

当圆锥仅对直径有较高要求以及密封要求时,可采用公差锥度法标注。如图 10 - 12 所示。

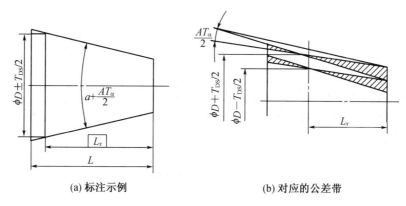

(a) 标注示例　　　　　　(b) 对应的公差带

图 10 - 12　公差锥度法标注圆锥公差

四、圆锥公差带选择

1. 直径公差的选择

(1) 结构型圆锥配合的内、外圆锥直径公差带的选择。结构型圆锥配合的配合性质由相互结合的内、外圆锥直径公差带之间的关系决定。内、外圆锥直径公差带及配合可直接从 GB/T 12360—2005 中选取符合要求的公差带和配合种类。

结构型圆锥配合分为基孔制和基轴制配合。为了减少定值刀具、量规的规格和数目,获得最佳技术经济效益,应优先采用基孔制配合。为保证配合精度,内、外圆锥的直径公差等级应该等于或高于 IT9。

(2) 位移型圆锥配合的内、外圆锥直径公差带的选择。位移型圆锥配合的配合性质由内、外圆锥接触时的初始位置开始的轴向位移或者由装配力决定,而与直径公差带无关。直径公差带仅影响装配时的初始位置和终止位置及装配精度,不影响配合性质。

因此,对于位移型圆锥配合,可根据对终止位置基面距有无要求来选取直径公差。如对基面距有要求,公差等级一般在 IT8～IT12 级之间,必要时应通过计算来选取和校核内、外圆锥角的公差带;如对基面距无严格要求,可选较低的公差等级,以便使加工更经济;如对装配精度要求较高,可用给圆锥角公差的办法来满足。

为了计算和加工方便,GB/T 12360—2005 推荐位移型圆锥的基本偏差用 H、h 或 JS、js 的组合。

2. 圆锥角公差的选择

圆锥工件往往同时存在圆锥直径误差和圆锥角误差,GB/T 1804—2000 对于金属切削加工件的角度,包括在图样上的标注的角度和通常不需要标注的角度(如 90°等)都加以说明。角度注出公差值可以从圆锥角公差表格中查取。未注公差角度的极限偏差见表 10 - 2。该极限偏差值应为一般工艺方法可以保证达到的精度。实际应用中可根据不同产品的需要,从标注中规定的三个未注公差角度的公差等级(中等级、粗糙级、最粗级)中选择合适的等级。

表 10-2　未注公差角度尺寸的极限偏差（摘自 GB/T 1804—2000）

公差等级	长度/mm				
	≤10	>10~50	>50~120	>120~400	>400
m(中等级)	±1°	±30′	±20′	±10′	±5′
c(粗糙级)	±1°30′	±1°	±30′	±15′	±10′
V(最粗级)	±3°	±2°	±1°	±30′	±20′

对于圆锥工件,未注公差角度的极限偏差按圆锥素线长度确定。

未注公差角度的公差等级在图样上用标准号和公差等级表示。例如选用中等级时,在图样上或技术文件上可表示为:GB/T 1804—m。

§10.4　圆锥的检测

圆锥的检测方法和检测器具很多,一般常用量规检验圆锥的锥度误差以及间接测量圆锥角的方法进行检测。

一、用量规检验锥度误差

大批量生产的圆锥零件可采用量规作为检验工具。检验内圆锥用塞规(图 10-13(a)),检验外圆锥用环规(图 10-13(b))。

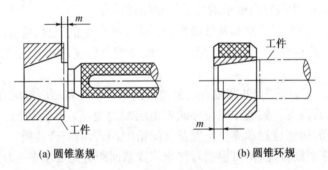

(a) 圆锥塞规　　　　　　　　(b) 圆锥环规

图 10-13　圆锥量规

检验锥度时,先在量规圆锥面素线的全长上,涂 3~4 条极薄的显示剂,然后把量规与被测圆锥对研(来回旋转角应小于180°)。根据被测圆锥上的着色或量规上擦掉的痕迹,来判断被测圆锥角或锥度的实际值合格与否。

此外,在量规的基准端部刻有两条刻线,它们之间的距离为 m,用以检验实际圆锥的直径偏差、圆锥角偏差和圆锥形状误差的综合结果。若被测圆锥的基准平面位于量规这两条线之间,则表示合格。

二、间接测量圆锥角

间接测量圆锥角是指测量与被测圆锥角有一定函数关系的若干线性尺寸,然后计算出实际被测圆锥角的数值。通常使用指示式计量器具和正弦尺、滚子和钢球进行测量。

图 10 - 14 所示是用正弦规测量外圆锥的圆锥角。先按公式 $H = L\sin\alpha$ 计算并组合量块组,式中 α 为公称圆锥角,L 为正弦规两圆柱中心距。其次,将被测圆锥安放在正弦规上,并使其轴线与正弦规圆柱轴线垂直,而后装卡固定。用指示表测出 A 和 B 两点的高度差 Δh,然后按 $\Delta\alpha = \dfrac{\Delta h}{l} \times 206\,655('')$ 计算出圆锥角偏差 $\Delta\alpha$,按 $\Delta C = \dfrac{\Delta h}{l} \times 10^{-3}$ 求出锥度偏差 ΔC,l 为 A、B 两点间的距离。

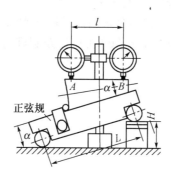

图 10 - 14　用正弦规间接测量外圆锥角

图 10 - 15 所示是用标准钢球测量内圆锥的圆锥角。将直径大小不同的两个钢球先后放入内圆锥体内,用深度百分表或深度千分尺先测出尺寸 A,然后测出尺寸 B,则被测角度 $\sin\dfrac{\alpha}{2} = \dfrac{D-d}{2(A-B)-(D-d)}$,式中 D 为大钢球直径(mm),d 为小钢球直径(mm)。

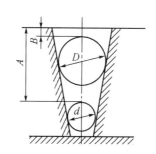

图 10 - 15　用钢球间接测量内圆锥角

思考题与习题

一、填空题

1. 圆锥的主要几何参数有_____、_____、_____、_____等。

2. 在圆锥配合中,相互配合的内外圆锥基准平面之间的距离称为_____。

3. 公称圆锥是指设计给定的具有理想形状的圆锥。由一个_____、_____(或公称锥度)和_____三个基本要素确定。

4. 圆锥配合的形成方式有两大类:_____和_____。

5. 圆锥公差国家标准给出的四个项目是:_____、_____、_____、_____。

6. 对圆锥工件的测量,批量生产时,常采用_____。

二、简答题

1. 圆锥配合的特点有哪些？圆锥配合有哪几类，各用于什么场合？

2. 圆锥公差有哪几种给定方法？如何标注？

三、应用题

1. 有一外圆锥，最大直径 $D=200$ mm，圆锥长度 $L=400$ mm，圆锥直径公差等级为 IT8 级，求圆锥直径公差所能限定的最大圆锥角误差 $\Delta\alpha_{max}$。

2. C620 车床尾座顶尖套与顶尖结合采用莫氏锥度 NO.4，顶尖的圆锥长度为 118 mm，圆锥角度公差等级为 9 级。试查出其圆锥角和锥度以及圆锥角公差数值。

第11章 圆柱齿轮传动的互换性及检测

本章要点:

1. 了解齿轮传动的四项基本使用要求。
2. 掌握圆柱齿轮的加工误差与三个公差组的评定指标。
3. 熟悉渐开线圆柱齿轮的精度标准及应用。
4. 了解常用的圆柱齿轮和齿轮副的误差检测方法。

§11.1　概述

在机械产品中,齿轮传动应用极为普遍,它广泛地用于传递运动和动力以及精密分度。齿轮传动的质量和效率主要取决于齿轮的制造精度和齿轮副的安装精度。要保证齿轮在使用过程中传动准确平稳、灵活可靠、振动和噪音小等,就必须对齿轮误差和齿轮副的安装误差加以限制。随着科学技术的发展和生产水平的提高,产品对齿轮传动的性能要求也越来越高,因此了解齿轮误差对其使用性能的影响,掌握齿轮的精度标准和检测技术具有重要意义。

一、齿轮传动的使用要求

按照用途不同,对齿轮传动使用要求主要表现在以下四个方面:

1. **传递运动的准确性**

齿轮传动理论上应按照设计规定的传动比传递回转的角度,即当主动齿轮转过一个角度 θ_1 时,从动齿轮应按传动比 i 准确地转动相应的角度 $\theta_2 = i\theta_1$。但实际上由于存在加工误差和安装误差,从动齿轮的实际转角 θ_2' 偏离其理论转角 θ_2 而出现实际转角误差 $\Delta\theta_2 = \theta_2' - \theta_2$。传递运动的准确性是指要求齿轮在一转范围内传动比的变化尽量小,它可以用一转过程中产生的最大转角误差来表示。在齿轮传动中,限制齿轮在一转内的最大转角误差不超过一定的限度,才能保证齿轮传递运动的准确性。

2. **传动的平稳性**

齿轮传动瞬时传动比的变化会引起齿轮传动中的冲击、振动和噪声。传动的平稳性是指要求齿轮在一转范围内多次重复的瞬时传动比的变化尽量小,以减少齿轮传动中的冲击、振动和噪声,保证传动平稳。它可以用控制齿轮转动一个齿的过程中的最大转角误差来保证。

3. **载荷分布的均匀性**

在传动中,齿轮工作齿面应接触良好,均匀受载,以避免传动载荷较大时齿面产生应力集中,引起齿面磨损加剧、早期点蚀甚至折断。载荷分布的均匀性是指要求啮合齿面能较全面地接触,使齿面上的载荷分布均匀,以保证齿轮传动有较高的承载能力和较长的使用寿命。

　　4. 齿侧间隙的合理性

　　齿侧间隙(简称侧隙)是指要求装配好的齿轮副啮合时非工作齿面之间有适当的间隙,以保证储存润滑油和补偿制造与安装误差及热变形,使其传动灵活。过小的齿侧间隙可能造成齿轮卡死或烧伤现象,过大的齿侧间隙会引起反转时的冲击及回程误差。因此应当保证齿轮的侧隙在一个合理的数值范围之内。

　　不同用途和不同工作条件的齿轮及齿轮副,对上述要求的侧重点是不同的。例如:控制系统或随动系统的齿轮、机床分度盘机构中的分度齿轮的侧重点是传递运动的准确性,以保证主、从动齿轮的运动协调、分度准确;汽车和拖拉机变速齿轮以及机床变速箱中的齿轮,其传动的侧重点是传动平稳性,以降低噪声;轧钢机、矿山机械、起重机中的低速重载齿轮传动的侧重点是载荷分布的均匀性,以保证承载能力;涡轮机中高速重载齿轮传动对三项精度的要求都很高,而且要求很大的齿侧间隙,以保证较大流量的润滑油通过。

二、齿轮的主要加工误差

　　齿轮的加工误差来源于组成加工工艺系统的机床、刀具、夹具和齿坯本身的误差及其安装、调整误差。齿轮的加工方法很多,不同的加工方法所产生的误差不同,主要工艺影响因素也不相同。齿轮的加工方法按齿轮齿廓的形成原理主要有仿形法和展成法。仿形法是利用成形刀具加工齿轮,如利用铣刀在铣床上铣齿;展成法是根据渐开线齿廓的形成原理,利用专门的齿轮加工机床加工齿轮,如滚齿、插齿、磨齿。

　　下面仅以滚切直齿圆柱齿轮为例分析齿轮的加工误差及影响因素,如图 11-1 所示。

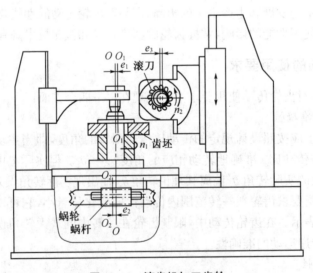

图 11-1　滚齿机加工齿轮

　　1. 产生加工误差的主要因素

　　(1) 几何偏心。齿坯在机床上的安装偏心,即齿坯定位孔的轴线与机床工作台的回转轴线不重合而产生的偏心,如图 11-1 中 $OO_1(e_1)$。它是由齿坯定位孔与心轴之间有间隙,且两轴线调整不重合造成的。

　　(2) 运动偏心。由机床分度蜗轮的轴心线与机床工作台回转轴线不重合产生的偏心为运动偏心,如图 11-1 中 $OO_2(e_2)$。

（3）机床传动链周期误差。主要由传动链中分度机构各元件误差引起,尤其是分度蜗杆的径向跳动和轴向跳动的影响。

（4）滚刀的制造误差和安装误差。滚刀的齿形角误差、滚刀的径向跳动、轴向窜动等。

（5）齿坯本身的误差,包括尺寸、形状、位置误差。

2. 齿轮加工误差分类

由于加工工艺系统误差因素很多,加工后产生的齿轮误差的形式也很多。为了区别和分析齿轮各种误差的性质、规律及其对齿轮传动的影响,从不同的角度对齿轮加工误差分类如下:

（1）长周期误差和短周期误差。

滚齿时,齿廓的形成是刀具对齿坯周期性连续滚切的结果,加工误差具有周期性。

齿轮回转一周出现一次的周期误差称为长周期误差。长周期误差主要由几何偏心和运动偏心产生,以齿轮一转为一个周期。这类周期误差主要影响齿轮传动的准确性,当转速较高时,也影响齿轮传动的平稳性。

齿轮转动一个齿距中出现一次或多次的周期性误差称为短周期误差。短周期误差主要由机床传动链和滚刀制造误差与安装误差产生。该误差在齿轮一转中多次反复出现。这类误差主要影响齿轮传动的平稳性。

（2）径向误差、切向误差、轴向误差。

在切齿过程中,由于切齿工具距离切齿坯之间径向距离的变化所形成的加工误差为齿廓径向误差,如图 11-2 所示。几何偏心是齿轮径向误差的主要来源。滚刀的径向跳动也会造成径向误差。即切齿过程中齿坯相对于滚刀的径向距离产生变动,致使切出的齿廓相对于齿轮配合孔的轴线产生径向位置的变动。加工出来的齿轮一边的齿高增大,另一边的齿高减小,在以齿轮旋转中心为圆心的圆周上,轮齿分布不均匀。

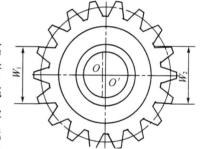

图 11-2　具有径向误差的齿轮

在切齿过程中,由于滚切运动的回转速度不均匀,使齿廓沿齿轮回转的切线方向产生的误差为齿廓切向误差,如图 11-3 所示。运动偏心是造成齿轮切向误差的主要因素。运动偏心造成齿坯的旋转速度不均匀,因此加工出来的齿轮齿距在分度圆上分布不均匀。

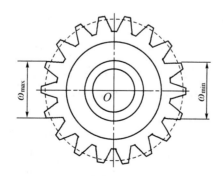

图 11-3　具有切向误差的齿轮

不管是径向误差还是切向误差,都会造成齿轮传动时输出转速不均匀,影响其传动的准确性。

在切齿过程中,由于切齿刀具沿齿轮轴线方向走刀运动产生的加工误差为齿廓轴向误差。如刀架导轨与机床工作台轴线不平行、齿坯安装倾斜等,均使齿廓产生轴向误差。

齿轮的径向误差、切向误差、轴向误差如图 11-4 所示。

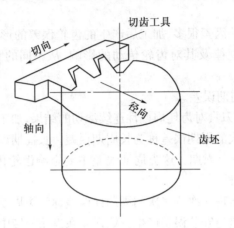

图 11-4　齿轮的误差方向

了解和区分齿轮误差的周期性和方向特性,对分析齿轮各种误差对齿轮传动性能的影响,以及采用相应的测量原理和方法来分析和控制这些误差,具有十分重要的意义。

§11.2　圆柱齿轮的误差评定参数及检测

根据齿轮误差项目对齿轮传动性能的主要影响,国家标准 GB/T 10095—1988 将评定参数分为三个组:第Ⅰ组为影响齿轮传动准确性的误差,第Ⅱ组为影响齿轮传动平稳性的误差,第Ⅲ组为影响齿轮载荷分布均匀性的误差。2008 年新颁布的国家标准 GB/T 10095.1～2—2008 对旧标准中的误差评定参数作了修订。

一、影响齿轮传动准确性的主要误差评定参数及检测

影响齿轮传动准确性的主要误差是长周期误差,其主要来源于几何偏心和运动偏心。评定齿轮传动准确性的参数主要有以下 5 个:

1. 切向综合误差 $\Delta F_i'$

切向综合误差 $\Delta F_i'$ 是指被测齿轮与理想精确的测量齿轮单面啮合检验时,在被测齿轮一转内,实际转角与公称转角之差的总幅度值,以分度圆弧长计值。在新国标 GB/T 10095.1—2008 中,该误差以切向综合总偏差 F_i' 表示,以齿轮分度圆上实际圆周位移与理论圆周位移的最大差值计值。

切向综合误差由单面啮合综合检查仪(简称单啮仪)测得。单啮仪能实现或模拟均匀的运动传递,并具有比较装置把被测齿轮的实际转角与理论转角进行比较,再通过记录装置将转角误差以曲线形式表示出来。如图 11-5 所示,被测齿轮 1 与测量齿轮 2 在设计中心距 a 上作单面啮合,它们分别与直径等于齿轮分度圆直径的两个制造精确的摩擦圆盘 3 和 4 同轴安装,

齿轮 1 和圆盘 3 可在同一轴上作相对转动。圆盘模拟准确传动,比较装置能将圆盘 3 相对于齿轮 1 的角位移测量出来,再通过记录装置记录下来。记录曲线如图 11-6 所示。比较装置可以采用机械传动、光栅、电子、磁分度等。我国目前主要生产光栅式单啮仪。

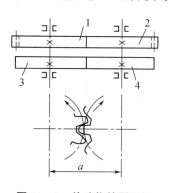

图 11-5　单啮仪的原理图

1—被测齿轮;2—测量齿轮;3、4—摩擦圆盘

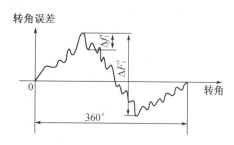

图 11-6　切向综合误差曲线

齿轮的切向综合误差反映了齿轮运动的不均匀性,以齿轮转动一周为周期而变化,反映出几何偏心、运动偏心和长周期误差、短周期误差对齿轮传动准确性影响的综合结果。该偏差的测量状态接近于齿轮的实际工作状态,是评定齿轮传递运动准确性的一项最完善的综合指标,仅限于评定高精度的齿轮。

2. 齿距累积误差 ΔF_p、k 个齿距累积误差 ΔF_{pk}

齿距累积误差 ΔF_p 是指在分度圆上,任意两个同侧齿面间的实际弧长与公称弧长之差的最大绝对值。k 个齿距累积误差 ΔF_{pk} 是指在分度圆上,k 个齿距的实际弧长与公称弧长之差的最大绝对值。k 为 2 到小于 $z/2$ 的整数。规定 ΔF_{pk} 主要是为了限制齿距累积误差集中在局部圆周上。

在新国标 GB/T 10095.1—2008 中,规定有齿距累积总偏差 F_p 和齿距累积偏差 F_{pk}。F_p 为齿轮同侧齿面任意弧段($k=1$ 至 $k=z$)内的最大齿距累积偏差。F_{pk} 是指任意 k 个齿距的实际弧长与理论弧长的代数差,理论上它等于这 k 个齿距的各单个齿距偏差的代数和。F_{pk} 值被限定在不大于 1/8 的圆周上评定。因此,F_{pk} 的允许值适用于齿距数 k 为 2 到小于 $z/8$ 的弧段内。通常,F_{pk} 取 $k=z/8$ 就足够了。如果对于特殊的应用(如高速齿轮)还需检验较小弧段,并规定相应的 k 数。

齿距累积误差和 k 个齿距累积误差常用齿距仪、万能测齿仪、光学分度头等仪器进行测量。测量方法分为绝对测量和相对测量两种,其中以相对测量应用最广。

相对测量可以用万能测齿仪或齿距仪,定位基准可采用以齿顶圆、齿根圆定位或者以孔定位。如图11-7所示,用齿距仪测量时,用定位量脚 1 和 3 在被测齿轮顶圆上定位。令固定量脚 5 和活动量脚 4 在同侧相邻两齿的齿高中部与齿面接触,以该齿轮上任意一个齿距为基准齿距,将仪器指示表调整到零位,依次测出其余齿距对基准齿距的偏差。然后通过数据处理,求得齿距

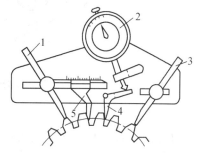

图 11-7　用齿距仪测量齿距累积总误差

1、3—定位量脚;2—指示表;4—活动量脚;
5—固定量脚

偏差。如图 11-8 所示。

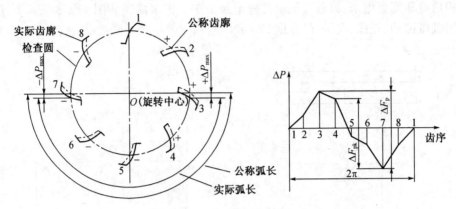

图 11-8　齿轮齿距累积误差

齿距累积误差是齿轮实际轮齿的各同侧齿廓与分度圆的交点中,任意两点位置相对于理论位置的最大误差,反映了轮齿在分度圆上分布不均。可以用来评定齿轮传动准确性。

齿距累积误差与切向综合误差都是齿轮传动准确性综合性的评定参数,但用前者评定齿轮的传递运动的准确性不及后者全面。因为齿距累积误差是在圆周上逐齿测得的(每齿测一点),获得的误差曲线为一折线,它是有限个点的误差,不能反映任意两点间传动比变化情况,而切向综合误差是被测齿轮与测量齿轮在单面啮合连续运转中测得的一条连续记录误差曲线,全面反映出齿轮任意时刻传动比的变化。

3. 齿圈径向跳动 ΔF_r

齿圈径向跳动 ΔF_r 是指在齿轮一转范围内,测头在齿槽内与齿高中部双面接触,测头相对于齿轮轴线的最大变动量,如图 11-9 所示。

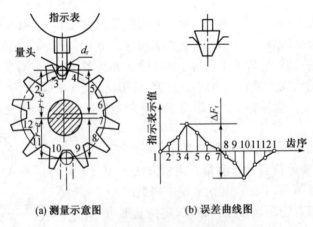

(a) 测量示意图　　　　　　(b) 误差曲线图

图 11-9　齿圈径向跳动

在新国标 GB/T 10095.2—2008 中,该参数以径向跳动 F_r 表示,即测头(球形、圆柱形、砧形)相继置于每个齿槽内时,从它到齿轮轴线的最大和最小径向距离之差。检查中,测头在近似齿高中部与左右齿面接触。

齿圈径向跳动通常用径向跳动仪来测量。测量时,以齿轮孔为基准,测头依次放入各齿槽内,在齿高中部与齿面双面接触,在指示表上读出测头径向位置的最大变化量即为径向跳动。

齿圈径向跳动直接反映了齿轮加工过程中由几何偏心所造成的径向误差,是描述齿轮传动准确性的一个单项评定参数。齿轮运动偏心不会引起齿圈径向跳动,因为当具有运动偏心的齿轮与理想齿轮双面啮合时,切齿时滚刀切削刃相对于被切齿轮加工中心的径向位置没有变动,所以与滚刀切削刃相当的测头的径向位置也不会变动(设被测齿轮无几何偏心)。也就是说,径向跳动不能反映运动偏心所造成的切向误差。

4. 径向综合误差 $\Delta F_i''$

径向综合误差 $\Delta F_i''$ 是指被测齿轮与理想精确的测量齿轮双面啮合时,在被测齿轮一转内,双啮中心距的最大变动量。在新国标 GB/T 10095.2—2008 中,该参数以径向综合总偏差 F_i'' 表示。

径向综合误差是用双面啮合综合检查仪测量的,图 11-10(a)为双啮仪的工作原理图。被测齿轮 4 空套在固定心轴 5 上,理想精确的测量齿轮 1 空套在移动滑板的心轴 2 上,借助弹簧的作用使被测齿轮与测量齿轮实现无侧隙的双面啮合。被测齿轮转动时,由于各种误差的存在,将使测量齿轮及移动滑板左右移动,从而使双啮中心距产生变动。双啮中心距的变动由指示表读出,或由记录器记录,如图 11-10(b)所示。

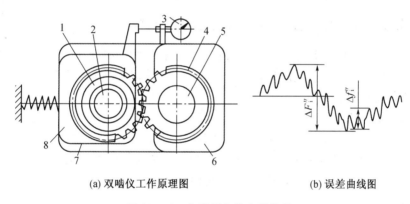

(a) 双啮仪工作原理图　　　　　　　(b) 误差曲线图

图 11-10　齿轮径向综合总偏差

1—测量齿轮;2、5—心轴;3—指示表;4—被测齿轮;6—固定滑板;7—底座;8—移动滑板

径向综合误差主要反映径向误差,其性质与径向跳动基本相同。测量时相当于用测量齿轮的轮齿代替测头,且均为双面接触。由于测量径向综合误差比测量齿圈径向跳动效率高,所以成批生产时,常用其作为评定齿轮传动准确性的一个单项检测项目。

5. 公法线长度变动 ΔF_w

在原国标 GB/T 10095—1988 中,规定有公法线长度变动 ΔF_w。

公法线长度变动 ΔF_w 是指在齿轮一周范围内,实际公法线长度的最大值 W_{max} 与最小值 W_{min} 之差,如图 11-11 所示,即

$$\Delta F_w = W_{max} - W_{min} \tag{11-1}$$

公法线长度常用公法线千分尺来测量,如图 11-12 所示。

齿轮有运动偏心时,所切齿形沿分度圆切线方向相对于其理论位置有位移,使得公法线长度有变动,因此 ΔF_w 可以反映齿轮的运动偏心所造成的切向误差。但因测量公法线长度是测

量基圆的弧长,与齿轮轴线无关,故 ΔF_w 与几何偏心无关。换言之,ΔF_w 不能反映几何偏心造成的径向误差,是描述齿轮传动准确性的一个单项指标。

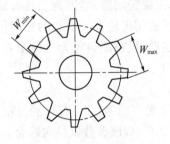

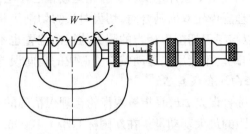

| 图 11-11　公法线长度变动 | 图 11-12　公法线长度测量 |

齿圈径向跳动 ΔF_r 或径向综合误差 $\Delta F_i''$ 与公法线长度变动 ΔF_w 联合起来才能较为全面地反映齿轮传动的准确性。

必须指出,采用 ΔF_r 和 ΔF_w 或者采用 $\Delta F_i''$ 和 ΔF_w 评定齿轮传递运动的准确性时,一组指标中若有一项超差,不应将该齿轮判废,而应采用 ΔF_p 或 $\Delta F_i'$ 重评,因为同一齿轮上几何偏心 e_1 和运动偏心 e_2 的方位不同,它们可能叠加,也可能抵消。

二、影响传动平稳性的主要误差评定参数及其检测

齿轮传动平稳性反映的是齿轮啮合时每转一齿过程中的瞬时速比的变化。影响齿轮传动平稳性的误差是短周期误差造成的齿轮齿形制造的不准确以及基节存在偏差。评定齿轮传动平稳性的参数主要有以下 6 个:

1. 一齿切向综合误差 $\Delta f_i'$

一齿切向综合误差是指被测齿轮与理想精确的测量齿轮单面啮合时,在被测齿轮一齿距角内,实际转角与公称转角之差的最大幅度值。即在一个齿距内的切向综合误差。被测齿轮与测量齿轮单面啮合检验时,被测齿轮一齿距角内,齿轮分度圆上实际圆周位移与理论圆周位移的最大差值。

在新国标 GB/T 10095.1—2008 中,该误差以一齿切向综合偏差 f_i' 表示。

一齿切向综合误差可在单啮仪测量切向综合误差的同时测得,如图 11-6 所示,即在切向综合误差的记录曲线上小波纹的最大幅度值。它综合反映了齿轮基节偏差和齿形方面的误差,也能反映刀具制造误差与机床传动链短周期误差,是评定齿轮传动平稳性的综合指标。

2. 一齿径向综合误差 $\Delta f_i''$

一齿径向综合误差是指被测齿轮与理想精确的测量齿轮双面啮合时,在被测齿轮一齿距角内,双啮中心距的最大变动量。

在新国标 GB/T 10095.2—2008 中,该误差以一齿径向综合偏差 f_i'' 表示。

一齿径向综合误差可用双啮仪测量径向综合误差的同时测得,如图 11-10(b)所示,即记录曲线上小波纹的最大幅度值。它反映出基节偏差和齿形误差的综合结果。但测量结果受左、右两齿面的误差共同的影响。因此,用 $\Delta f_i''$ 评定传动平稳性,不如 $\Delta f_i'$ 精确。但由于测量仪器结构简单,操作方便,在成批生产中被广泛采用。

3. 齿形误差 Δf_f

齿形误差 Δf_f 是指在端截面上,齿形工作部分内(齿顶倒棱部分除外),包容实际齿形且

距离为最小的两条设计齿形间的法向距离,如图 11 - 13(a)所示。

　　设计齿形除采用理论渐开线外,还可以采用以理论渐开线齿形为基础的修正齿形,如修缘齿形、凸齿形等,如图 11 - 13(b)。在实际生产中,为了提高传动质量,常常需要按实际工作条件设计各种为实践所验证了的修正齿形。

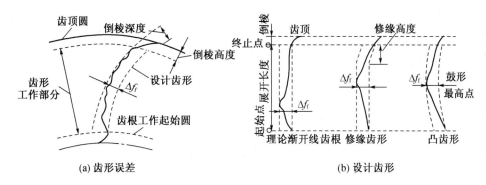

(a) 齿形误差　　　　　　　　　　　(b) 设计齿形

图 11 - 13　齿形误差

　　在新国标 GB/T 10095.1—2008 中,齿形误差由齿廓总偏差 F_α 表示,同时还规定有齿廓形状偏差 $f_{f\alpha}$ 和齿廓倾斜偏差 $f_{H\alpha}$。标准中规定齿廓形状偏差和齿廓倾斜偏差不是必检项目。

　　齿形误差通常用渐开线检查仪测量。渐开线检查仪有基圆不可调的基圆盘式和基圆可调的万能式。图 11 - 14 为基圆盘式渐开线检查仪的原理图。被测齿轮 1 与基圆盘 2 同轴安装,基圆盘通过弹簧力紧靠在直尺 3 上,通过直尺和基圆盘的纯滚动产生精确的渐开线。测量时,按基圆半径 r_i 调整杠杆 4 测头的位置,令测头与被测齿面接触。手轮 8 移动纵滑板,直尺和基圆盘互作纯滚动,测头也沿着齿面从齿根向齿顶方向滑动。当被测齿形为理论渐开线时,在测量过程中测头不动,记录器记录下来的是一条直线,如果齿形有误差,在测量过程中测头与齿面之间就有相对运动。可在千分表上读出齿形误差,同时此运动可通过杠杆 4 传递,经圆筒 7 上所连记录笔记录在记录纸上,得出一条不规则的曲线即齿形误差曲线。根据齿形误差的定义,在齿形误差测量记录图形上,包容实际齿形的两条直线之间的距离,就是齿形误差 Δf_f。

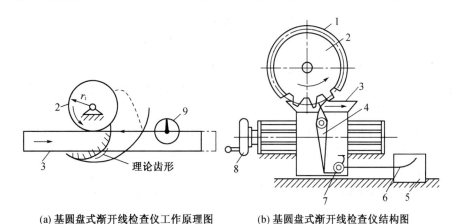

(a) 基圆盘式渐开线检查仪工作原理图　　　(b) 基圆盘式渐开线检查仪结构图

图 11 - 14　渐开线检查仪原理图

1—齿轮;2—基圆盘;3—直尺;4—杠杆;5—记录纸;6—记录笔;7—圆筒;8—手轮;9—千分表

由于齿形误差的存在,使啮合传动中啮合点公法线不能始终通过节点,所以一对齿在啮合过程中的速度比也就不断变化,从而造成在一对齿啮合过程中的传动不平稳。产生这种齿形误差,从工艺上看,主要是由于刀具的制造误差和安装误差、刀具的径向跳动以及机床传动链误差(机床分度蜗杆的径向及轴向跳动)造成的。

4. 基节偏差 Δf_{pb}(其极限偏差为 $\pm f_{pb}$)

在原国标 GB/T 10095—1988 中,规定有基节偏差。

实际基节与公称基节之差,称为基节偏差 Δf_{pb},见图11-15。实际基节是指基圆柱切平面所截两相邻同侧齿面的交线之间的法向距离。

基节偏差常用基节仪或万能测齿仪来测量,如图 11-16所示。测量时,先要按被测齿轮的公称基节的数值,用校对量规或量块把基节仪的活动测头 6 和固定测头 2 之间的位置调整好,此时指示表对准零位。然后将支持爪 1 靠在轮齿上,令两个测头在基圆切线上与两相邻同侧齿面的交点接触,来测量该两点间的直线距离。基节偏差的数值由指示表读出。

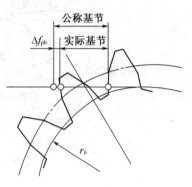

图 11-15　基节偏差

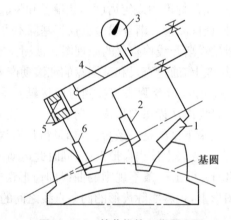

图 11-16　基节仪的工作原理图
1—支持爪;2—固定测头;3—指示表;4—杠杆;5—片弹簧;6—活动测头

两个齿轮正确啮合的条件之一是两个齿轮的基节相等。当两齿轮的基节不相等时,轮齿在进入或退出啮合时会产生撞击,引起振动和噪声,这是影响传动平稳性的主要因素。基节偏差使齿轮传动在齿与齿交替啮合瞬间发生冲击。

基节偏差是由刀具的基节偏差和齿形角误差造成的,与机床传动链误差无关。这是因为在滚齿过程中,基节的两端点是由刀具相邻齿同时切出的。

5. 齿距偏差 Δf_{pt}

齿距偏差是指在分度圆上(允许在齿高中部测量),实际齿距与公称齿距之差,如图 11-17 所示。

在新国标 GB/T 10095.1—2008 中,齿距偏差规定规定为在端平面上,在接近齿高中部的一个与齿轮轴线同心的圆上,实际齿距与理论齿距的代数差。用 f_{pt} 表示。

齿距偏差的测量可以在齿距累积总偏差的测量中经数据处理得到。采用相对法测量

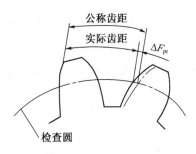

图 11 - 17　齿距偏差

Δf_{pt} 时,取所有实际齿距的平均值作为公称齿距。

齿距 p_t 与基节 p_b 的关系如下:

$$p_b = p_t \cos \alpha \qquad (11 - 2)$$

将上式微分,得

$$\Delta f_{pb} = \Delta f_{pt} \cos \alpha - p_t \Delta \alpha \times \sin \alpha$$

此式表示齿距偏差 Δf_{pt} 与基节偏差 Δf_{pb} 及压力角误差 $\Delta \alpha$ 之间的关系。压力角误差可以反映在齿形误差中。齿距偏差同样影响齿轮传动的平稳性。

在滚齿中,齿距偏差是由机床传动链(主要是分度蜗杆跳动)引起的。所以齿距偏差可以用来反映传动链的短周期误差或加工中的分度误差。

6. 螺旋线波度误差 $\Delta f_{f\beta}$

在原国标 GB/T 10095—1988 中,规定有螺旋线波度误差。

螺旋线波度误差 $\Delta f_{f\beta}$ 是指宽斜齿轮齿高中部实际齿线波纹的最大波幅,沿齿面法线方向计值,如图 11 - 18。所谓宽斜齿轮,是指轴向重合度 $\varepsilon_\beta > 1.25$ 的斜齿轮。

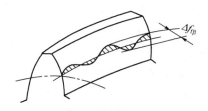

图 11 - 18　螺旋线波度误差

斜齿轮齿高中部的圆柱面与齿面相交得到的实际齿线,会有波纹度误差,螺旋线波度误差是在齿面法向计量其最大波度。螺旋线波度误差使齿轮在一转内的瞬时传动比发生多次重复的变化,从而引起振动和噪声。因此,这个指标是评定齿轮传动平稳性的指标。它适用于传递功率大、速度高的高精度(精度高于等于 6 级)宽斜齿轮,如汽轮机减速器的齿轮。

螺旋线波度误差主要是由机床分度蜗杆副和进给丝杠的周期误差引起的,使齿侧面螺旋线上产生波浪形误差,是影响齿轮传动平稳性的主要因素。对于高精度宽斜齿轮,使用一齿切向综合偏差 f_i' 来评定传动平稳性是不够完善的,还应控制螺旋线波度误差。

三、影响载荷分布均匀性的主要误差评定参数及其检测

如不考虑弹性变形，两齿轮的啮合在每一瞬间都是沿着一条直线相接触，该直线称为接触线。对于直齿圆柱齿轮，接触线应平行于齿轮轴线；对于斜齿轮，接触线是切于基圆柱面的平面与齿面相交的直线。

两齿轮啮合时，应沿齿长与齿高方向都能依次充分接触，这是轮齿均匀受载和减小磨损的理想接触情况。但是由于齿轮的制造误差与安装误差，齿轮的实际啮合状态会偏离理想状态，影响载荷分布的均匀性。影响接触长度的，直齿轮是齿向误差，宽斜齿轮是轴向齿距偏差，窄斜齿轮是接触线误差；影响接触高度的，直齿轮和窄斜齿轮是齿形误差和基节偏差，宽斜齿轮是接触线误差。

1. 齿向误差 ΔF_β

齿向误差是在分度圆柱面上，尺宽有效部分范围内（端部倒角部分除外），包容实际齿线且距离为最小的两条设计齿线之间的端面距离。如图 11-19 所示。设计齿线可以是修正的圆柱螺旋线，包括鼓形线、齿端修薄及其他修形曲线。

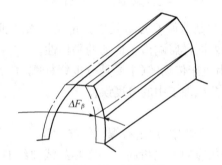

图 11-19　齿向误差

齿线是齿面与分度圆柱面的交线。理论上直齿轮的齿线为直线，斜齿轮的齿线为螺旋线。齿向误差包括齿线的方向偏差和形状误差。在新国标 GB/T 10095.1—2008 中，齿向误差由螺旋线总偏差 F_β 表示，同时还规定有螺旋线形状偏差 $f_{f\beta}$ 和螺旋线倾斜偏差 $f_{H\beta}$。标准中规定螺旋线形状偏差和螺旋线倾斜偏差不是必检项目。

凡能使被测齿轮与测头在轴向做相对运动的量仪，均可测量直齿轮的齿向误差 ΔF_β。

例如跳动仪、万能工具显微镜等。用跳动仪测量时，需使用杠杆千分表，其测头与齿轮在齿高中部相接触，并轴向移动齿轮，则全齿宽范围内示值的最大变动量，即为齿向误差 ΔF_β。当然，测量过程中齿轮不能转动。在万能工具显微镜上，可用光学灵敏杠杆或杠杆千分表进行测量。

斜齿轮的齿向误差就是螺旋线误差。螺旋线误差的测量原理就是用一理论螺旋线与被测齿线相比较进行测量的。也就是要求当被测齿轮转过某一角度时，测头能沿轴向移动相应的位移。可在导程仪、螺旋角检查仪或在万能测齿仪上借助螺旋角测量装置进行测量。

齿向误差主要是由机床刀架导轨倾斜和齿坯端面跳动产生的。它是影响齿轮传动承载均匀性的重要指标之一，此项误差大时，将使齿面单位面积承受的负载增大，大大降低齿轮使用寿命。

2. 接触线误差 ΔF_b

在原国标 GB/T 10095—1988 中,规定有接触线误差。

接触线误差 ΔF_b 是指在基圆柱的切平面内,平行于公称接触线并包容实际接触线的两条最近的直线间的法向距离,如图 11-20 所示。

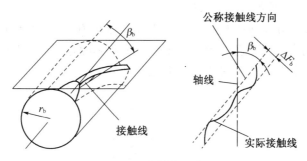

图 11-20　接触线及其误差

接触线误差可以在渐开线和螺旋线检查仪上进行测量。在测量斜齿轮的齿向误差时,如果被测斜齿轮与测头轴向相对运动的方向成被测斜齿轮的基圆螺旋角,即可测得其接触线误差。

在滚齿中,接触线误差主要来源于滚刀误差。滚刀的安装误差引起接触线形状误差,滚刀的齿形角误差引起接触线方向误差。

对于窄斜齿轮,用检验接触线误差代替齿向误差。

3. 轴向齿距偏差 ΔF_{px}

在原国标 GB/T 10095—1988《渐开线圆柱齿轮精度标准》中,规定有轴向齿距偏差。

轴向齿距偏差 ΔF_{px} 是指在与齿轮基准轴线平行而大约通过齿高中部的一条直线上,任意两个同侧齿面间的实际距离与公称距离之差,如图 11-21 所示。沿齿面法线方向计值。ΔF_{px} 主要反映斜齿轮的螺旋角误差,此项误差影响齿轮齿长方向的接触长度,并使宽斜齿轮有效接触齿数减少,从而影响齿轮承载能力,是宽斜齿轮在齿长方向的载荷分布均匀性的评定参数。

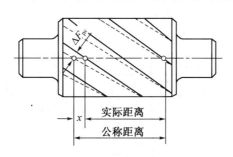

图 11-21　轴向齿距偏差

在滚齿中,轴向齿距偏差是由滚齿机差动传动链的调整误差、刀具托板的倾斜、齿坯端面的跳动等因素引起的。

四、影响侧隙的评定指标与检测

侧隙是两个相啮合齿轮的工作齿面相接触时,在两个非工作齿面之间所形成的间隙。具有公称齿厚的齿轮副在公称中心距下啮合时是无侧隙的。侧隙通常用减薄齿厚的方法来获取。侧隙不是一个固定值,受到齿轮加工误差及工作状态等因素的影响,在不同的轮齿位置上是变动的。影响侧隙大小和不均匀的主要因素是齿厚。评定侧隙的参数有齿厚偏差和公法线平均长度偏差。

1. 齿厚偏差 ΔE_S(极限偏差为 E_{ss}、E_{si})

齿厚偏差 ΔE_S 是指分度圆柱面上,齿厚实际值与公称值之差,如图 11 - 22 所示。对于斜齿轮,指法向齿厚实际值与公称值之差。为了保证最小侧隙,必须规定齿厚的最小减薄量,即齿厚上极限偏差;为了限制侧隙使之不致过大,必须规定齿厚公差。

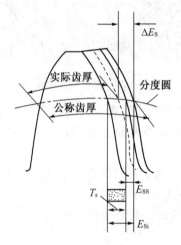

图 11 - 22 齿厚极限偏差

由于弧长难以直接测量,因此测量齿厚通常用齿厚游标卡尺(图 11 - 23)以齿顶圆作为度量基准,测量其分度圆弦齿厚,再经计算得到齿厚偏差。齿厚偏差通常为负值。

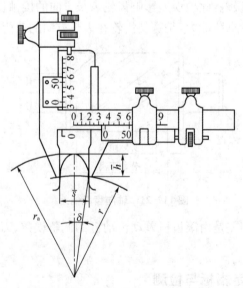

图 11 - 23 分度圆弦齿厚的测量

r—分度圆半径;r_a—齿顶圆半径;$\bar{s}$—分度圆弦齿厚;$\bar{h}$—分度圆弦齿高;δ—半个齿厚所对中心角

由于测量齿厚是以齿顶圆作为度量基准,齿顶圆的直径偏差和径向跳动会影响测量结果,因此齿厚偏差适用于精度较低和尺寸较大的齿轮。

在新标准的指导性技术文件 GB/Z 18620.2—2008 中,齿厚上下极限偏差及公差的符号分别为 E_{sns}、E_{sni}、T_{sn}。

2. 公法线平均长度偏差 ΔE_{wm}(极限偏差为 E_{wms}、E_{wmi})

公法线平均长度偏差 ΔE_{wm} 是指齿轮一周范围内,公法线长度平均值与公称值之差。齿轮齿厚的变化必然引起公法线长度的变化,齿轮齿厚减薄时,公法线长度也相应减小,反之亦然。因此可用测量公法线长度来代替测量齿厚。

由于齿轮的运动偏心对公法线长度有影响,使齿轮各条公法线长度不相等。为了排除运动偏心对侧隙评定的影响,故取用平均值。

齿厚偏差与公法线平均长度偏差之间的换算公式如下

外齿轮:

$$\begin{cases} E_{wms} = E_{ss}\cos\alpha - 0.72F_r\sin\alpha \\ E_{wmi} = E_{si}\cos\alpha + 0.72F_r\sin\alpha \end{cases} \qquad (11-3)$$

内齿轮:

$$\begin{cases} E_{wms} = -E_{si}\cos\alpha - 0.72F_r\sin\alpha \\ E_{wmi} = -E_{ss}\cos\alpha + 0.72F_r\sin\alpha \end{cases} \qquad (11-4)$$

测量公法线长度时不像测量齿厚那样以齿轮顶圆作为测量基准,也不以齿轮基准轴线作为测量基准,因此测量公法线长度要比测量齿厚方便,测量精度也较高,而且可在测量公法线长度变动的同时测出。所以,测量公法线长度可以同时用来评定齿轮传递运动的准确性和侧隙。

在新标准的指导性技术文件 GB/Z 18620.2—2008 中,公法线长度上下极限偏差的符号分别为 E_{bns}、E_{bni}。

§11.3　齿轮副的误差评定参数及检测

在齿轮传动中,由两个相啮合的齿轮组成的基本机构称为齿轮副。齿轮副的安装误差会影响齿轮副的传动性能,应加以限制。另外组成齿轮副的两个齿轮的误差在啮合传动时还有可能互相补偿。所以 GB/T 10095—1988 中对齿轮副设有专门的精度评定指标,包括齿轮副的切向综合误差、一齿切向综合误差、齿轮副的接触斑点的位置和大小以及侧隙要求。而新标准中有关齿轮副精度及要求仅在标准化指导性文件中作了规定,本节不再叙述。

一、齿轮副的安装误差

1. 齿轮副的中心距偏差 Δf_a(极限偏差 f_a)

齿轮副的中心距偏差 Δf_a(图 11-24)是指在齿轮副的齿宽中间平面内,实际中心距 a' 与公称中心距之差,如图 11-24(a)所示。它直接影响齿轮副的侧隙。

极限偏差 f_a 是确定安装齿轮副的箱体轴承孔中心距极限偏差 f_a' 的依据。通常,当箱体孔中心距合格时可不检验齿轮副的中心距偏差。

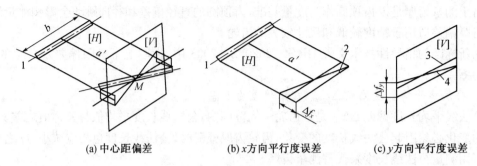

(a) 中心距偏差   (b) x 方向平行度误差   (c) y 方向平行度误差

图 11 - 24   齿轮副的安装误差

1—基准轴线；2—另一轴线在[H]平面上的投影；3—基准轴线在[V]平面上的投影；
4—另一轴线在[V]平面上的投影；b—齿轮宽度

2. 轴线的平行度误差 Δf_x、Δf_y（公差 f_x、f_y）

该误差可分成 x 方向和 y 方向的误差。

齿轮副两条轴线中任何一条轴线都可作为基准轴线来测量另一条轴线的平行度误差。为此，取包含基准轴线并通过由另一轴线与齿宽中间平面相交的点（中点 M）所形成的平面作为基准平面[H]。

参看图 11 - 24(b)，x 方向轴线的平行度误差 Δf_x 是指一对齿轮的轴线在基准平面[H]上的投影 1 和 2 的平行度误差。参看图 11 - 24(c)，y 方向轴线的平行度误差 Δf_y 是指一对齿轮的轴线，在垂直于基准平面[H]并且平行于基准轴线的平面[V]上的投影 3 和 4 的平行度误差。Δf_x、Δf_y 都在等于全齿宽的长度上测量，它们主要影响齿轮副的接触斑点和侧隙。

齿轮副装配好后，Δf_x 和 Δf_y 的测量颇为不便，而且它们对齿轮接触精度和侧隙的影响可以由测量比较方便的接触斑点及侧隙指标控制，因此很少采用这两项指标来验收齿轮副。但是，可根据轴线平行度公差 f_x 和 f_y 来确定安装齿轮的箱体轴承孔中心线的平行度公差 f_x' 和 f_y'，当箱体孔中心线平行度合格时，可不检验齿轮副轴线的平行度误差。

二、齿轮副的评定参数

1. 齿轮副的切向综合误差 $\Delta F_{ic}'$

齿轮副的切向综合误差 $\Delta F_{ic}'$ 是指安装好的齿轮副，在啮合转动足够多的转数内，一个齿轮相对于另一个齿轮的实际转角与公称转角之差的总幅度值。以分度圆弧长计值。如图11-25 所示。$\Delta F_{ic}'$ 是评定齿轮副传递运动的准确性的综合指标。

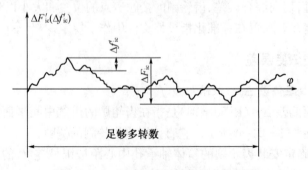

图 11 - 25   齿轮副的切向综合误差曲线

测量时,齿轮副按设计中心距安装,并保持齿面单面接触状态,啮合转动足够多的转数,使两齿轮的每一个齿都相互啮合过,使误差在齿轮相对位置变化全周期中充分显示出来。

例如,一对啮合齿轮的齿数 $z_1=25,z_2=105$,则小齿轮必须转 5 圈才能使一对啮合的轮齿第二次相遇。因此测量这对啮合齿轮的切向综合误差 $\Delta F'_{ic}$ 时,足够多的转数就是指小齿轮要转够 5 圈。

2. 一齿切向综合误差 $\Delta f'_{ic}$

齿轮副的一齿切向综合误差 $\Delta f'_{ic}$ 是指安装好的齿轮副,在啮合转动足够多的转数内,一个齿轮相对于另一个齿轮一个齿距内的实际转角与公称转角之差的最大幅度值。以分度圆弧长计值,见图 11-25。

$\Delta f'_{ic}$ 是评定齿轮副传递运动平稳性的最直接的指标。

$\Delta F'_{ic}$ 和 $\Delta f'_{ic}$ 可用传动链误差检测仪来测量,也可在单啮仪上安装两个配偶齿轮进行测量,或者按两个配偶齿轮分别在单啮仪上测得的切向综合误差 $\Delta F'_i$ 和一齿切向综合误差 $\Delta f'_i$ 之和进行考核。

3. 齿轮副的接触斑点

齿轮副的接触斑点是指装配好的齿轮副,在轻微的制动下,运转后齿面上分布的接触擦亮痕迹,如图 11-26所示。

接触痕迹的大小在齿面展开图上用百分数计算:

沿齿宽方向为接触痕迹的长度 b''(扣除超过模数值的断开部分 c)与设计工作长度 b' 之比的百分数,即

$$\frac{b''-c}{b'} \times 100\%$$

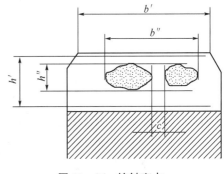

图 11-26　接触斑点

沿齿高方向为接触痕迹的平均高度 h'' 与设计工作高度 h' 之比的百分数,即

$$\frac{h''}{h'} \times 100\%$$

轻微制动是指所加制动扭矩能够保证啮合齿面不脱离,又不致使任何零部件(包括被测轮齿)产生可以觉察的弹性变形为限度。用"光泽法"检验接触斑点时,须经过一定时间的转动方能使齿面上呈现擦痕。同时保证齿轮中每个轮齿都啮合过,必须对两个齿轮所有的齿都加以观察,按齿面上实际擦亮的摩擦痕迹为依据,并且以接触斑点占有面积最小的那个齿作为齿轮副的检验结果。

接触斑点是齿面接触精度的综合评定指标。是为了保证齿轮副的接触精度或承载能力而提出的一个特殊的检验项目。设计时,给定齿长和齿高两个方向的百分数。检验时,对较大的齿轮副,一般在安装好的齿轮传动装置中检验,对于成批生产的机器中的中小齿轮,允许在啮合机上与精确齿轮啮合检验。

4. 齿轮副的侧隙

齿轮副的侧隙按测量方向分为圆周侧隙 j_t 和法向侧隙 j_n,如图 11-27 所示。当装配好的齿轮副中一个齿轮固定时,另一个齿轮的圆周晃动量称为齿轮副的圆周侧隙,以分度圆弧长

计值,可用指示表测量。当装配好的齿轮副中两齿轮的工作齿面接触时,非工作齿面之间的最小距离称为齿轮副的法向侧隙,法向侧隙可用塞尺测量。

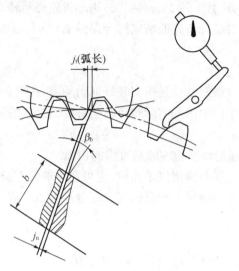

图 11-27　齿轮副侧隙

法向侧隙与圆周侧隙之间的关系如下:

$$j_n = j_t \cos \alpha_t \cos \beta_b = j_t \cos \alpha_n \cos \beta \tag{11-5}$$

式中,α_t、α_n 分别为端面、法向分度圆压力角;β、β_b 分别为分度圆、基圆螺旋角。

测量圆周侧隙和测量法向侧隙是等效的。侧隙大小是从使用角度提出的要求,它与齿轮及齿轮副的精度等级无关。

齿轮副的侧隙是一项综合指标,它会受到基节偏差、齿向误差、齿轮副的安装误差等因素的影响。

如果上述齿轮副的四个指标均能满足要求,则此齿轮副即合格。

§11.4　渐开线圆柱齿轮精度标准及应用

为了满足平行轴传动齿轮的精度设计和检测的需要,我国在 1988 年发布了齿轮精度标准 GB/T 10095—1988《渐开线圆柱齿轮　精度》,2001 年之后又根据国际标准 ISO1328 的内容陆续修改原标准,颁布了新标准 GB/T 10095.1—2008、GB/T 10095.2—2008《渐开线圆柱齿轮　精度》及标准化指导性技术文件 GB/Z 18620.1~4—2008《圆柱齿轮检验实施规范》。原标准内容中包括单个齿轮及齿轮副,涉及齿轮的各项误差、偏差及对应的各项公差、极限偏差及精度构成、齿轮副的侧隙、中心距、齿轮齿厚极限偏差等。而新标准规定了齿轮的各项要素偏差及相应的公差、极限偏差及精度构成;新标准内容目前没有涉及齿轮副,有关各项要素偏差的检验实施规范及有关齿轮副的精度及要求仅在标准化指导性文件中作了规定,新标准将逐渐完善并逐步替代原标准,以提高齿轮的加工质量和经济效益,促进机械工业齿轮传动产品与国际接轨。

一、精度等级及其选择

原标准 GB/T 10095—1988 对齿轮和齿轮副规定了 12 个精度等级,从 1 级精度由高到低依次为 1～12 级。

选择齿轮的精度等级,必须以传动的用途、使用条件以及技术要求为依据,即要考虑齿轮的圆周速度,所传递的功率,工作持续时间,对传递运动的准确性、平稳性、承载均匀性以及使用寿命的要求等多项因素,同时兼顾工艺性和经济性。确定齿轮精度等级目前常用类比法,常用齿轮精度等级的选择见表 11-1、表 11-2。

表 11-1　各种机器中的齿轮所采用的精度等级

应用范围	精度等级	应用范围	精度等级
单啮仪、双啮仪	2～5	载重汽车	6～9
涡轮机减速器	3～5	通用减速器	6～8
金属切削机床	3～8	轧钢机	5～10
航空发动机	4～7	矿用绞车	6～10
内燃机车、电气机车	5～8	起重机	6～9
轿车	5～8	拖拉机	6～10

表 11-2　齿轮常用精度等级的应用范围

精度等级		4 级	5 级	6 级	7 级	8 级
应用范围		极精密分度机构的齿轮;非常高速并要求平稳与无噪声的齿轮;高速涡轮机齿轮;检查 7 级齿轮的理想精确的测量齿轮	精密分度机构的齿轮;高速并要求平稳、无噪声的齿轮;高速涡轮机齿轮;检查 8 级、9 级齿轮用的测量齿轮	高速、平稳、无噪声、高效率齿轮;航空、汽车、机床中的重要齿轮;分度机构齿轮读数机构齿轮	高速、动力小而需逆转的齿轮;机床中的进给齿轮;航空齿轮;读数机构齿轮;具有一定速度的减速器齿轮	一般内燃机器中的普通齿轮;汽车、拖拉机、减速器中的一般齿轮;航空器中不重要的齿轮;农业机械中的重要齿轮
圆周速度 /(m/s)	直齿	<35	<20	<15	<10	<6
	斜齿	<70	<40	<30	<15	<10

齿轮副中两个齿轮的精度等级一般取成相同,也允许取成不相同。若两齿轮精度等级不同,则按其中精度等级较低者确定齿轮副的精度等级。

单个齿轮的误差评定指标按其特性及对传动性能的主要影响,GB/T 10095—1988 中将其分为三个公差组,如表 11-3 所示。第 Ⅰ 公差组的项目主要控制齿轮传动准确性,第 Ⅱ 公差组的项目主要控制齿轮传动平稳性,第 Ⅲ 公差组的项目主要控制齿轮传动时受载后载荷分布的均匀性。

表 11-3　齿轮公差组

公差组	公差、极限偏差项目	误差特性	对传动性能的主要影响
Ⅰ	F_i'、F_p、F_{pk}、F_i''、F_r、F_w	以齿轮一转为周期的误差	传递运动准确性
Ⅱ	f_i'、f_i''、f_f、$\pm f_{pt}$、$\pm f_{pb}$、$f_{f\beta}$、	在齿轮一转内，多次周期地重复出现的误差	传动的平稳性，噪声、振动
Ⅲ	F_β、F_b、$\pm F_{px}$	齿线的误差	载荷分布的均匀性

根据不同的使用要求，对三个公差组可以选用相同的精度等级，也可以选用不同的精度等级。但在同一公差组内，各项公差与极限偏差应保持相同的精度等级。三个公差组可以以不同的精度互相组合，使设计者能够根据所设计的齿轮传动在工作中的具体使用条件，对齿轮的制造精度规定最合适的要求。

新标准对齿轮规定了 13 个精度等级，分别用阿拉伯数字 0、1、2、3、…、12 表示。其中，0 级精度最高，12 级精度最低。径向综合偏差（F_i''、f_i''）的精度等级规定为 4、5、6、…、12 共 9 个等级。新旧标准公差（极限偏差）计算式、级间公比不同，新旧标准的同级精度不能等同。因此在标注精度等级时应该注明依据的标准代号。

二、齿轮和齿轮副的检验要求

1. 齿轮检验组及其选择

齿轮的误差评定项目很多，在检测与验收时，没有必要对所有评定指标都进行检测，GB/T 10095—1988 中规定可以按照公差组，从每一个公差组内选取合适的项目组合进行检测，即将同一个公差组内的各项项目分为若干个检验组，根据齿轮的功能要求和生产规模，在各公差组内选定适当的检验组来评定和验收齿轮的精度。

国标 GB/T 10095—1988 对三个公差组分别规定了一些检验组，见表 11-4。

表 11-4　公差组的检验组

公差组	检验组	选用说明
Ⅰ	$\Delta F_i'$ ΔF_p 与 ΔF_{pk} ΔF_p $\Delta F_i''$ 与 ΔF_w ΔF_r 与 ΔF_w ΔF_r	当其中一项超差时，应按 ΔF_p 检定和验收齿轮精度 当其中一项超差时，应按 ΔF_p 检定和验收齿轮精度 用于 10～12 级
Ⅱ	$\Delta f_i'$ Δf_f 与 Δf_{pb} Δf_f 与 Δf_{pt} $\Delta f_{f\beta}$ $\Delta f_i''$ Δf_{pt} 与 Δf_{pb} Δf_{pt} 或 Δf_{pb}	需要时，可加验 Δf_{pb} 用于轴向重合度大于 1.25，6 级及 6 级精度以上的斜齿轮或人字齿轮须保证齿形精度 用于 9～12 级精度 用于 10～12 级精度

（续表）

公差组	检验组	选用说明
Ⅲ	ΔF_β ΔF_b ΔF_{px} 与 Δf_f ΔF_{px} 与 ΔF_b	仅用于轴向重合度不大于 1.25，齿线不作修正的斜齿轮 仅用于轴向重合度大于 1.25，齿线不作修正的斜齿轮 仅用于轴向重合度大于 1.25，齿线不作修正的斜齿轮

设计过程中，在选择齿轮精度评定指标的同时，还要选择侧隙的评定指标。这些应考虑到齿轮的精度等级、尺寸大小和生产批量，并且用同一仪器测量较多的指标。表 12 - 5 所列检验组组合可供参考。

新标准中目前还没有规定公差组及检验组，但规定了切向综合偏差、齿廓和螺旋线的形状与倾斜偏差不是标准的必检项目，它有时可作为有用的参数和评定值，若需检验，则应在供需双方的协议中明确确定。对于其他检验项目，测量全部要素偏差没有必要也不经济，对于质量控制，测量项目的减少必须由供需双方协商确定。根据国际标准的制定情况，新标准将会按齿轮工作性能推荐检验组和公差族。使用新国标时，建议在下述检验组中选取一个检验组评定齿轮质量，见表 11 - 5。

表 11 - 5　推荐的齿轮检验组

组别	检 验 项 目
1	F_p、F_r、F_α、f_{pt}、F_β
2	F_{pi}、F_{pk}、F_r、F_α、f_{pt}、F_β
3	F_i''、f_i''
4	f_{pt}、F_r（10～12 级）
5	F'、f_i'（有协议要求时）

2. 齿轮副的检验项目

GB/T 10095—1988 中规定了齿轮副的检验项目为切向综合误差、一齿切向综合误差、接触斑点的位置和大小、侧隙。

齿轮副的切向综合误差和一齿切向综合误差应在装配后实测，或按单个齿轮的切向综合误差之和及一齿切向综合误差之和予以考核。

接触斑点的位置应趋于齿面中部，齿顶与齿端部棱边处不允许接触。

若接触斑点的分布位置和大小确有保证，则此齿轮副中单个齿轮的第Ⅲ公差组项目可不予考核。

以上四个方面的要求均能满足，则此齿轮副即认为是合格的。

新标准在指导性文件中对齿轮副的精度及要求推荐了中心距偏差、轴线平行度偏差、轮齿接触斑点和侧隙的要求和公差。

三、齿轮副极限侧隙的确定

齿轮传动装置中对侧隙的要求，主要取决于其工作条件和使用要求，与齿轮的精度等级无关。

齿轮副侧隙是在装配后自然形成的,其主要影响因素是中心距偏差和齿厚偏差。具有公称齿厚的齿轮副在公称中心距下啮合是无侧隙的。为了使齿轮副在传动中有必要的侧隙,可以通过调整中心距和减薄齿厚的方法获得。我国国标规定采用的是基中心距制,即在固定中心距极限偏差下,通过改变齿厚偏差的大小来获得不同的最小侧隙。对每一精度等级规定一种中心距极限偏差,然后通过计算确定两齿轮的齿厚极限偏差或公法线平均长度极限偏差,使装配后获得所需的齿轮副侧隙。

1. 齿轮副的最小极限侧隙 j_{nmin}

最小极限侧隙是指在标准温度(20℃)下齿轮副无载荷时所需最小限度的侧隙,与精度等级无关。设计时选定的最小极限侧隙必须保证补偿传动时温升引起的变形和正常的润滑等。

(1) 补偿热变形所必需的法向侧隙 j_{n1}

$$j_{n1} = a(\alpha_1 \Delta t_1 - \alpha_2 \Delta t_2) \times 2\sin \alpha_n \qquad (11-6)$$

式中,a 为齿轮副的中心距;α_1 和 α_2 分别是齿轮和箱体材料的线膨胀系数(1/℃);Δt_1 和 Δt_2 分别是齿轮温度 t_1 和箱体温度 t_2 对 20℃的偏差,即 $\Delta t_1 = t_1 - 20°$,$\Delta t_2 = t_2 - 20°$;α_n 为齿轮的基本齿廓角。

(2) 保证正常润滑条件所需的法向侧隙 j_{n2}

j_{n2} 取决于润滑方法和齿轮圆周速度,可参考表 11-6 选取。

表 11-6　j_{n2} 的推荐值

润滑方式	圆周速度 v(m/s)			
	≤10	>10~25	>25~60	>60
喷油润滑	$0.01m_n$	$0.02m_n$	$0.03m_n$	$(0.03\sim0.05)m_n$
油池润滑	$(0.005\sim0.01)m_n$			

注:m_n——法向模数(mm)。

齿轮副所需的最小保证侧隙为 $j_{nmin} = j_{n1} + j_{n2}$。

2. 齿厚极限偏差

国标 GB/T 10095—1988 中将齿厚极限偏差的数值作了标准化,规定了 14 种齿厚极限偏差 E_s,并用大写英文字母表示,如图 11-28 所示。偏差 E_s 的数值是以齿距极限偏差 f_{pt} 的倍数来表示的,见表 11-7。齿厚公差带用两个极限偏差的字母来表示,前一个字母表示上极限偏差,后一个字母表示下极限偏差。14 种齿厚极限偏差可以任意组合,以满足各种不同的需要。如上极限偏差代号采用 F,下极限偏差采用 L 时,其齿厚上极限偏差 $E_{ss} = -4f_{pt}$,齿厚下极限偏差 $E_{si} = -16f_{pt}$。

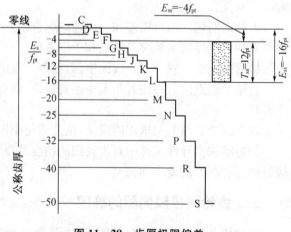

图 11-28　齿厚极限偏差

表 11 - 7　齿厚极限偏差

$C = +1f_{pt}$ $D = 0$ $E = -2f_{pt}$ $F = -4f_{pt}$	$G = -6f_{pt}$ $H = -8f_{pt}$ $J = -10f_{pt}$ $K = -12f_{pt}$	$L = -16f_{pt}$ $M = -20f_{pt}$ $N = -25f_{pt}$ $P = -32f_{pt}$	$R = -40f_{pt}$ $S = -50f_{pt}$

（1）齿厚上极限偏差。为了获得最小极限侧隙的齿轮齿厚的最小减薄量，即齿厚上极限偏差。计算时应考虑补偿齿轮的加工误差和安装误差所引起的侧隙减小量，为方便设计和计算，通常设大小齿轮齿厚上极限偏差相等，求得齿厚上极限偏差为

$$|E_{ss}| = \frac{j_{nmin} + J_n}{2\cos\alpha_n} + f_a\tan\alpha_n \tag{11-7}$$

其中，J_n 是补偿齿轮的加工误差和安装误差所引起的侧隙减小量。对于制造误差，主要考虑基节偏差和齿向误差。对于安装误差，主要考虑 x 和 y 两个方向的平行度误差，这些误差都是独立随机误差，故它们的合成可取为各项平方之和

$$J_n = \sqrt{f_{pb1}^2 + f_{pb2}^2 + 2(F_\beta\cos\alpha_n)^2 + (f_x\sin\alpha_n)^2 + (f_y\cos\alpha_n)^2}$$

$\alpha_n = 20°$ 时，按 $f_x = F_\beta$、$f_y = 0.5F_\beta$ 代入上式，便得

$$J_n = \sqrt{f_{pb1}^2 + f_{pb2}^2 + 2.104F_\beta^2} \tag{11-8}$$

当两个配偶齿轮的齿数相差较大时，为了提高小齿轮的承载能力，小齿轮的齿厚最小减薄量可取得比大齿轮小些。

（2）齿厚下极限偏差。齿厚下极限偏差 E_{si} 由齿厚上极限偏差 E_{ss} 与齿厚公差 T_s 求得，即

$$E_{si} = E_{ss} - T_s \tag{11-9}$$

齿厚公差大小与齿厚上极限偏差无关，一般情况下，主要取决于齿轮加工时径向进刀公差 b_r 和齿圈径向跳动公差 F_r 的影响。考虑到径向进刀误差和齿圈径向跳动都是独立随机变量，按概率统计学求和，并且把它们从径向计值方向换算到齿厚偏差方向时要乘以 $2\tan\alpha_n$，因此齿厚公差可按下式计算。

$$T_s = 2\tan\alpha_n\sqrt{F_r^2 + b_r^2} \tag{11-10}$$

式中，F_r 为齿圈径向跳动公差；b_r 为切齿进刀公差，其推荐值按表 11 - 8 选用，表中 IT 值按齿轮的分度圆直径查标准公差值表。

表 11 - 8　径向进刀公差

第Ⅰ公差组精度等级	5	6	7	8	9
b_r	IT8	1.26IT8	IT9	1.26IT9	IT10

计算得出的齿厚上极限偏差和下极限偏差分别被 f_{pt} 除后，即可由表 11 - 7 选择相近并保证最小侧隙要求的标准齿厚偏差代号。当对侧隙要求较严格时，若不宜用国标规范的 14 个代号表示，国标允许用数字表示齿厚的极限偏差。

如果侧隙评定指标不采用齿厚偏差 ΔE_s，而采用公法线平均长度偏差 ΔE_{wm}，则按式(11 - 3)或

式(11-4)将齿厚极限偏差换算为公法线平均长度偏差。

四、齿坯精度要求

齿坯是指在轮齿加工前供制造齿轮用的工件。齿坯的内孔或轴颈、端面、顶圆常作为齿轮加工、装配和检验的基准,所以齿坯的精度将直接影响齿轮的加工质量和运行状况。由于加工齿坯和箱体时保持较紧的公差,比加工高精度的轮齿要经济得多,因此根据制造设备条件尽可能使齿坯和箱体的制造公差保持最小值,可以使加工齿轮的轮齿有较松的公差,获得更经济的整体设计。正确确定齿坯公差项目和公差值,是齿轮精度设计的重要环节。为此,国标 GB/T 10095—1988规定了齿坯公差。齿坯公差应标注在齿轮图样上。盘形齿轮和齿轮轴的齿坯公差的项目分别如图 11-29 和图 11-30 所示。

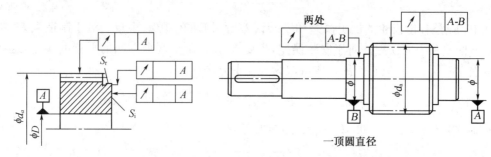

图11-29　盘形齿轮的齿坯精度要求

ϕd_a—顶圆直径;ϕD—基准孔直径;

S_r—径向基准面;S_i—基准端面

图 11-30　齿轮轴的齿坯精度要求

ϕd_a—顶圆直径

精度要求主要包括:齿轮基准部位(齿轮内孔或轴颈)的直径尺寸公差和形状公差;齿轮轴向基准面的端面跳动;齿顶圆柱面的直径公差和径向圆跳动;以及上述表面的表面粗糙度。一般齿轮孔或齿轮轴颈不仅是工艺基准,而且是检验和安装基准,所以对 3 级以上的齿轮孔不仅要规定尺寸公差,还要进一步规定形状公差,通常用圆柱度控制。对 4~12 级的齿轮孔则在给定尺寸公差后采用包容原则,用边界控制孔的形状误差。

常用齿坯公差值与表面粗糙度推荐值如表 11-9、表 11-10。

表 11-9　齿坯公差表格(摘自 GB 10095—1988)

	齿轮精度等级[①]	6	7	8	9
孔	尺寸公差、形状公差	IT6	IT7		IT8
轴	尺寸公差、形状公差	IT5	IT6		IT7
	顶圆直径[②]		IT8		IT9
	分度圆直径/mm	齿坯基准面径向和端面圆跳动/μm			
大于	到	精度等级			
		6	7	8	9
—	125	11	18	18	28
125	400	14	22	22	36

（续表）

齿轮精度等级①		6	7	8	9
400	800	20	32	32	50

注：① 当三个公差组的精度等级不同时，按最高的精度等级确定公差值。

　　② 当顶圆不做测量齿厚基准时，尺寸公差按 IT11 给定，但不大于 $0.1m_n$；当以顶圆为基准面时，齿坯基准面径向跳动指顶圆的径向跳动。

表 11-10　齿轮各表面的表面粗糙度 R_a 推荐值（摘自 GB/T 10095—1988）

精度等级	6	7		8		9
齿面	0.8～1.6	1.6	3.2	6.3(3.2)	6.3	12.5
齿面加工方法	磨或珩齿	剃或珩齿	滚或插	滚或插	滚	铣
基准孔	1.6	1.6～3.2			6.3	
基准轴径	0.8	1.6			3.2	
基准端面	3.2～6.3				6.3	
顶圆	6.3					

注：当三个公差组的精度等级不同时，按最高的精度等级确定 R_a 值。

五、齿轮精度标注

GB/T 10095—88 中规定，在齿轮零件图上，应标注出齿轮三个公差组的精度等级和齿厚极限偏差的代号。例如齿轮第 I、第 II、第 III 公差组的精度等级分别为 7 级、6 级、6 级，齿厚上、下极限偏差代号分别为 F、L，则标注如下：

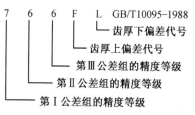

如果齿轮三个公差组的精度等级相同，则只需标注一个精度等级代号的数字。例如齿轮的三个公差组的精度等级同为 7 级，齿厚上、下极限偏差代号分别为 G、M，它们应标注如下：

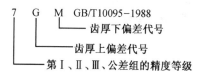

此外，对齿厚上、下极限偏差可以不标注代号，而直接标注数值，示例如下，

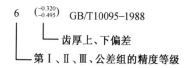

新标准对齿轮精度等级在图样上的标注未作明确规定,只说明在文件需要叙述齿轮精度要求时,应注明 GB/T 10095.1—2008 或 GB/T 10095.2—2008。建议标注如下:

若齿轮各检验项目为同一级别精度(如均为 7 级),可标注如下:

$$7GB/T\ 10095.1—2008\ 或\ 7GB/T\ 10095.2—2008$$

若齿轮各检验项目精度等级不同时,应分别标注,如:

$$6(F_a),7(F_p,F_\beta)GB/T\ 10095.1—2008$$

新标准完善并全面实施后,标注代号按新标准规定表示。

图 11-31 为齿轮零件图,其上的精度标注为按照旧国标的标注方法,可供参考。按新标准的齿轮的计算与标注见后面的综合应用举例(图 11-32)。

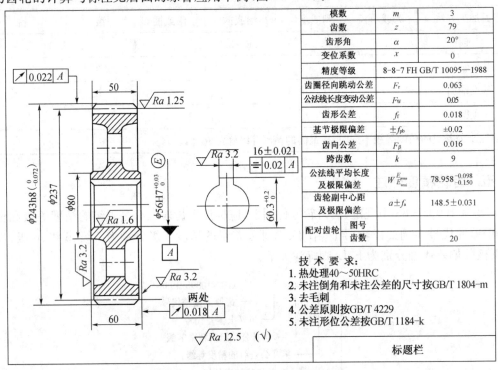

图 11-31　齿轮零件图精度标注实例

表 11-11 至表 11-21 列出了 GB/T 10095—2008、GB/T 10095—1988 中常用精度等级的齿轮公差(极限偏差)的数值,供设计者使用参考。

表 11-11　齿距累积公差 F_p 值(摘自 GB/T 10095—2008)　　　　　　　　　　　　(μm)

分度圆直径/mm		法向模数 /mm	精度等级			
大于	到		6	7	8	9
20	50	0.5~2	20.0	29.0	41.0	57.0
		2~3.5	21.0	30.0	42.0	59.0

（续表）

分度圆直径/mm		法向模数 /mm	精度等级			
大于	到		6	7	8	9
50	125	0.5～2	26.0	37.0	52.0	74.0
		2～3.5	27.0	38.0	53.0	76.0
125	280	0.5～2	35.0	49.0	69.0	98.0
		2～3.5	35.0	50.0	70.0	100.0
		3.5～6	36.0	51.0	72.0	102.0
		6～10	37.0	53.0	75.0	106.0

表 11-12 公法线长度变动 F_w（摘自 GB/T 10095—1988）   （μm）

分度圆直径/mm		精度等级			
大于	到	6	7	8	9
—	125	20	28	40	56
125	400	25	36	50	71
400	800	32	45	63	90

表 11-13 齿圈径向跳动公差 F_r（摘自 GB/T 10095—2008）   （μm）

分度圆直径/mm		法向模数 /mm	精度等级			
大于	到		6	7	8	9
20	50	0.5～2	16.0	23.0	32.0	45.0
		2～3.5	17.0	24.0	34.0	47.0
50	125	0.5～2	21.0	29.0	42.0	59.0
		2～3.5	21.0	30.0	43.0	61.0
		3.5～6	22.0	31.0	44.0	62.0
125	280	2～3.5	28.0	40.0	56.0	80.0
		3.5～6	29.0	41.0	58.0	82.0
		6～10	30.0	42.0	60.0	85.0

表 11-14 径向综合公差 F''（摘自 GB/T 10095—2008）   （μm）

分度圆直径/mm		法向模数 /mm	精度等级			
大于	到		6	7	8	9
20	50	1.0～1.5	23	32	45	64
		1.5～2.5	26	37	52	73
50	125	1.0～1.5	27	39	55	77
		1.5～2.5	30	46	61	86
		2.5～4.0	36	51	72	102
		4.0～6.0	44	62	88	124

（续表）

分度圆直径/mm		法向模数	精度等级			
大于	到	/mm	6	7	8	9
125	280	1.5～2.5	37	53	75	106
		2.5～4.0	43	61	86	121
		4.0～6.0	51	72	102	144

表 11-15　一齿径向综合公差 f_i''（摘自 GB/T 10095—1988）　　　　（μm）

分度圆直径/mm		法向模数	精度等级			
大于	到	/mm	6	7	8	9
20	50	1.0～1.5	6.5	9	13	18
		1.5～2.5	9.5	13	19	26
50	125	1.0～1.5	6.5	9	13	18
		1.5～2.5	9.5	13	19	26
		2.5～4.0	14	20	29	41
		4.0～6.0	22	31	44	62
125	280	1.5～2.5	9.5	13	19	27
		2.5～4.0	15	21	29	41
		4.0～6.0	22	31	44	62

表 11-16　齿廓总公差 F_α（摘自 GB/T 10095—2008）　　　　（μm）

分度圆直径/mm		法向模数	精度等级			
大于	到	/mm	6	7	8	9
20	50	0.5～2	7.5	10.0	15.0	21.0
		2～3.5	10.0	14.0	20.0	29.0
50	125	0.5～2	8.5	12.0	17.0	23.0
		2～3.5	11.0	16.0	22.0	31.0
		3.5～6	13.0	19.0	17.0	38.0
125	280	2～3.5	13.0	18.0	25.0	36.0
		3.5～6	15.0	21.0	30.0	42.0
		6～10	18.0	25.0	36.0	50.0

表 11-17　齿距极限偏差 $\pm f_{pt}$（摘自 GB/T 10095—2008）　　　　　(μm)

分度圆直径/mm		法向模数 /mm	精度等级			
大于	到		6	7	8	9
20	50	0.5～2	7.0	10.0	14.0	20.0
		2～3.5	7.5	11.0	15.0	22.0
50	125	0.5～2	7.5	11.0	15.0	21.0
		2～3.5	8.5	12.0	17.0	23.0
		3.5～6	9.0	13.0	18.0	26.0
125	280	2～3.5	9.0	13.0	18.0	26.0
		3.5～6	10.0	14.0	20.0	28.0
		6～10	11.0	16.0	23.0	32.0

表 11-18　基节极限偏差 $\pm f_{pb}$（摘自 GB/T 10095—1988）　　　　　(μm)

分度圆直径/mm		齿宽 /mm	精度等级			
大于	到		6	7	8	9
—	125	1～3.5	9	13	18	25
		3.5～6.3	11	16	22	32
		6.3～10	13	18	25	36
125	400	1～3.5	10	14	20	30
		3.5～6.3	13	18	25	36
		6.3～10	14	20	30	40
400	800	1～3.5	11	16	22	32
		3.5～6.3	13	18	25	36
		6.3～10	16	22	32	45

表 11-19　螺旋线总公差 F_{β}（摘自 GB/T 10095—2008）　　　　　(μm)

分度圆直径/mm		齿宽 /mm	精度等级			
大于	到		6	7	8	9
50	125	10～20	11.0	15.0	21.0	30.0
		20～40	12.0	17.0	24.0	34.0
		40～80	14.0	20.0	28.0	39.0
125	280	10～20	11.0	16.0	22.0	32.0
		20～40	13.0	18.0	25.0	36.0
		40～80	15.0	21.0	29.0	41.0
		80～160	17.0	25.0	35.0	49.0

表 11 - 20　接触斑点（摘自 GB/T 10095—1988）

接触斑点	单位	精度等级			
		6	7	8	9
按高度不小于	%	50(40)	45(35)	40(30)	30
按长度不小于	%	70	60	50	40

表 11 - 21　中心距极限偏差±f_a（摘自 GB/T 10095—1988）　　　　　　　　（μm）

第Ⅱ公差组精度等级	5～6	7～8	9～10
f_a	(1/2)IT7	(1/2)IT8	(1/2)IT9

六、综合应用举例

已知某机床主轴箱传动轴上的一对直齿圆柱齿轮，$z_1=26$，$z_2=54$，$m=3$ mm，$\alpha=20°$，齿宽 $B_1=28$ mm，$B_2=23$ mm，$n_1=1650$ r/min，功率 $P=7.5$ kW，齿轮材料为 45 号钢，其线膨胀系数 $\alpha_1=11.5\times10^{-6}$，箱体为铸铁，其线膨胀系数 $\alpha_2=10.5\times10^{-6}$。齿轮工作温度为 $t_1=60℃$，箱体温度为 $t_2=40℃$，内孔尺寸为 $\phi32$。试确定小齿轮的精度等级、齿厚偏差、检验参数及公差值、齿坯精度，并将这些要求标注在零件图上。

解：(1) 确定小齿轮的精度等级。

因该齿轮属于高速动力齿轮，故传动平稳性要求是主要的，可按圆周速度选取。

$$v=\frac{\pi dn}{60\times1\,000}=\frac{\pi mz_1n}{60\,000}=\frac{3.14\times3\times26\times1\,650}{60\,000}=6.7(\text{m/s})$$

参考表 11 - 2 选取平稳性精度为 7 级，由于传动准确性要求较高，故取同级精度 7 级，载荷分布均匀性一般不低于平稳性，故也取 7 级，确定齿轮的精度等级为 7 - 7 - 7。

(2) 确定检验项目及公差。

根据齿轮用途及精度等级，检验组选用原则按供需双方协议。这里选用 GB/T 10095—2008 标准，按表 11 - 5 推荐，确定检验项目如下：

$$F_p、F_r、F_\alpha、f_{pt}、F_\beta$$

查表 11 - 11，$F_p=38$ μm；查表 11 - 13，$F_r=30$ μm；查表 11 - 16，$F_\alpha=16$ μm；查表 11 - 17，$f_{pt}=\pm12$ μm；查表 11 - 19，$F_\beta=17$ μm。

小齿轮的精度等级为：7($F_p、F_r、F_\alpha、f_{pt}、F_\beta$)GB/T 10095—2008。

(3) 计算最小极限侧隙。

由式(11 - 6)，补偿热变形所需的侧隙为

$$j_{n1}=a(\alpha_1\Delta t_1-\alpha_2\Delta t_2)\times2\sin\alpha_n$$

$$=\frac{m(z_1+z_2)}{2}[\alpha_1(t_1-20°)-\alpha_2(t_2-20°)]\times2\sin\alpha$$

$$=\frac{3}{2}(26+54)[11.5\times(60-20)-10.5\times(40-20)]\times10^{-6}\times2\sin20°$$

$$= 0.021(\text{mm}) = 21(\mu\text{m})$$

按表 11 - 6，$v < 10$ m/s，保证正常润滑条件所需的侧隙为

$$j_{n2} = 0.01 m_n = 0.01 \times 3 = 0.03(\text{mm}) = 30(\mu\text{m})$$

因此，最小极限侧隙为　　　　$j_{nmin} = j_{n1} + j_{n2} = 30 + 21 = 51(\mu\text{m})$

（4）确定齿厚极限偏差和公差。

查表 11 - 18，得 $f_{pb1} = 13$ μm，$f_{pb2} = 14$ μm，由式（11 - 8）得：

$$J_n = \sqrt{f_{pb1}^2 + f_{pb2}^2 + 2.104 F_\beta^2}$$
$$= 31.19(\mu\text{m})$$

查表 11 - 21，得　　　　$f_a = \pm 27$ μm；

查表 11 - 8，得　　　　$b_r = \text{IT9} = 74$ μm

则

$$E_{ss\dagger} = -\left(\frac{j_{nmin} + J_n}{2\cos\alpha_n} + f_a\tan\alpha_n\right)$$
$$= -\left(\frac{51 + 31.19}{2 \times \cos 20°} + 27 \times \tan 20°\right) = -50.2(\mu\text{m})$$

$$T_s = 2\tan\alpha_n \sqrt{F_r^2 + b_r^2}$$
$$= 2\tan 20° \sqrt{30^2 + 74^2} = 58(\mu\text{m})$$

$$E_{si\dagger} = E_{ss\dagger} - T_s = -50.2 - 58 = -108.2(\mu\text{m})$$

计算比值

$$\frac{E_{ss\dagger}}{f_{pt}} = \frac{-50.2}{14} = -3.59 \qquad\qquad \frac{E_{si\dagger}}{f_{pt}} = \frac{-108.2}{14} = -7.7$$

查表 11 - 7：$F = -4 f_{pt}$，$H = -8 f_{pt}$，确定上极限偏差代号为 F，确定下极限偏差代号为 H，即：

$$E_{ss} = -4 \times 14 = -56(\mu\text{m})$$

$$E_{si} = -8 \times 14 = 112(\mu\text{m})$$

齿轮的精度等级及侧隙要求为 7 FH　GB/T 10095—2008。

（5）齿坯公差的确定。

① 内径尺寸精度：查表 11 - 9，选用 IT7，已知内径尺寸为 $\phi 32$，则内径的尺寸公差带确定为：$\phi 32\text{H7}(^{+0.025}_{0})$，采用包容原则 Ⓔ。

② 齿顶圆不作测量基准，尺寸公差按 IT11 给定，即 $\phi 84\text{h11}(^{0}_{-0.220})$。

③ 端面也要作为加工定位基准，所以要求端面圆跳动。设端面定位部分尺寸为 48 mm 时，则查附表 11 - 9 得端面圆跳动为 0.018 μm。

④ 各加工表面的表面粗糙度：查表 11 - 10 得：齿面 $R_a = 1.6$ μm，齿轮内孔 $R_a = 1.6$ μm，基准端面 $R_a = 3.2$ μm，其余表面取 $R_a = 6.3$ μm。

齿轮零件图如图 11 - 32 所示。

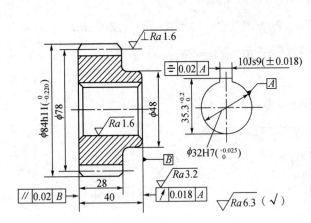

模数	m	3
齿数	z	26
压力角	α	20°
精度等级		7 FH GB/T 10095—2008
中心距及其极限偏差	$a \pm f_a$	120 ± 0.027
配对齿轮	齿数	54
单个齿距极限偏差	$\pm f_{pt}$	0.012
齿距累积总公差	F_p	0.038
齿廓总偏差公差	F_α	0.016
螺旋总线总偏差的公差	F_β	0.017
径向跳动公差	F_r	0.030

图 11 - 32　齿轮零件图

思考题与习题

一、填空题

1. 分度、读数齿轮用于传递精确的角位移,对其传动的主要要求是_____;轧钢机、矿山机械及起重机械用齿轮,其特点是传递功率大、速度低,对其传动的主要要求是_____。

2. 按 GB/T 10095—88 的规定,圆柱齿轮的精度等级分为_____个等级,其中_____是制定标准的基础级,用一般的切齿加工便能达到,在设计中用得最广。

3. 标准规定,第Ⅰ公差组的检验组用来检定齿轮的_____;第Ⅱ公差组的检验组用来检定齿轮的_____;第Ⅲ公差组的检验组用来检定齿轮的_____。

4. 齿轮副的侧隙可分为_____和_____两种,在齿轮的加工误差中,影响齿轮副侧隙的误差主要是_____。

5. 齿轮标记 6DF GB/T 10095—88 的含义是:6 表示_____,D 表示_____,F 表示_____。

二、简答题

1. 对齿轮传动有哪些使用要求? 影响这些使用要求的误差有哪些?

2. 三个公差组都分别包含哪些项目? 试叙述各项目的名称、定义。

3. 反映齿侧间隙的单个齿轮及齿轮副的检测指标有哪些?

三、计算题

1. 某减速器中,一对直齿圆柱齿轮的圆周速度 $v=8$ m/s,两齿轮的齿数分别为 $z_1=20$, $z_2=34$,模数 $m=2$ mm,齿形角 $\alpha=20°$。齿轮材料为钢,线膨胀系数为 $a_1=11.5 \times 10^{-6} K^{-1}$,工作温度 $t_1=80℃$,箱体的材料为铸铁,线膨胀系数为 $a_2=10.5 \times 10^{-6} K^{-1}$,工作温度 $t_2=60℃$。

试求齿轮副的最小极限间隙。

2. 某减速器中,一标准渐开线直齿圆柱齿轮,已知模数 $m=4$ mm,齿形角 $\alpha=20°$,齿数 $z=40$,齿宽 $b=60$ mm,齿轮的精度等级代号为 8FH GB/T 10095—2008,中小批量生产。试选择其检验项目,并查表确定齿轮的各项公差与极限偏差的数值。

3. 有一个 7 级精度的渐开线直齿圆柱齿轮,其模数 $m=3$ mm,齿数 $z=32$,基本齿廓角 $\alpha=20°$。该齿轮加工后测量的结果为 $\Delta F_r=25$ μm,$\Delta F_w=32$ μm,$\Delta F_p=42$ μm。试判断评定该齿轮的某项精度的上述三个指标是否都合格,该齿轮这项精度是否合格? 为什么?

第12章 尺寸链

本章要点:
1. 掌握尺寸链的基本概念、分类及特征。
2. 掌握用完全互换法、大数互换法解算正计算和反计算尺寸链的方法。

尺寸链在制造行业的产品设计、工艺规程设计、零部件加工和装配、技术测量等工作中经常碰到,主要是进行几何精度的分析和计算。目的是协调各有关尺寸的关系,经济合理地规定各零件的尺寸公差和几何公差,从而使产品具有高质量、低成本和高生产率。

分析计算尺寸链应遵循国家标准 GB/T 5847—2004《尺寸链 计算方法》。

§12.1 尺寸链的基本概念

一、尺寸链的定义及特征

尺寸链是指在机器装配或零件加工过程中,由相互连接的尺寸形成封闭的尺寸组。

在机械产品零部件的各要素之间都有一定的尺寸联系,其中某些尺寸会受其他尺寸变动的影响。如图 12-1 所示,车床尾座顶尖轴线与主轴轴线的高度差 A_0 是车床的主要指标之一,影响其精确度的尺寸有:尾座顶尖轴线高度 A_2、尾座底板厚度 A_1 和主轴轴线高度 A_3。这四个相互关联的尺寸构成一条尺寸链,即

$$A_1 + A_2 - A_3 - A_0 = 0 \tag{12-1}$$

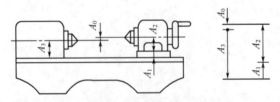

图 12-1 装配尺寸链

在一个零件的加工过程中,某些尺寸的形成也是相互联系的。图 12-2 所示的轴套,一次加工尺寸 A_1 和 A_2,则尺寸 A_0 就随之而定。因此,这三个相互关联的尺寸构成一条尺寸链,即

$$A_1 - A_2 - A_0 = 0 \tag{12-2}$$

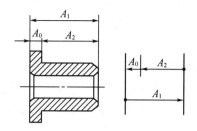

图 12-2 零件尺寸链

综上所述,尺寸链的特征为

(1) 封闭性。必须由一系列相关的尺寸连接成为一个封闭回路。

(2) 关联性。某一尺寸的变化将影响其他尺寸的变化。

(3) 唯一性。一个尺寸链只有一个封闭环。

二、尺寸链的组成、分类及其作用

1. 尺寸链的组成

尺寸链由环组成,列入尺寸链中的每一个尺寸都称为环。如图 12-1 中的 A_0、A_1、A_2、A_3 和图 12-2 中的 A_0、A_1、A_2。环一般用大写的拉丁字母表示。

按环的不同性质分为封闭环和组成环两种。

(1) 封闭环。尺寸链中在装配过程或加工过程最后形成的那一环,如图 12-1 中的 A_0 和图 12-2 中的 A_0。封闭环一般用加下角标"0"的大写拉丁字母表示。

在装配尺寸链中,封闭环是装配结束自然形成的尺寸,它是决定机器或部件的装配精度(位置精度、距离精度、装配间隙和过盈等)的参数。在零件尺寸链中,封闭环的形成主要取决于加工顺序。封闭环必须在零件加工顺序确定之后才能判断。加工顺序改变,封闭环也随之改变。

(2) 组成环。尺寸链中对封闭环有影响的全部环。如图 12-1 中尺寸 A_1、A_2、A_3,和图 12-2 中尺寸 A_1、A_2。组成环一般用加下角标阿拉伯数字的大写拉丁字母表示。

按组成环的变化对封闭环影响的不同,组成环又可分为增环和减环。

① 增环。尺寸链中的组成环,由于该环的变动引起封闭环同向变动。同向变动指该环增大时封闭环也增大,该环减小时封闭环也减小,如图 12-1 中尺寸 A_1、A_2 和图 12-2 中尺寸 A_1。

② 减环。尺寸链中的组成环,由于该环的变动引起封闭环反向变动。反向变动指该环增大时封闭环减小,该环减小时封闭环增大,如图 12-1 中尺寸 A_3 和图 12-2 中尺寸 A_2。

(3) 传递系数。表示各组成环对封闭环影响大小的系数,用 ξ 表示。如图 12-3 所示的尺寸链,组成环 L_1、L_2 的尺寸方向与封闭环 L_0 的尺寸方向不一致,故封闭环的尺寸可由下式表示:

$$L_0 = \cos \alpha L_1 + \sin \alpha L_2 \qquad (12-3)$$

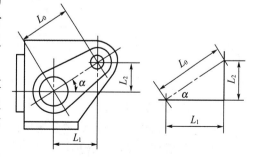

图 12-3 零件尺寸链

其中 $\xi_1 = \cos\alpha$ 和 $\xi_2 = \sin\alpha$，表示组成环 L_1 和 L_2 对封闭环 L_0 的传递系数。

2. 尺寸链的分类

（1）按应用范围分类。

零件尺寸链——全部组成环为同一零件设计尺寸所形成的尺寸链，如图 12-2 所示。

装配尺寸链——全部组成环为不同零件设计尺寸所形成的尺寸链，如图 12-1 所示。

工艺尺寸链——全部组成环为同一零件工艺尺寸所形成的尺寸链，如图 12-4 所示。

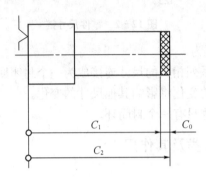

图 12-4　工艺尺寸链

（2）按各环在空间的位置分类。

直线尺寸链——各环都位于同一平面内且彼此平行的尺寸链，如图 12-1、图 12-2 所示。

平面尺寸链——各环位于一个平面或几个平行的平面上，且有的环不是平行排列的尺寸链，如图 12-3 所示。

空间尺寸链——组成环位于几个不平行平面内的尺寸链。

（3）按几何特征分类。

长度尺寸链——全部环为长度尺寸的尺寸链。如图 12-1 至图 12-3 所示皆为长度尺寸链。

角度尺寸链——全部环为角度尺寸的尺寸链。这种尺寸链多为几何公差构成的尺寸链。如图 12-5 所示。

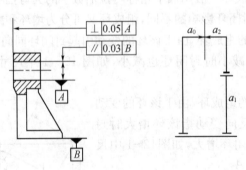

图 12-5　角度尺寸链

3. 尺寸链的作用

通过尺寸链的分析计算，主要解决以下问题：

（1）分析结构设计的合理性。在机械设计中，通过对各种方案装配尺寸链的分析比较，可确定最佳的结构。

(2) 合理地分配公差。按封闭环的公差与极限偏差,合理地分配各组成环的公差与极限偏差。

(3) 检校图样。可按尺寸链分析计算,检查、校核零件图上尺寸、公差与极限偏差是否正确合理。

(4) 基面换算。当按零件图样标注不便加工和测量时,可按尺寸链进行基面换算。

(5) 工序尺寸计算。根据零件封闭环和部分组成环的公称尺寸及极限偏差,确定某一组成环的公称尺寸及极限偏差。

§12.2 尺寸链计算

尺寸链计算是为了正确确定尺寸链中各环的公称尺寸和极限偏差。按不同要求,尺寸链计算可分为正计算、反计算和中间计算三类。

(1) 正计算。已知各组成环的公称尺寸和极限偏差,求封闭环的公称尺寸和极限偏差称为正计算。正计算常用于验证设计的正确性。

(2) 反计算。已知封闭环的公称尺寸和极限偏差及各组成环的公称尺寸,求各组成环的极限偏差称为反计算。反计算常用于设计机器或零件时,合理地确定各部件或零件上各有关尺寸的极限偏差,即根据设计的精度要求,进行公差分配。

(3) 中间计算。已知封闭环和部分组成环的公称尺寸和极限偏差,求某一组成环的公称尺寸和极限偏差称为中间计算。中间计算常用于工艺设计,如基准的换算和工序尺寸的确定等。

根据互换程度不同,尺寸链的计算方法主要有完全互换法和大数互换法两种。

一、完全互换法解尺寸链

在全部产品中,装配时各组成环不需挑选或改变其大小或位置,装入后即能达到封闭环的公差要求的方法称为完全互换法(也称极值互换法)。这种方法是按极限尺寸来计算尺寸链。

1. 基本公式

(1) 封闭环公称尺寸 A_0 为

$$A_0 = \sum_{i=1}^{m} \overrightarrow{A_i} - \sum_{j=m+1}^{n-1} \overleftarrow{A_j} \qquad (12-4)$$

式中,A_0 为封闭环公称尺寸;$\overrightarrow{A_i}$ 为各增环公称尺寸;$\overleftarrow{A_j}$ 为各减环公称尺寸;n 为尺寸链总环数;m 为增环环数。

线性尺寸链封闭环的公称尺寸 A_0 等于所有增环的公称尺寸之和减去所有减环的公称尺寸之和。

如果不是线性尺寸链,则表达式应考虑传递系数 ξ。如果是增环,ξ 取正值;减环,ξ 取负值,则

$$A_0 = \sum_{i=1}^{n-1} \xi_i A_i \qquad (12-5)$$

(2) 封闭环的极限尺寸。

$$A_{0\max} = \sum_{i=1}^{m} \overrightarrow{A}_{i\max} - \sum_{j=m+1}^{n-1} \overleftarrow{A}_{j\min} \qquad (12-6)$$

$$A_{0\min} = \sum_{i=1}^{m} \overrightarrow{A}_{i\min} - \sum_{j=m+1}^{n-1} \overleftarrow{A}_{j\max} \qquad (12-7)$$

封闭环的上极限尺寸 $A_{0\max}$ 等于所有增环的上极限尺寸之和,减去所有减环的下极限尺寸之和。封闭环的下极限尺寸 $A_{0\min}$ 等于所有增环的下极限尺寸之和,减去所有减环的上极限尺寸之和。

（3）封闭环的极限偏差。

由封闭环的极限尺寸减去其公称尺寸即可得到封闭环的极限偏差:

$$ES_{A_0} = \sum_{i=1}^{m} ES_{\overrightarrow{A}_i} - \sum_{j=m+1}^{n-1} EI_{A_j} \qquad (12-8)$$

$$EI_{A_0} = \sum_{i=1}^{m} EI_{\overrightarrow{A}_i} - \sum_{j=m+1}^{n-1} ES_{A_j} \qquad (12-9)$$

（4）封闭环的公差 T_0 为

$$T_0 = \sum_{i=1}^{n-1} T_i \qquad (12-10)$$

如果不是线性尺寸链,则表达式应考虑传递系数 ξ,此时 T_0 为

$$T_0 = \sum_{i=1}^{n-1} |\xi_i| T_i \qquad (12-11)$$

2. 应用举例

（1）正计算（校核计算）。

【例 12-1】 加工一圆套如图 12-6 所示。已知加工工序:先车外圆 A_1 为 $\phi 70_{-0.08}^{-0.04}$,然后镗内孔 A_2 为 $\phi 60_{0}^{+0.06}$,并应保证内外圆的同轴度公差 A_3 为 $\phi 0.02\,\text{mm}$,求壁厚。

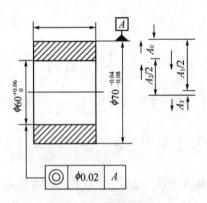

图 12-6 套筒零件图

解: ① 确定封闭环。因为壁厚 A_0 为最后自然形成的尺寸,故为封闭环。

② 确定组成环。画出尺寸链图,如图 12-6 所示。

③ 判断增减环。$A_1/2$、A_3 增环,$A_2/2$ 减环。

④ 计算。

公称尺寸 $A_0 = A_1/2 + A_3 - A_2/2 = 35 + 0 - 30 = 5(\text{mm})$

上极限偏差 $ES_{A_0} = ES_{A_1/2} + ES_{A_3} - EI_{A_2/2} = (-0.02) + (+0.01) - 0 = -0.01(\text{mm})$

下极限偏差 $EI_{A_0} = EI_{A_1/2} + EI_{A_3} - ES_{A_2/2} = (-0.04) + (-0.01) - (+0.03) = -0.08(\text{mm})$

⑤ 校验计算结果。

由以上计算结果可得：$T_0 = ES_{A_0} - EI_{A_0} = (-0.01) - (-0.08) = 0.07(\text{mm})$

由(12 - 10)得：

$$
\begin{aligned}
T_0 &= T_{A_1/2} + T_{A_3} + T_{A_2/2} \\
&= [(-0.02) - (-0.04)] + [(+0.01) - (-0.01)] + [(+0.03) - 0] \\
&= 0.07(\text{mm})
\end{aligned}
$$

校核结果说明计算无误，所以壁厚 A_0 为 $A_0 = 5^{-0.01}_{-0.08}$ mm。

(2) 反计算(设计计算)。

反计算就是根据设计的精度要求(给定的封闭环公差 T_0)进行组成环公差分配，反计算采用等公差法。假定各组成环公差相等，由式(12 - 10)得各组成环的平均极值公差：

$$T_{\text{av,L}} = \frac{T_0}{n-1} \tag{12 - 12}$$

计算得到组成环的平均极值公差后，应再根据各环的公称尺寸大小、加工难易度和功能要求等因素适当调整来确定各组成环的公差，但应满足下式：

$$\sum_{i=1}^{n-1} T_i \leqslant T_0 \tag{12 - 13}$$

确定各组成环尺寸的公差数值后，当决定各组成环尺寸的极限偏差时，应规定一环作为协调环，其余组成环的公差带分布，可按"单向入体原则"确定各组成环极限偏差。即对内尺寸按基准孔的公差带；外尺寸按基准轴的公差带；长度尺寸按对称方式分布公差带，然后由式(12 - 11)和(12 - 12)求得协调环的极限偏差。

【例 12 - 2】　如图 12 - 7 所示，已知 $A_1 = 30$ mm，$A_2 = A_5 = 5$ mm，$A_3 = 43$ mm，$A_4 = 3$ mm，设计要求间隙 A_0 为 0.1~0.35 mm。试确定各组成环的公差和极限偏差。

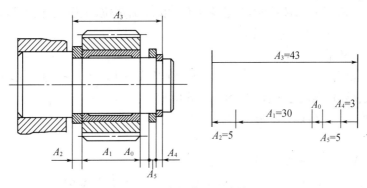

图 12 - 7　齿轮装配尺寸链图

解：① 确定封闭环。间隙 A_0 为最后自然形成的尺寸,故为封闭环。

② 确定组成环。画出尺寸链图,如图 12-7 所示。

③ 判断增减环。A_3 为增环,A_1、A_2、A_4 和 A_5 为减环。

④ 计算。

公称尺寸　$A_0 = A_3 - (A_1 + A_2 + A_4 + A_5) = 43 - (30 + 5 + 3 + 5) = 0$

上极限偏差　$ES_{A_0} = +0.35$ mm

下极限偏差　$EI_{A_0} = +0.10$ mm

封闭环公差　$T_0 = +0.35 - (+0.10) = 0.25$(mm)

各组成环的平均公差　$T_i = \dfrac{T0}{n-1} = \dfrac{0.25}{5} = 0.05$(mm)

根据各环公称尺寸大小及加工难易程度,将各环公差调整为

$$T_1 = T_3 = 0.06 \text{ mm}$$

$$T_2 = T_5 = 0.04 \text{ mm}$$

按"入体原则"确定各组成环的极限偏差,A_1、A_2、A_4 和 A_5 为被包容件尺寸,则

$$A_1 = 30_{-0.06}^{0}, A_2 = 5_{-0.04}^{0}, A_4 = 3_{-0.05}^{0}, A_5 = 5_{-0.04}^{0}$$

根据(12-8)、(12-9)可得协调环 A_3 的极限偏差为

$$0.35 = ES_{A_3} - (-0.06 - 0.04 - 0.05 - 0.04)$$

$$ES_{A_3} = +0.16 \text{ mm}$$

$$0.10 = EI_{A_3} - 0 - 0 - 0 - 0$$

$$EI_{A_3} = +0.10 \text{ mm}$$

因此,$A_3 = 43_{+0.10}^{+0.16}$ mm。

(3) 中间计算。

【例 12-3】　如图 12-8 所示,零件在镗孔时,孔的设计基准是 C 面,设计尺寸为 100 ± 0.15 mm,A、B、C 面已加工,镗孔时,为装夹方便,以 A 面定位,工序尺寸为 A_3,A_1、A_2 为以前工序已完成的工序尺寸,试确定工序尺寸 A_3。

解：① 确定封闭环：

加工时间接保证的尺寸为 100 ± 0.15 mm。所以 $A_0 = 100 \pm 0.15$ 为封闭环。

② 确定组成环,画出尺寸链图,如图 12-8 所示。

③ 判断增减环,A_1 减环,A_2、A_3 增环。

④ 计算。

公称尺寸　$A_0 = A_2 + A_3 - A_1$

$$A_3 = A_0 + A_1 - A_2 = 100 + 280 - 80 = 300 \text{(mm)}$$

上极限偏差　$ES_{A_0} = ES_{A_2} + ES_{A_3} - ES_{A_1}, +0.15 = 0 + ES_{A_3} - 0$

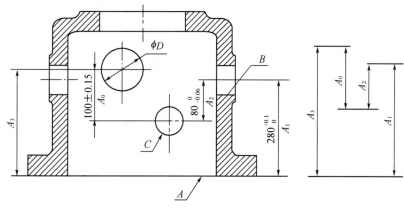

图 12 - 8　镗孔尺寸链

$$ES_{A_3} = +0.15(\text{mm})$$

下极限偏差　$EI_{A_0} = EI_{A_2} + EI_{A_3} - EI_{A_1}, -0.15 = -0.06 + EI_{A_3} - 0.1$

$$EI_{A_3} = -0.15 + 0.06 + 0.1 = +0.01(\text{mm})$$

故　$A_3 = 300^{+0.15}_{+0.01}$ mm。

完全互换法解尺寸链的优点是可以实现完全互换。它的缺点是反计算时使得各组成环的公差很小,加工很不经济,故其合理的应用范围是:环数较少,且精度较低的尺寸链中。

二、大数互换法解尺寸链

在绝大多数产品中,装配时各组成环不需要挑选或改变其尺寸或位置,装配后即能达到封闭环规定的公差要求的方法,称为大数互换法(也称概率互换法)。

由生产实践和大量统计资料表明,一批零件加工后,尺寸均接近其极限尺寸的情况很少。而一批部件在装配(特别对多环尺寸链)时,同一部件的各组成环,恰好都接近其极值尺寸的就更为罕见。在这种条件下,按完全互换法求算零件尺寸公差,显然是不合理的。而按大数互换法计算,在相同的封闭环公差条件下,可使各组成环公差扩大,从而获得良好的技术经济效益,也比较科学、合理。

大数互换法解尺寸链,公称尺寸的计算与完全互换法相同,所不同的是公差和极限偏差的计算。

在大批量生产中,由于零件加工工序充分分散,则一个零件工艺尺寸链中各组成环和封闭环可看成彼此独立的随机变量。对装配尺寸链,其组成环是由各有关零件的加工尺寸或相对位置要求等形成,其组成环和封闭环也可看成彼此独立的随机变量。其尺寸按照一定统计分布曲线分布。根据概率论统计原理得

1. 封闭环公差

当组成环和封闭环尺寸偏差均服从正态分布,且分布范围与公差带宽度一致时,封闭环公差(T_0)与各组成环公差(T_i)的关系为

$$T_0 = \sqrt{\sum_{i=1}^{n-1} \xi_i^2 T_i^2} \qquad\qquad (12-14)$$

如果各环分布不服从正态分布,式(12-14)中应引入相对分布系数 k_0 和 k_i,前者为封闭环相对分布系数,后者为各组成环相对分布系数,则

$$T_0 = \frac{1}{k_0} \sqrt{\sum_{i=1}^{n-1} \xi_i^2 k_i^2 T_i^2} \qquad (12-15)$$

对不同的分布,k_i 值的大小可由表 12-1 查取。

表 12-1　分布曲线及系数 e、k 值

分布特征	正态分布	三角分布	均匀分布	瑞利分布	偏态分布	
					外尺寸	内尺寸
分布曲线						
e	0	0	0	−0.28	0.26	−0.26
k	1	1.22	1.73	1.11	1.17	1.17

2. 封闭环间偏差

上极限偏差与下极限偏差的平均值称为中间偏差,用 Δ 表示。尺寸链的封闭环中间偏差 (Δ_0) 等于增环中间偏差 $(\Delta_{\vec{A_i}})$ 之和减去减环中间偏差 $(\Delta_{\overleftarrow{A_j}})$ 之和,即

$$\Delta_0 = \sum_{i=1}^{m} \Delta_{\vec{A_i}} - \sum_{j=m+1}^{n-1} \Delta_{\overleftarrow{A_j}} \qquad (12-16)$$

3. 封闭环及组成环极限偏差

各环上极限偏差等于其中间偏差加 1/2 该环公差;各环下极限偏差等于其中间偏差减1/2该环公差,即

封闭环极限偏差为

$$ES_{A_0} = \Delta_0 + T_0/2, EI_{A_0} = \Delta_0 - T_0/2 \qquad (12-17)$$

组成环极限偏差为

$$ES_{A_i} = \Delta_{A_i} + T_i/2, EI_{A_i} = \Delta_{A_i} - T_i/2 \qquad (12-18)$$

4. 组成环平均公差

在根据设计的精度要求(即给定的封闭环公差)进行组成环公差分配的反计算中,直线尺寸链的组成环平均公差 $(T_{av,S})$ 为

$$T_{av,S} = \frac{T_0}{\sqrt{n-1}} = \frac{T_0}{n-1} \sqrt{n-1} = T_{av,L} \sqrt{n-1} \qquad (12-19)$$

由上式可以看出,大数互换法可以使公差扩大 $\sqrt{n-1}$。

§12.3　解尺寸链的其他方法

如果产品的装配精度要求很高,则其封闭环公差要求就很小,用完全互换法和大数互换法算出的组成环的公差将更小,使零件的加工变得很不经济甚至难以实现。故需通过某些补偿措施来解决。常用的方法有分组装配法、修配法和调整法。

一、分组装配法

分组装配法是先用完全互换法求出各组成环公差和极限偏差,再将相配合的各组成环的公差扩大若干倍,使其达到经济加工精度要求。加工后将全部零件进行精密测量,按测量尺寸分为若干组,要求相配合零件的分组数和各组尺寸范围分别相同,然后按对应组分别进行装配,同组零件可以组内互换,不同组间不能互换,这样既放大了组成环公差,又保证了封闭环要求的装配精度。

分组装配法的优点是既可扩大零件制造公差,又可保证高的装配精度。其主要缺点是增加了检测零件的工作量。此外,该方法仅能组内互换,每一组有可能出现零件多余和不够。因此适用于大批量生产中的高精度、零件便于测量、形状简单而环数较少的尺寸链。另外,由于分组后零件的形状误差不会减小,这就限制了分组数,一般为 2~4 倍。

二、修配法

修配法是将尺寸链组成环按经济精度加工精度要求给定公差值,此时封闭环的公差必然比技术要求的公差有所扩大,因此就在尺寸链中选定某一组成环作为修配环,通过机械加工方法改变其尺寸(即进行修配),使封闭环达到规定精度。

修配过程实质上是减小某零件尺寸的实施过程,如修配环是增环,在修配过程中封闭环尺寸变小;如修配环是减环,修配过程中封闭环尺寸反而变大。

修配法同样有扩大组成环制造公差,提高经济性的优点,但要耗用修配费用和修配工作量,而且修配环完成后,其他组成环失去互换性,使用有局限性,故修配法多用于单件小批和多环高精度尺寸链的计算。

三、调整法

调整法与修配法的实质相同,将尺寸链各组成环按经济加工精度要求给定公差值,区别在于调整法是选择一个组成环作为调整环,在装配时通过改变调整环的尺寸或位置的方法来满足装配精度的要求。

思考题与习题

一、填空题

1. 尺寸链是在零件加工或装配过程中,由相互连接的_____尺寸组。

2. 尺寸链的每一个尺寸称为_____;在加工或装配过程中最后形成的一环称为____
____。

3. 尺寸链的三个特征是_____、_____以及封闭环的_____。

4. 按组成环的变化对封闭环影响的不同,组成环又可分为_____和_____。

由于该环的变动引起封闭环同向变动,该环称为_____;由于该环的变动引起封闭环反向变动,该环称为_____;

5. 一个尺寸链的环数至少有_____个。尺寸链中必须有一个而且只能有一个_____环。

二、计算题

1. 如图 12-9 所示,零件的内孔与键槽,其机械加工工序安排是:(1) 镗孔至 $\phi 49.8^{+0.1}_{0}$;(2) 加工键槽至尺寸 A;(3) 热处理;(4) 磨内孔至 $\phi 50^{+0.05}_{0}$,同时间接保证键槽深度 $54.3^{+0.3}_{0}$。试计算工序尺寸 A 的公称尺寸和极限偏差。

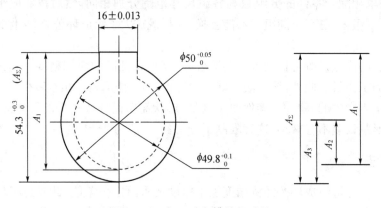

图 12-9 加工孔和槽的尺寸链

2. 如图 12-10 所示为对开齿轮箱的一部分。根据使用要求,间隙 A_0 应在 $1 \sim 1.75$ mm 范围内。已知各零件的公称尺寸为:$A_1 = 101$ mm,$A_2 = 50$ mm,$A_3 = 5$ mm,$A_4 = 140$ mm,$A_5 = 5$ mm,求各尺寸的极限偏差。

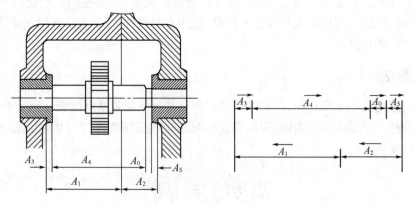

图 12-10 齿轮箱尺寸链

参考文献

［1］ 马霄. 互换性与测量技术基础［M］. 北京：北京理工大学出版社，2007
［2］ 徐茂功. 公差配合与技术测量［M］. 北京：机械工业出版社，2009
［3］ 李坤淑等. 公差配合与测量技术［M］. 北京：机械工业出版社，2010
［4］ 冯丽萍. 公差配合与测量技术［M］. 北京：机械工业出版社，2007
［5］ 黄云清. 公差配合与测量技术［M］. 北京：机械工业出版社，2005
［6］ 韩进宏. 互换性与技术测量［M］. 北京：机械工业出版社，2004
［7］ 王伯平. 互换性与测量技术基础［M］. 北京：机械工业出版社，2004
［8］ 郑凤琴. 互换性及测量技术［M］. 南京：东南大学出版社，2000
［9］ 廖念钊等. 互换性与技术测量［M］. 北京：中国计量出版社，2000
［10］ 六项基础互换性标准汇编（上、中、下册）［M］. 北京：中国标准出版社，2005
［11］ 梁国明. 新旧六项基础互换性标准问答［M］. 北京：中国标准出版社，2007